W0262553

FILMDOSIMETRIE

FILMDOSIMETRIE

GRUNDLAGEN UND METHODEN DER PHOTOGRAPHISCHEN VERFAHREN ZUR STRAHLENDOSISMESSUNG

VON

KLAUS BECKER

KERNFORSCHUNGSANLAGE JÜLICH DES LANDES NORDRHEIN-WESTFALEN
ABTEILUNG STRAHLENSCHUTZ

MIT 93 ABBILDUNGEN

SPRINGER-VERLAG BERLIN HEIDELBERG GMBH

1962

Alle Rechte, insbesondere das der Übersetzung in fremde Sprachen, vorbehalten
Ohne ausdrückliche Genehmigung des Verlages ist es auch nicht gestattet, dieses
Buch oder Teile daraus auf photomechanischem Wege oder auf andere Art
(Photokopie, Mikrokopie) zu vervielfältigen

ISBN 978-3-540-02787-4   ISBN 978-3-642-86705-7 (eBook)
DOI 10.1007/978-3-642-86705-7

© by Springer-Verlag Berlin Heidelberg 1962
Originally published by Springer-Verlag OHG. Berlin · Göttingen · Heidelberg in 1962
Softcover reprint of the hardcover 1st edition 1962

Die Wiedergabe von Gebrauchsnamen, Handelsnamen, Warenbezeichnungen usw. in diesem
Buche berechtigt auch ohne besondere Kennzeichnung nicht zu der Annahme, daß solche
Namen im Sinne der Warenzeichen- und Markenschutz-Gesetzgebung als frei zu betrachten
wären und daher von jedermann benutzt werden dürften

Vorwort

Die Entwicklung der Kernwissenschaft und -technik ist seit der Entdeckung
der natürlichen Radioaktivität durch deren photochemische Wirkung stets eng
mit photographischen Methoden verknüpft gewesen. So ist z. B. die Frühgeschichte
der Erforschung der Korpuskularstrahlen ohne die photographischen Wilson-
kammeraufnahmen ebensowenig denkbar, wie es die Fortschritte in der Physik
hochenergetischer Strahlung ohne das Hilfsmittel der Kernspuremulsion sind. In
den dreißiger Jahren beginnend hat sich die Kernspuremulsion vermöge ihrer
Fähigkeit, eine Kernreaktion direkt mikroskopisch lesbar aufzuschreiben, zu dem
*wahrscheinlich mächtigsten Instrument in der Erforschung der Atomkerne und für
die Entdeckung der Energien, die sie zusammenhalten* (WALLER), entwickelt – eine
Rolle, die ihr erst in den letzten Jahren auf einigen Gebieten durch den zunehmenden Einsatz der Blasenkammer streitig gemacht wird.

Auch für die Auffindung und Messung kleiner und kleinster Strahlenquellen
und zur Bestimmung der räumlichen Verteilung radioaktiver Stoffe in Festkör-
pern hat die Photographie als *Autoradiographie* große Bedeutung erlangt und ist
für die Analyse der Fallout-Aktivität, biologische und medizinische Untersuchungen, die Auswertung von Chromatogrammen usw. die oft schnellste und bequemste
Methode. An die Rolle, welche die Ultrakurzzeitphotographie für die Analyse
schnell ablaufender nuklearer Ereignisse spielt, sei in diesem Zusammenhang auch
erinnert.

Zu den genannten Methoden ist nun besonders seit dem Beginn der technischen
Erschließung der Kernenergie in steigendem Umfang eine weitere, in ihren Grundzügen längst bekannte Anwendungsmöglichkeit der photographischen Schicht ge-
treten: die Messung von Strahlendosen durch die photometrierbare *Globalschwär-
zung* entwickelter photographischer Schichten. Diese Methode nimmt heute eine
zentrale Stellung in der Strahlenschutz-Personendosisüberwachung ein und hat
ein großes wissenschaftliches und praktisches Interesse gefunden, was durch die
steigende Zahl wissenschaftlicher Veröffentlichungen auf diesem Gebiete ebenso
erwiesen wird wie durch die wachsende Anzahl der laufend mit Filmdosimetern
überwachten Personen und die amtlichen Bestimmungen, die in verschiedenen
Ländern – so auch in der Bundesrepublik – über das Tragen von Filmdosimetern
erlassen worden sind.

Während nun z. B. auf dem Gebiet der Kernspurphotographie in den letzten
Jahren eine Anzahl ausgezeichneter Monographien erschienen sind (DEMERS – PO-
WELL, FOWLER und PERKINS – JOOS und SCHOPPER u. a.), fehlt eine solche mono-
graphische Zusammenstellung für das Gebiet der Filmdosimetrie. Kürzere zusammenfassende Darstellungen (EHRLICH 1954, DUDLEY 1956) entsprechen nicht
mehr ganz dem neuesten Stand, und auch die Bibliographien (BAUM 1955, GRIF-

fith 1958, Brisbane und Silverman 1959, Isenrurger 1961) lassen einige Wünsche offen. Es wurde deshalb versucht, allen an der Filmdosimetrie interessierten Wissenschaftlern, Medizinern und Technikern, besonders aber den Strahlenschutzspezialisten mit der vorliegenden Schrift eine Übersicht über die photographischen Möglichkeiten der Strahlenmessung zu geben.

Es wurde weiter versucht, möglichst vollständig die bis Mitte 1961 zu dieser Frage erschienenen Aufsätze, Reports und Patente zu berücksichtigen, ohne daß dies bei dem Umfang des Gebietes und der schweren Zugänglichkeit mancher Publikationen wirklich vollständig möglich gewesen wäre. Die Nichterwähnung einer Veröffentlichung im Literaturverzeichnis oder im Text beinhaltet deshalb keinesfalls ein Werturteil über diese Arbeit. Das Literaturverzeichnis enthält nicht die Werbe- und Informationsschriften der Dosismeßfilmhersteller und der kommerziellen Dosismeßfilmdienste, unveröffentlichte Forschungsberichte und private Mitteilungen, die dem Verfasser dankenswerterweise zugänglich gemacht worden sind. Zusammenfassende Darstellungen der Filmdosimetrie in Lehr- und Handbüchern des Strahlenschutzes, der Dosimetrie, der Strahlenbiologie usw. sind nur insoweit berücksichtigt, als sie über die Primärliteratur hinausgehende Kenntnisse vermitteln. Namen, die mit *d'*, *von* oder *van* beginnen, sind unter dem ersten Buchstaben des Hauptnamens, Namen mit *O'* unter O zu finden. Patentschriften ohne Erfinderangabe und Publikationen ohne erkennbaren Verfasser werden unter *anonym* in der Reihenfolge ihres Erscheinungsjahres aufgeführt. Wurde ein Patent in mehreren Ländern erteilt oder angemeldet, so ist in der Regel nur das Patent im Heimatland des Erfinders genannt. Wenn eine Arbeit zunächst als Report und später in einer Zeitschrift veröffentlicht wurde, so sind normalerweise beide Zitate angegeben, da der Report oft detailliertere Angaben enthält, während die Zeitschrift meist schneller zugänglich ist. Die Titel deutscher, englischer und französischer Veröffentlichungen wurden nach Möglichkeit in der Originalsprache, bei weniger gebräuchlichen Sprachen normalerweise in einer dieser Sprachen aufgeführt.

Allen Kollegen, die mich mit Hinweisen und Ratschlägen bei der Abfassung des Manuskriptes und dem Lesen der Korrekturen unterstützt haben, sei an dieser Stelle ebenso gedankt wie der Zentralbibliothek der Kernforschungsanlage Jülich für ihre wertvolle Hilfe bei der Literaturbeschaffung.

Jülich, im Frühjahr 1962

K. Becker

Inhaltsverzeichnis

I. Einleitung

1. Begriffsbestimmung und Einordnung

Unter der Filmdosimetrie energiereicher oder ionisierender[1] Strahlung soll im folgenden die integrierende, quantitative Bestimmung der Dosis verschiedener unsichtbarer, vornehmlich beim Kernzerfall und beim Betrieb von Röntgenanlagen und Teilchenbeschleunigern auftretender und auf biologische Systeme wirksamer Strahlenarten hauptsächlich zum Zwecke der Strahlenschutz-Personenüberwachung durch photographische Methoden verstanden werden.

Das Gebiet der Filmdosimetrie läßt sich in seinen wissenschaftlichen Grundlagen, dem Studium der Einwirkung energiereicher Strahlen auf photographische Schichten, unschwer der Wissenschaftlichen Photographie und damit der Physikalischen Chemie oder Strahlenchemie zuordnen, während seine praktischen Anwendungen mit ihren vielfältigen technischen und organisatorischen Problemen zweifellos der *Health Physics* (im deutschen Sprachbereich nicht ganz entsprechend als Strahlenschutz bezeichnet) und damit der Kernwissenschaft und -technik wie auch der Radiologie zugehören.

Eine Abgrenzung der Filmdosimetrie gegen benachbarte Wissensgebiete ist nicht immer streng durchführbar. So berührt die Filmdosimetrie schneller Neutronen die Kernspurphotographie und -mikroskopie, und bestimmte Fragen der β-Dosimetrie überschneiden sich mit der Autoradiographie. Nahe benachbart sind auch die Röntgenphotographie und die zerstörungsfreie Materialprüfung mit ihren vielfach recht ähnlichen Problemen.

Die photographische Methode erreicht mit einem Verstärkungsfaktor von etwa 10^8–10^{11} (Zahl der Silberatome nach der Entwicklung, deren Ausscheidung auf die Einwirkung eines einzelnen Elektrons zurückgeführt werden kann) die Empfindlichkeit rein physikalischer Strahlennachweismethoden. Das Filmdosimeter ist damit das empfindlichste bekannte chemische Dosimeter. Unter chemischen Dosimetern versteht man allgemein Systeme, in denen die bindungsbeeinflussende, oxydierende oder reduzierende Wirkung der energiereichen Strahlung zur Messung der Dosis benutzt wird. Als Beispiele für klassische chemische Dosimeter seien die Depolymerisations-Dosimeter, in denen die Viskositätsänderung von Lösungen organischer Polymere messend verfolgt werden, und die Fe^{II}/Fe^{III}- bzw. Ce^{III}/Ce^{IV}-Dosimeter genannt, in denen Oxydation bzw. Reduktion verdünnter wäßriger Salzlösungen zur Dosisbestimmung benutzt wird. Diese

---

[1] Diese Formulierung wird hier als gebräuchlich und allgemeinverständlich benutzt, obwohl strenggenommen z. B. thermische Neutronen weder energiereich noch ionisierend sind und erst sekundär wirksam werden. Auch Quantenstrahlen wirken lediglich durch die ausgelösten Elektronen ionisierend. Ähnliche Einwände lassen sich auch gegen Begriffe wie *Kernstrahlung, Atomstrahlung, radioaktive Strahlung* usw. erheben.

Systeme können für spezielle Zwecke, z.B. zur Messung hoher Strahlendosen in der Strahlenchemie und der Lebensmittelkonservierung, von großer Bedeutung sein, sind aber für die normalen Zwecke des Strahlenschutzes mit einer unteren Nachweisbarkeitsgrenze von mehr als 50 Röntgeneinheiten r (vgl. S. 9) viel zu unempfindlich. Eine größere Empfindlichkeit ist bei der Ausnutzung bestimmter radikalischer Kettenreaktionen (Oxydation, Halogenierung usw.) geeigneter organischer Systeme zu erwarten. So gestattet ein neueres Tetrachloräthylen-Dosimeter Messungen von Dosen ab 20 r.

Für die chemischen Dosimeter in flüssiger oder fester Phase (eingeschmolzen in Ampullen oder eingebettet in geeignete Polymere, unter Umständen auch als Gel) sprechen im wesentlichen ihre Energieunabhängigkeit der Dosisregistrierung bzw. Körperäquivalenz der chemischen Zusammensetzung und ihre oft bequeme Auswertbarkeit, gegen sie sprechen ihre für viele Zwecke zu große Unempfindlichkeit und Instabilität (geringe Haltbarkeit usw.). Mit einer unteren Nachweisgrenze von etwa 1000 r für die Personendosisüberwachung ebenfalls zu unempfindlich und auch für die Megaröntgen-Dosimetrie infolge der teilweisen Reversibilität der strahlungsbedingten Verfärbung nur bedingt tauglich sind auch die verschiedenen Kunststoffolien mit oder ohne Farbstoffzusatz, wie sie gelegentlich beschrieben worden sind.

Wesentlich empfindlicher und damit besser geeignet, wenn auch in ihrer Energieabhängigkeit infolge ihres höheren Gehaltes an schweren Atomen ungünstiger, sind die verschiedenen Festkörperdosimeter, in denen durch Bestrahlung Fluoreszenzzentren gebildet werden. So gestatten spezielle, mit Silberphosphat aktivierte Gläser Dosismessungen zwischen weniger als 1 r und 10^4 r, wohingegen die Fluoreszenzverminderung, z.B. in organischen Szintillatoren, nur in höheren Dosisbereichen ausgenutzt werden kann.

Ein rein physikalisches Verfahren der Festkörperdosimetrie beruht auf der Speicherung strahleninduzierter Fluoreszenz über längere Zeit. Die gespeicherte Fluoreszenz kann durch Erhitzen und Aufzeichnung der erhaltenen *Glow-Kurven* (Thermolumineszenz), durch Belichten mit Licht längerer Wellenlänge (stimulierte Fluoreszenz) oder durch Ultraschall abgerufen und zur eingestrahlten Dosis in Beziehung gesetzt werden. Dem Vorteil hoher Empfindlichkeit (es sind noch wenige Milliröntgen erfaßbar) stehen als Nachteile mangelhaftes Speicherungsvermögen (Fading) und Störungen durch Triboluminszenz gegenüber. Vor allem spricht gegen diese Dosimeter, daß der Strahleneffekt reversibel ist. Damit kann zwar das Dosimeter mehrfach benutzt werden, ist andererseits aber als Dokument der Strahlenbelastung nach der Auswertung im Gegensatz zum chemischen Dosimeter und Dosismeßfilm wertlos geworden.

Alle die angeführten Methoden sind bis jetzt allenfalls zur Ergänzung der filmdosimetrischen Personenüberwachung herangezogen worden (z.B. wurden Glasdosimeter zur Hochdosismessung im Katastrophenfall den Filmplaketten beigefügt), ohne daß sie jedoch größere Bedeutung erlangen konnten. Andererseits ist durchaus denkbar, daß eines oder mehrere der genannten Systeme mit der Steigerung ihrer Empfindlichkeit bzw. Stabilität infolge ihrer unbezweifelbaren Vorzüge (günstigere Energieabhängigkeit vieler chemischer Dosimeter, schnellere und bequemere Auswertung durch Wegfall des Entwicklungsvorganges) die Filmdosimetrie in Zukunft teilweise oder ganz ersetzen können.

Die wichtigste Ergänzung filmdosimetrischer Methoden sind heute die ebenfalls integrierenden, füllhalterförmigen und ansteckbaren Ionisationskammern (Stabdosimeter), die in verschiedener Ausführung (direkt ablesbar oder nur mit Auswertegerät ablesbar für verschiedene Dosisbereiche und Strahlenarten) im Handel sind und deren Hauptvorzug, die Möglichkeit der sofortigen Ablesbarkeit der empfangenen Dosis, auf der Hand liegt. Andererseits wiegen auch die Nachteile der Stabdosimeter schwer: Selbstentladung kann zu hohe erhaltene Dosen vortäuschen und nach Empfang einer den Skalenumfang überschreitenden Dosis kann nichts mehr über die Größe der Dosisüberschreitung ausgesagt werden (der ablesbare Bereich umfaßt beim Stabdosimeter weniger als zwei Zehnerpotenzen der Dosis, bei Filmen dagegen mehr als drei Zehnerpotenzen).

Weiter sind als Vorzüge des Filmdosimeters gegenüber dem Stabdosimeter zu nennen: der geringe Preis (ein selbstablesbares Stabdosimeter kostet derzeit etwa 100–250 DM, eine Filmplakette dagegen 2–5 DM, der Dosismeßfilm weniger als 0,50 DM), das geringe Gewicht und die geringe Größe (Stabdosimeter können nicht wie Filmdosimeter als Fingerring an der Hand getragen werden). Ein optimal verpackter Film ist gegen Staub, korrodierende Dämpfe, Feuchtigkeit usw. im Gegensatz zu einem Stabdosimeter unempfindlich. Stoß, Schlag und Herunterfallen schaden ihm nicht. Er ist stets meßbereit, der Nulleffekt ist meist zu vernachlässigen. Gelegentlich wird als Vorzug des Filmes auch angeführt, daß beim filteranalytischen Meßverfahren zusätzliche Informationen über die Strahlenzusammensetzung und die bevorzugte Einstrahlungsrichtung erhalten werden können. Die meisten Fachleute halten aber diese Informationen, so interessant sie in Sonderfällen sein können, nicht für so wesentlich, daß dadurch der beträchtliche Mehraufwand der Filteranalyse gegenüber anderen, energieunabhängigen Registrierverfahren gerechtfertigt wäre.

Ein wesentlicher Vorzug des Filmes gegenüber dem Stabdosimeter ist der dokumentarische Wert des aufbewahrten Filmes bei Schadensansprüchen. Auch der Umstand, daß der Film nicht unmittelbar ablesbar ist, sondern von einer außenstehenden Stelle ausgewertet wird, wird meist als Vorzug empfunden. Die zentrale Erfassung der Überwachungsergebnisse wird dadurch erleichtert. Auch kann es ein psychologisches Argument für den Film sein, daß eine nicht vorgebildete Person durch Vorzeigen des geschwärzten Filmes stärker zu beeindrucken ist als durch die Mitteilung der Dosisangabe. Nun stehen zwar den genannten Vorzügen auch einige noch ausführlicher zu besprechende Nachteile (Latentbildschwund, geringere Empfindlichkeit usw.) gegenüber, im ganzen überwiegen aber die Vorzüge.

Tatsächlich wurde bisher nur einmal der Versuch gemacht, die laufende Personenüberwachung innerhalb einer geschlossenen Anlage ausschließlich mit Stabdosimetern durchzuführen (FRIES und HULL 1958). In einer anschließenden Diskussion führender Überwachungsspezialisten [Nucleonics 17, No. 5 (1959) 116] war die vorherrschende Meinung, daß trotz der Vorzüge des Stabdosimeters für Spezialzwecke (z. B. zur Überwachung während der Durchführung eines wissenschaftlichen Experimentes) dank seiner sofortigen Ablesbarkeit und der unter Umständen etwas größeren Empfindlichkeit doch die Filmdosimetrie die Basis der Personenüberwachung bleiben soll, die nur von Fall zu Fall durch Stabdosimeter ergänzt wird. Selbstverständlich sind bei beiden Methoden Täuschungsmöglichkeiten in Richtung höherer oder niedrigerer Werte gegeben, und die Beweiskraft der Anzeige ist deshalb beschränkt. Dennoch ist die filmdosimetrische Anzeige höher zu bewerten. So äußert HUTTON (1959) hierzu: *Dosimeter readings may be of little value to a defendant from a legal viewpoint unless in conjunction with film badges ... Film badges can be a defendants most persuasive evidence that a plaintiff did not receive an injurious dose of radiation ... Ideally, film badges and dosimeters should be worn together. If a choice must be made, however, I believe that a strong case can be made for choosing the film badge on purely legal considerations.*

Als Grundregel darf also heute für die Personenüberwachung gelten: Filmdosimetrie muß sein, Stabdosimetrie kann sein. Die Diskussion um die Vorzüge und Nachteile beider Verfahren ist für die Bundesrepublik dadurch gegenstandslos geworden, daß der Gesetzgeber im § 36 Absatz 2 der Ersten Strahlenschutzverordnung die gleichzeitige Anwendung beider Methoden mittelbar vorschreibt, wobei bei dieser Regelung offensichtlich von dem Gedanken ausgegangen wurde, daß sich beide Methoden in ihren Eigenschaften ergänzen sollen und eine wechselseitige Ergebniskontrolle möglich ist, wobei jedoch der höhere dokumentarische Wert der filmdosimetrischen Anzeige unbestritten sein dürfte.

Abschließend kann gesagt werden: Trotz verschiedener Mängel ist die Filmdosimetrie heute das beste Verfahren zur laufenden Strahlenschutz-Personendosisüberwachung und hat sich deshalb auch überall durchgesetzt. Die Bearbeitung der zahlreichen, zum Teil neuartigen Probleme der Filmdosimetrie läßt noch manchen interessanten Fortschritt erwarten.

2. Historischer Überblick

1842 hatte MOSER die merkwürdige Beobachtung veröffentlicht, daß sich bestimmte Gegenstände auf jodierten Silberplatten, mit denen sie längere Zeit in Berührung waren, auch im Dunklen selbst abbilden können. Vermutlich kannte NIÈPCE DE SAINT-VICTOR diese Mitteilung, als er 1867 Versuche über die Einwirkung von urannitratgetränktem Karton auf photographische Schichten durchführte. Die erhaltenen Autoradiographien versuchte er durch Lumineszenz zu erklären. Diese Arbeiten blieben ohne größere Beachtung.

1895 teilt dann RÖNTGEN die Entdeckung der X-Strahlen mit und schreibt bereits in seiner ersten *Vorläufigen Mitteilung, daß photographische Trockenplatten sich als empfindlich für X-Strahlen erwiesen haben. Man ist im Stande, manche Erscheinung zu fixieren, wodurch Täuschungen leichter ausgeschlossen werden. Und man kann Aufnahmen mit der ... in einer Papierumhüllung eingeschlossenen Platte im beleuchteten Zimmer machen.* Über seine quantitativen Messungen sagt er: *Um vielleicht eine Beziehung zwischen Durchlässigkeit und Schichtdicke finden zu können, habe ich photographische Aufnahmen gemacht, bei denen die photographische Platte zum Teil bedeckt war mit Stanniolschichten von stufenweise zunehmender Blätterzahl.* 1897 berichtet er über die Ausmessung von Strahlungsfeldern nach der photographischen Methode und gibt erste Hinweise auf die Energieabhängigkeit der Strahlungswirkung auf die Photoschicht.

BECQUEREL hatte inzwischen, angeregt durch RÖNTGENs Entdeckung, 1896 die Versuche von NIÈPCE DE SAINT-VICTOR wiederholt und mit Uransalzen gefunden: *On doit donc conclure de ces expériences que la substance phosphorescente en question émet des radiations qui traversent papier opaque à la lumiere et reduisent les sels d'argent.*

Schon bald nach der Entdeckung der natürlichen Radioaktivität haben dann CURIE und BECQUEREL über Hautschädigungen durch langzeitige Berührung mit radioaktiven Stoffen berichtet und dadurch den Anstoß zur Entstehung der Strahlentherapie, d.h. der gezielten Gewebeschädigung durch Strahlung, gegeben. Damit wurde das Problem der objektiven Messung der verabfolgten Strahlendosis aktuell. Diese Dosis hat dann CHRISTEN 1913 definiert als *jene Röntgenenergiemenge, welche in einem Körper absorbiert wird, dividiert durch das Volumen dieses Körpers* – eine Definition, die trotz aller Modifikationen des Dosisbegriffes auch heute noch gültig ist. Aus der Kenntnis der schädigenden Wirkung energiereicher Strahlung ergab sich zwangsläufig die Notwendigkeit des Schutzes vor ungewollten Strahlenschäden und der Kontrolle ungewollter Strahlenbelastung.

Grundsätzliche Arbeiten über die Einwirkung von Röntgen- und γ-Strahlung auf die photographische Emulsion bewiesen deren Eignung zur Dosismessung (KRÖNCKE 1914, FRIEDRICH und KOCH 1914, ALLEN und LAFY 1919, BLOCH und RENWICK 1920, GLOCKER und TRAUB 1921): Es wurde z.B. gefunden, daß die Schwärzung bei Röntgenbestrahlung ohne Schwellenwert und zunächst linear mit der Dosis ansteigt und daß die Form der Schwärzungskurve unabhängig von der Strahlenenergie ist, d.h. die bei verschiedenen Quantenenergien erhaltenen Schwärzungskurven durch Dehnung oder Schrumpfung der Abszisse zur Deckung gebracht werden können. Diese Kenntnisse wurden durch weitere Untersuchungen ständig erweitert und vertieft (BOUWERS 1923, ROBERTSON und THWAITES 1924, BOUWERS 1925, JÖNSSON 1925, SHEPPARD und TRIVELLI 1926, EGGERT und NODDACK 1927–1928): So wurde gefunden, daß die Schwärzung unabhängig von der Dosisleistung ist (kein Reziprozitätsfehler), und die Quantenausbeute der Röntgenstrahleneinwirkung gemessen. Alle diese frühen Ergebnisse haben sich als im wesentlichen richtig und für die weiteren Arbeiten befruchtend erwiesen, ebenso auch die grundlegenden Arbeiten GLOCKERS über die physikalische Wirkung von Röntgenstrahlen (1927).

Zunächst wurde die photographische Dosismessung allerdings weniger für Strahlenschutzzwecke als für andere Probleme der medizinischen Dosimetrie eingesetzt – teils der relativ geringen Bedeutung wegen, die Strahlenschutzfragen noch beigemessen wurde, teils wegen der für die Messung kleiner Dosen zu geringen Empfindlichkeit der zur Verfügung stehenden Photomaterialien. Zwar hatte schon 1922 BEHNKEN versucht, die Strahlenwirkung auf den Film durch Fluoreszenzfolien zu verstärken, fand jedoch, daß durch den hohen Lichtanteil zur Gesamtschwärzung ein Langzeitfehler auftritt. Besonderes Interesse fanden zunächst photographische Messungen der Tiefendosis in bestrahlten Objekten:

1921 haben DESSAUER und VIERHELLER die Intensitätsverteilung in röntgendurchstrahlten Wasserphantomen gemessen, wobei die Filme unmittelbar im verdünnten Entwickler bestrahlt wurden. Die Methode war später mehrfach Gegenstand kritischer Vergleiche mit der Ionisationsmethode (JÄCKEL 1923, LORENZ und RAJEWSKY 1925, BERTHOLD 1925) und ist in der Folge in gelegentlich verbesserter Form immer wieder zur Ausmessung der Isodosen in bestrahlten Körpern verwendet worden (z.B. DORNEICH 1930–1931, DERSHEM 1932).

1926 untersuchte dann QUIMBY das Streustrahlenfeld in Röntgen- und Strahlenlabors auf photographischem Wege, und 1928 wurde mit der steigenden Aufmerksamkeit, die der Sicherheit der Strahlenbeschäftigten beigemessen wurde, diese Methode von BARCLAY und COX für Überwachungszwecke vorgeschlagen. Im gleichen Jahre beschrieb FRANKE ein besonders einfaches Verfahren zur Bestimmung der MUTSCHELLER-Toleranzdosis, und 1929 führten EGGERT und LUFT mit einer am Körper des Strahlenbeschäftigten zu tragenden Plakette, die verschieden dicke Metallfilter enthielt und mit definierter Strahlung geeicht wurde, auch den Begriff *Filmdosimeter* ein. 1930 erweiterten BOUWERS und VAN DER TUUK die EGGERT-LUFTsche Anordnung durch Einführung verschiedener Filtermetalle. Damit hatte der photographische Film seinen festen Platz in der Strahlenschutz-Personenüberwachung gefunden.

In der Folge wurde dann besonders die Einwirkung von γ-Strahlen auf die photographische Schicht im Hinblick auf die Erfordernisse der Radiumdosimetrie untersucht (ROGERS 1931) und von HOLTHUSEN und HAMANN 1932 als einfaches Verfahren der Radium-Dosierung empfohlen: Ein Standardpräparat wirkt eine definierte Zeit durch einen Hartholzwürfel hindurch auf einen Röntgenfilm, der dadurch geschwärzt wird. Die *Würfelminute* war lange Zeit eine wichtige Einheit für die Radiumdosierung (FRIEDRICH, ROSENBERGER und GOLDHABER 1934, HOLTHUSEN 1935, HAMANN 1935, FRIEDRICH, HENSCHKE und SCHULZE 1937, HASCHÈ und BOLZE 1937–1938, GAUWERKY 1950).

1939 wurde die Tauglichkeit der Filmdosimetrie für die Personenüberwachung erneut von HASCHÈ untersucht und neben einer weiteren Verbesserung des Filterverfahrens das erste Filterkompensationsverfahren vorgeschlagen, bei dem die steigende Filmempfindlichkeit mit abnehmender Quantenenergie durch die zunehmende Absorption in einem geeigneten Metallfilter kompensiert wird. HASCHÈ konnte freilich kein geeignetes Filtermetall finden, und spätere Untersuchungen wie die gründliche Arbeit von DORNEICH und SCHAEFER (1942) konzentrieren sich wieder auf die Ermittlung der Strahlenenergie aus dem Unterschied zwischen direkter Filmschwärzung und Schwärzung hinter verschiedenen Metallfiltern.

Mit dem Beginn des Manhattan-Projektes zur Entwicklung der Atombombe in den USA mußten ab 1942–1943 in steigendem Umfang Wissenschaftler, Techniker und Arbeiter in den großen Atomzentren auf ihre Strahlenbelastung hin überprüft werden. Das Verfahren sollte einfach, billig und zuverlässig sein. Trotz ihrer unbezweifelbaren Nachteile erwies sich die Filmdosimetrie als mit Abstand am besten geeignet. Bald konnten DESSAUER und LENNOX (1944) auch ein Verfahren zur Neutronen-Filmdosimetrie beschreiben: Thermische Neutronen wurden hinter geeigneten Neutronenabsorbern durch die emittierte photographisch aktive β- und γ-Strahlung registriert.

Es traf sich gut, daß der wiederholten Herabsetzung der Toleranzdosen und der damit verbundenen Notwendigkeit zur Erfassung kleinerer Dosen eine Steigerung der Empfindlichkeit der Emulsionen beispielsweise durch die Goldsensibilisierung parallel ging. Die Verfahren zur Analyse der Strahlungszusammensetzung aus den verschiedenen hinter unterschiedlichen Filtern gemessenen Schwärzungen wurden weiter verbessert und in ihrer heute noch in verschiedenen Varianten in großem Umfang angewendeten Form beschrieben (DIMSDALE und

CLARKE 1943, KIEFFER 1947, TOCHILIN, DAVIS und CLIFFORD 1949, LANGEN-DORFF, SPIEGLER und WACHSMANN 1952 u. a.)

In diesen Jahren begannen auch die Versuche, mit Neutronenabsorbern wie z. B. Bor- oder Lithiumverbindungen beladene Schichten in der Neutronendosimetrie einzusetzen (TITTERTON 1949–1950 usw.). Die Kenntnisse vom Mechanismus der Quantenwirkung auf photographische Schichten wurden wesentlich erweitert (HOERLIN 1949–1951, GREENING 1951, TELLEZ-PLASENCIA 1948–1959). 1953 beschrieben HOERLIN und Mitarbeiter die Kompensation der Energieabhängigkeit der Quantenwirkung durch geeignet dimensionierte Preßschichten aus organischem Fluoreszenzkörper. Dieses interessante Verfahren wurde 1957 durch BECKER, KLEIN und ZEITLER durch Inkorporation des Fluoreszenzkörpers in die Schicht weiterentwickelt.

1953 gab CHEKA eine Verpackung für Kernspurfilme an, die eine einfache Messung schneller Neutronen in einem relativ großen Energiebereich ermöglicht. 1955 führte ALLISY eine Kombination von zwei Filmen mit Metallfiltern ein, die eine weitgehend energieunabhängige Quanten-Dosisregistrierung gestattet. Durch Anwendung anorganischer Szintillatoren konnte die Empfindlichkeit weiter gesteigert werden (NITKA und JONES 1956, KOGAN und PEREYASLOWA 1957). Die wissenschaftlichen Grundlagen der Filmdosimetrie, Fehlerquellen und spezielle Anwendungen, z. B. zur Megaröntgen-Dosimetrie, wurden in steigendem Umfang untersucht und erste statistische Auswertungen der erhaltenen Überwachungsergebnisse vorgelegt. DUDLEY lieferte wichtige Beiträge zur Filmdosimetrie der β-Strahlung.

Die Auswertetechnik wurde zunehmend automatisiert. 1958 stellte eine Gruppe deutscher Firmen ein Dosismeßfilmverfahren zur Massendosimetrie für Luftschutzzwecke mit halbautomatischer Filmauswertung vor. Halb- und vollautomatische Verfahren zum Filmwechsel und zur Filmauswertung werden in zunehmendem Umfang beschrieben (KOCHER 1959, WILHELMSEN und Mitarb. 1960 u. a.). Besonderes Interesse finden automatische Kernspur-Auszählungsgeräte für die Dosimetrie schneller Neutronen.

Die gegenwärtige Situation der Filmdosimetrie läßt sich etwa wie folgt umreißen: Die Grundlagen der Filmdosimetrie bedürfen weiterer Studien, und die Methoden ihrer praktischen Anwendung sind noch entwicklungsfähig. Die Verschiedenartigkeit der Meßsysteme und der Überwachungsaufgaben läßt noch keine sinnvolle Vereinheitlichung der zahlreichen verschiedenen technischen und organisatorischen Verfahren zu. Es ist aber zu hoffen, daß sich im Laufe der weiteren Entwicklung einige wenige, besonders rationelle, einfache, billige und zuverlässige Verfahren sowohl in der Film- und Plakettengestaltung als auch in der Auswertungsmethodik und -organisation durchsetzen und schließlich eine einwandfreie, lückenlose Dosisüberwachung aller strahlenbelasteten Personen möglich wird.

II. Physikalische und chemische Grundlagen der Filmdosimetrie

1. Strahlenwirkung und Dosisbegriff

Die physikalischen Grundlagen der Wechselwirkung von Strahlung und Materie sollen im folgenden nur insoweit kurz skizziert werden, als sie für das Verständnis der filmdosimetrischen Verfahren notwendig sind. Hinsichtlich eingehenderer Darstellungen der Strahlenwirkung, Strahlendosis, maximal zulässigen Dosen usw. muß auf die diesbezügliche Literatur verwiesen werden (z.B. die Werke von HINE/BROWNELL 1956, BLATZ 1959, MINDER 1961, die *Handbooks* des *National Bureau of Standards* und die *Recommendations of the International Commission on Radiological Protection*).

a) Quantenstrahlen

Für die Praxis am bedeutungsvollsten sind die energiereichen Quantenstrahlen, deren Absorption sich im hier hauptsächlich interessierenden Energiebereich von etwa 0,02–3 MeV Quantenenergie, der die Strahlung aller gebräuchlichen Röntgenanlagen und Radionuklide umfaßt, praktisch ausschließlich in der Atomhülle abspielt: Je nach Ordnungszahl bzw. Elektronenkonzentration des Absorbers und der Quantenenergie wird ein wechselnder Prozentsatz eingestrahlter Quanten Hüllenelektronen zur Resonanz anregen und damit zu einer sekundären Strahlenquelle gleicher Energie machen (klassische Streustrahlung), seine Energie auf Elektronen vollständig übertragen und sie aus dem Atomverband entfernen (Photoeffekt) oder bei höherer Quantenenergie einen Teil dieser Energie durch elastischen Stoß übertragen (Compton-Effekt). Die gestreuten Quanten geringerer Energie (Compton-Streustrahlung) werden ebenso wie die klassische Streustrahlung zum Teil reabsorbiert oder gestreut nach dem gleichen Mechanismus der Umwandlung ihrer Energie in kinetische Elektronenenergie. Bei Energien größer als 1,022 MeV tritt Materialisation der Quanten durch Bildung eines Elektron-Positron-Paares unter Einfluß des Kernfeldes auf. Die Auffüllung der Elektronenlücken kann durch Elektronen äußerer Schalen unter Emission charakteristischer Röntgenstrahlung (Röntgenfluoreszenz) oder, bei Lücken in der innersten K-Schale, durch strahlungsfreie Elektronenemission (Augereffekt) erfolgen. Diesen Primärvorgängen schließen sich Sekundärprozesse an: Die Röntgenfluoreszenzstrahlung kann ebenfalls teilweise reabsorbiert werden, ausgelöste Elektronen hoher Energie können Sekundärelektronen auslösen und durch Abbremsung im Kernfeld zur Quelle von Röntgen-Bremsstrahlung werden usw. Sehr energiereiche Quanten lösen auch Kernreaktionen aus (Kernphotoeffekt). Schließlich können im betrachteten Volumen absorbierte Quanten Elektronen auslösen, die das Volumen verlassen und ihre Energie außerhalb desselben deponieren, während andererseits Elektronen von außen in das Volumen eindringen und einen zusätzlichen Energiebeitrag liefern.

Vereinfacht, d.h. unter Vernachlässigung der Reabsorption von Streu- und Fluoreszenzstrahlung, der Hochenergieeffekte usw., erhält man die GLOCKERsche Grundgleichung für die Darstellung der Energieabhängigkeit der *Wirkung W* von Röntgenstrahlen, d.h. des Anteiles der im untersuchten Volumen abgegebenen Energie, der tatsächlich dort verbleibt:

$$W \sim E_e = E_0 \, \frac{\varkappa \, \tau + \sigma_a + \varkappa}{\mu} \, (1 - e^{-\mu d}).$$

Dabei ist E_e die Energie der bei der Quantenenergie E_0 ausgelösten Elektronen, α die Photoelektronenausbeute bei der Absorption (zur Berücksichtigung von Absorptionskanten), τ der Photoeffekt-Absorptionskoeffizient, $\sigma_\varkappa$ der Comptoneffekt-

Absorptionskoeffizient, $\varkappa$ der Paarbildungs-Koeffizient, μ der Schwächungskoeffizient und d die Absorberdicke.

Um den Einfluß der Materialdichte zu eliminieren, ist es gebräuchlich, die Koeffizienten durch das spezifische Gewicht zu dividieren. Für die Anteile von τ/ϱ, σ_α/ϱ, und $\varkappa/\varrho$ an der gesamten Massenabsorption μ_a/ϱ beispielsweise von Luft erhält man dann durch Berechnung dieser Anteile nach den bekannten Formeln von KLEIN-NISHINA, GRAY, HEITLER, BETHE, ROSSI u.a. die in Abb. 1 dargestellten Werte.

Die Quantenabsorption in Luft ist dadurch besonders wichtig, daß sie der Definition der Röntgeneinheit r zugrunde liegt, die wie folgt lautet: Ein Röntgen

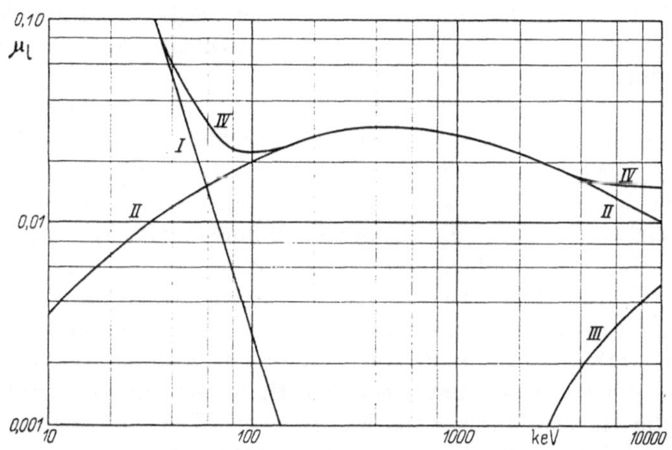

Abb. 1. Absorptionskoeffizienten für Photoeffekt I, Comptoneffekt II, Paarbildung III und totale Absorption IV in Luft

ist eine Dosis von Röntgen- oder γ-Strahlung, die durch die damit verbundene Korpuskularemission je 0,001293 g Luft (das ist die Masse von 1 cm³ trockener atmosphärischer Luft bei 0 °C und 760 Torr) Ionen in Luft erzeugt, die eine elektrostatische Ladungseinheit Elektrizität von jedem Vorzeichen tragen.

Damit ist das r nicht eine Einheit des Energieflusses, der durch eine Flächen- oder Gewichtseinheit hindurchgeht, sondern durch die Zahl der gebildeten Ionen definiert, also eine Ionendosis. Da nun aber für die Erzeugung eines Ionenpaares in Luft weitgehend unabhängig von der Quantenenergie im Mittel etwa 34 eV benötigt werden, ergibt sich, daß eine Röntgeneinheit 87,6 erg/g Luft entspricht. Berücksichtigt man nun die etwas abweichende Elementzusammensetzung von Luft einerseits und Wasser, Fettgewebe und Knochensubstanz andererseits, so entspricht 1 r einem Betrag von 98 erg/g Muskelgewebe, 103 erg/g Fettgewebe und 86 erg/g Knochensubstanz im Energiebereich von etwa 0,2–3 MeV. Darunter und darüber wirken sich die Unterschiede im Absorptionsverhalten der Elemente stärker aus.

Man hat deshalb für alle direkt und indirekt ionisierenden Strahlen die Einheit *rad* (*r*adiation *a*bsorbed *d*ose) eingeführt, die der Absorption von 100 erg/g in einem beliebigen Stoff entspricht. Offensichtlich läßt sich im Bereich mittlerer

Quantenenergien 1 r etwa gleich 1 rad setzen, da der Unterschied im allgemeinen klein gegen die Meßfehler ist.

Um aus den physikalisch meßbaren Größen r und rad einen Ausdruck für die biologische Wirksamkeit von Strahlung zu gewinnen, muß die unterschiedliche spezifische Ionisation, oft auch als lineare Energieübertragung (LET = *linear energy transfer*) bezeichnet, d.h. die je Weglängeneinheit erzeugte Anzahl von Ionenpaaren berücksichtigt werden. Dies geschieht durch den RBW (*relative biologische Wirksamkeit*)- Faktor, der definiert ist als die Dosis von 200 keV- Quantenstrahlung in rad zur Erzielung einer bestimmten biologischen Wirkung, dividiert durch die Dosis der betreffenden Strahlenart zur Erzielung des gleichen Effektes. Der RBW-Faktor liegt zwischen 1 für energiereiche Quanten und etwa 20 für schwere Atomkerne. Durch Multiplikation der Dosis in rad mit dem RBW-Faktor erhält man die Einheit *rem* (*roentgen equivalent man*) als Maß der biologischen Strahlenwirkung.

Ziel der filmdosimetrischen Strahlenschutz-Personendosisüberwachung muß die Angabe der von außen in den Körper eingestrahlten wirksamen Dosis sein – eine Aufgabe, die grundsätzlich nur bedingt lösbar ist. Müßte man doch, um alle für die Beurteilung der Strahlenbelastung wichtigen Faktoren zu umfassen, nicht nur die Dosis in rem, sondern auch die Zusammensetzung und Energie der Strahlungskomponenten sowie die räumliche und unter Umständen auch die zeitliche Verteilung der Dosisbelastung der überwachten Person genau messen, um zu einer exakten Beurteilung der Strahlenbelastung der einzelnen Organe zu kommen, die sich hinsichtlich ihrer Strahlungsempfindlichkeit und ihrer Lage unter abschirmenden Gewebeschichten ja beträchtlich unterscheiden. Berücksichtigt man weiter die Veränderungen, die ein Strahlungsgemisch auf seinem Wege zum Bezugsorgan beispielsweise durch Moderierung der schnellen Neutronen, *Härtung* der Quantenstrahlung und ähnliche Effekte erleidet, so erhält man einen Eindruck von der Problematik der Übertragung der physikalisch oder chemisch gemessenen Dosis auf ihre physiologische Wirkung im biologischen Bezugssystem.

Einer von der Quantenenergie unabhängigen Dosisregistrierung in r am nächsten käme ein Meßsystem gleicher atomarer Zusammensetzung wie Luft. Auf Grund theoretischer Überlegungen läßt sich nämlich aussagen, daß die Energieabhängigkeit der Quantenwirkung auf unterschiedlich zusammengesetzte Systeme im praktisch vor allem interessierenden Energiebereich immer dann gleich ist, wenn sie dieselbe effektive Ordnungszahl

$$Z_{\text{eff}} = \sqrt[3]{\frac{\sum (n_i Z_i)^4}{\sum n_i Z_i}}$$

und Elektronenkonzentration

$$N_{\text{eff}} = L \frac{\sum n_i Z_i}{\sum n_i A_i}\,.$$

wie Luft haben. Dabei ist Z_i die Ordnungszahl, A_i das Atomgewicht des Elementes i, n_i sein Gewichtsanteil und L die LOSCHMIDTsche Zahl. Das trifft aber mit recht guter Genauigkeit zu für einige organische Substanzen wie z. B. Natriumsalicylat und mit einer Genauigkeit, die für nicht zu extreme Quanten-

Tabelle 1. *Vergleich der effektiven Ordnungszahl und Elektronenkonzentration einiger Stoffe*

	Z_{eff}	N_{eff}
Luft	7,7	$3{,}02 \cdot 10^{23}$
Wasser	7,4	$3{,}34 \cdot 10^{23}$
Natriumsalicylat	7,6	$3{,}09 \cdot 10^{23}$
Silberbromid	43,5	$2{,}64 \cdot 10^{23}$

cnorgicn normalerweise auch ausreicht, auch für viele organische Kunststoffe, Wasser und andere aus leichten Atomen aufgebaute Substanzen wie Holz und Graphit, nicht dagegen für das Silberbromid, das im Filmdosimeter als Strahlenabsorber und -detektor wirkt (Tab. 1). Deshalb weisen photographische Schichten eine ausgeprägte Energieabhängigkeit ihrer Dosisregistrierung in r auf.

b) Korpuskularstrahlen

Energiereiche Elektronen oder β-Strahlen reagieren mit Materie in ebenfalls mit ihrer Energie und der Kernladungszahl des bestrahlten Stoffes wechselnden Anteilen durch elastische Streuung an den Hüllenelektronen der Absorberatome, durch unelastischen Zusammenstoß, der zur Ionisation des Absorberatoms führt, durch Anregung ohne Elektronenablösung und durch Absorption im Kernfeld, die mit der Aussendung von kontinuierlicher Röntgen-Bremsstrahlung verknüpft ist. Sekundärprozesse schließen sich an: Die beim Ionisationsakt entstandenen und unter Umständen recht energiereichen Elektronen können ihrerseits ionisieren und anregen, die Bremsstrahlung kann reabsorbiert werden, und die angeregten Atome können Fluoreszenzlicht bzw. -röntgenstrahlung abstrahlen, die ihrerseits teilweise reabsorbiert wird.

Die Energieabnahme mit steigender Dicke in einem β-bestrahlten Material erfolgt sowohl durch Abnahme der Zahl der Elektronen als auch durch Abnahme der Elektronenenergie. Da nun β-Strahler stets eine Energieverteilung der emittierten Elektronen aufweisen, deren Maximum – je nach der Maximalenergie der β-Strahlung – zwischen etwa einem Drittel und der Hälfte der Maximalenergie liegt, kann zwar einerseits eine definierte maximale Reichweite der β-Strahlung angegeben werden, andererseits gilt aber auch in guter Näherung ein exponentieller Ausdruck für die Intensitätsabnahme.

Das über β-Strahlung Gesagte gilt grundsätzlich auch für Positronen, deren Lebensdauer in Anwesenheit von Materie jedoch sehr begrenzt ist, da sie mit Elektronen unter Quantenemission zerstrahlen. Protonen und α-Teilchen sind besonders wirksam durch ihre sehr große spezifische Ionisation. Ihre Reichweite ist jedoch gering, so daß sie normalerweise selbst dünne Filmverpackungen nicht zu durchdringen vermögen und sich deshalb dem filmdosimetrischen Nachweis entziehen. Das gleiche gilt für noch schwerere Teilchen, wie die beim Kernzerfall entstehenden Kerntrümmer.

Anders dagegen die Neutronen, deren Durchdringungsfähigkeit infolge fehlender elektrischer Ladung und dadurch bedingter geringer Wechselwirkung mit Materie sehr groß ist. Schnelle Neutronen verlieren ihre Energie durch elastischen Stoß mit Atomkernen um so schneller, je leichter diese sind. Auch können sie Kernreaktionen verursachen. Die energiereichen Rückstoßkerne bzw. Rückstoßprotonen, die entstehen, wenn Wasserstoffkerne gestoßen werden, sind mit ihrer hohen spezifischen Ionisation für die Wirkung schneller Neutronen hauptsächlich verantwortlich. Hat das Neutron den größten Teil seiner kinetischen Energie abgegeben, wird es von Kernen mit größerem Einfangquerschnitt absorbiert. Diese Kerne werden dadurch selbst radioaktiv und zur Quelle von Korpuskular- oder γ-Strahlung. Neutronen sehr hoher Energie können getroffene Kerne auch direkt zur Spaltung in mehrere Bruchstücke bringen.

Für die Dosismessung von γ-Strahlen hoher Energie, besonders aber von Korpuskularstrahlen hat sich das BRAGG-GRAY-Prinzip als sehr nützlich erwiesen. Es besagt in seiner allgemeinen Fassung, daß die einem Medium je Masseneinheit absorbierte Energie in rad aus dem Verhältnis der Massenbremsvermögen im Medium und im Meßvolumen erhalten werden kann, wenn das vom Medium umgebene Meßvolumen klein und das Medium groß gegen die Reichweite der Korpuskeln ist. Das Verhältnis der Massenbremsvermögen verschiedener Stoffe hängt stark von der effektiven Ordnungszahl und Elektronenkonzentration der Medien und auch etwas von der Art der Korpuskeln ab.

Abschließend läßt sich sagen:

Infolge seiner geringen Schichtdicke gestattet der photographische Film eine Messung der wichtigen *differentiellen* Dosis im Gegensatz zu der in einem ausgedehnten Meßvolumen wie einer Ionisationskammer zu erhaltenden mittleren Dosis. Eine einwandfreie Quantendosimetrie ist unter folgenden Bedingungen möglich:

Für Quantenstrahlung nicht zu hoher Energie genügt die Elektronengleichgewichtsbedingung, d. h. der Meßschicht muß, je nachdem, ob in r oder rad gemessen werden soll, eine Schicht aus luft- bzw. gewebeäquivalentem Material vorgeschaltet sein, deren Dicke mindestens gleich der Reichweite der von den Quanten ausgelösten Elektronen ist, damit sich ein Gleichgewicht zwischen gebildeten, absorbierten

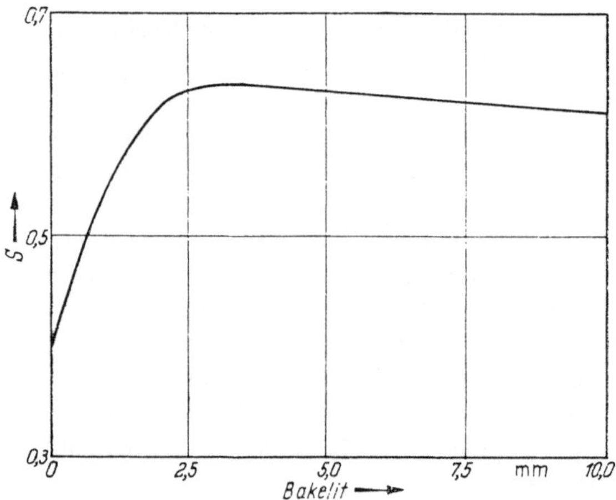

Abb. 2. Schwärzung eines Filmes bei Bestrahlung mit 1,25 MeV γ-Strahlung als Funktion der Bakelitschicht über dem Film (nach M. EHRLICH, NBS Handbook 57, 1954)

und emittierten Elektronen ausbilden kann. Diese Voraussetzung wird bis zu etwa 0,3 MeV in ausreichender Näherung von der normalen Filmverpackung erfüllt, während infolge der schnell zunehmenden Elektronenreichweite bei der Energie des Co 60 schon etwa 3 mm Plexiglas oder Bakelit notwendig sind. Nichtbeachtung der Elektronengleichgewichtsbedingung kann zu erheblichen Meßfehlern führen (Abb. 2). Bei extrem hohen Quantenenergien, wie sie z. B. als Bremsstrahlung an Teilchenbeschleunigern auftreten, würden allerdings die erforderlichen Schichtdicken so groß, daß sie nicht mehr mit der Konstruktion einer normalen Plakette vereinbar sind. Für die Messung solcher hohen Quantenenergien und von Korpuskularstrahlung sollte das BRAGG-GRAY-Prinzip erfüllt sein. Dies wird jedoch nur näherungsweise möglich sein, da sich das Dosimeter nicht in das Körpervolumen einbringen läßt.

2. Entstehung der photographischen Schwärzung

Der photographische Film enthält in Gelatine eingebettete Silberhalogenid-Mikrokristalle sehr verschiedener Größe von etwa 0,02 μ bei sehr unempfindlichen

Emulsionen bis zu einem Maximalwert, der bei hochempfindlichen Schichten bei etwa 5 μ liegt. Die mittlere Korngröße liegt bei den heute handelsüblichen Amateurfilm- und Röntgenfilm-Emulsionen, die auch als Dosismeßfilme Verwendung finden, im allgemeinen zwischen 0,3 und 2 μ.

Die chemische Zusammensetzung des Silberhalogenids beeinflußt stark die Kristallform und die photographischen Eigenschaften. Die Körner empfindlicher Schichten bestehen meist aus Silberbromid mit einem Gehalt von Silberjodid in der Größenordnung einiger Prozente sowie Spuren anderer Elemente wie Schwefel, Gold und anderer Metalle, die als *Empfindlichkeitszentren* in den Kristall oder an dessen Oberfläche ein- bzw. angelagert werden und für die Entstehung des latenten Bildes sehr wichtig sind. Auch die Zusammensetzung und Vorbehandlung der Gelatine – besonders hinsichtlich ihres Gehaltes an bestimmten Schwefelverbindungen – ist von großem Einfluß auf die Eigenschaften der fertigen Emulsion. Die Gelatine hat mehrere Funktionen zu erfüllen: Sie wirkt als Schutzkolloid für das Silberbromid, als Bindemittel für die Mikrokristalle, das den wäßrigen Lösungen der Photochemikalien den Zutritt zum Korn ermöglicht, als Halogenakzeptor und vor allem als Sensibilisator für den photographischen Prozeß.

Die Herstellung einer Emulsion erfolgt in drei Stufen:

1. Der Silberhalogenidniederschlag wird erzeugt. Es sind zwei Varianten gebräuchlich: Wird ein stöchiometrischer Überschuß von Alkalihalogenid in Gelatinelösung gelöst und dazu dann unter sorgfältig kontrollierten Bedingungen die wäßrige Silbersalzlösung (meist Silbernitratlösung) gegeben, so spricht man von einer neutralen oder auch Siedeemulsion. Wird dagegen der Komplexbildner Ammoniak dem Silbernitrat zugesetzt, nennt man die Emulsion eine Ammoniak-Emulsion. In beiden Fällen findet eine physikalische oder OSTWALD-Reifung beim Stehenlassen der zunächst sehr feinkörnigen Emulsion für etwa $^1/_2$ bis 1 Stunde bei erhöhter Temperatur (50–70 °C) statt, die zur gewünschten Korngröße führt. Die Form der gebildeten Mikrokristalle des im kubischen Gitter kristallisierenden Silberbromids ist außerordentlich verschieden je nach den Herstellungsbedingungen. Im Elektronenmikroskop sieht man neben nahezu kugelförmigen Körnern bei feinstkörnigen Emulsionen (bis etwa 0,08 μ) wohlausgebildete Pyramiden und bei grobkörnigen Schichten tafelförmige Kristalle. Es überwiegen bei weitem oktaedrische Flächen. Die Körner besitzen keine einheitliche Größe, sondern eine mehr oder weniger stark ausgeprägte Größenverteilung.

2. Im nächsten Schritt der Emulsionsbereitung werden mit Wasser die löslichen Salze aus der erstarrten Emulsion ausgewaschen.

3. Diese wird dann wiederum aufgeschmolzen, damit gegebenenfalls weitere Mengen geeigneter Gelatine sowie verschiedene Sensibilisatoren (Goldthiocyanat, organische Farbstoffe), Stabilisatoren usw. zugesetzt werden können. Diese Nachreifung oder chemische Reifung erhöht die Empfindlichkeit und beeinflußt auch die sonstigen photographischen Eigenschaften der Emulsion wie Gradation, Schleier und Haltbarkeit.

Die nunmehr fertige Emulsion wird auf den Schichtträger aufgegossen. Der Schichtträger besteht heute nur noch selten aus Glas, meist aus geeignet vorbehandelten möglichst ebenen Folien aus Azetylzellulose. Die Dicke der fertigen Emulsionsschicht liegt im allgemeinen bei etwa 5–20 μ, die Flächenbelegung bei 2–5 mg/cm² Silber. Der Silberbromidgehalt liegt bei normalen Emulsionen bei etwa 30%, kann aber in Spezialemulsionen (Kernspuremulsionen) auf 80% ansteigen. Die Schicht enthält außerdem mit der relativen Luftfeuchtigkeit wechselnde Mengen Feuchtigkeit, bei 60% relativer Luftfeuchte z.B. etwa 15 %. In den meisten Fällen schließt das Aufbringen einer dünnen Schutzschicht gegen mechanische Beschädigung der lichtempfindlichen Schicht den Prozeß der Filmherstellung ab. Das Verfahren ist im ganzen so überaus kompliziert und die Qualität des Fabrikats von sorgfältig abgestuften und oft geheimgehaltenen Faktoren abhängig, daß eine labormäßige Herstellung von Photomaterial kaum in Frage kommt.

Die Vorgänge im Zusammenhang mit der Ausbildung einer photometrierbaren Schwärzung des Filmes bei Einwirkung von Wellen- oder Korpuskelstrahlung lassen sich am besten in drei Teilen beschreiben:

1. der physikalisch-chemische Vorgang der Entstehung eines entwickelbaren latenten photographischen Bildes in dem von Lichtquanten, Elektronen oder geladenen Partikeln getroffenen Silberhalogenidkorn (photographischer Elementarprozeß),

2. der chemische Vorgang der Reduktion des entwickelbar gewordenen Silberhalogenidkornes zu elementarem Silber (Entwicklung) und der anschließende Prozeß der Entfernung nichtentwickelten Silbersalzes (Fixieren) und

3. die Herstellung der Beziehung zwischen der erzeugten Schwärzung und der eingestrahlten Energie.

Auf die Beantwortung dieser drei wesentlichen Fragestellungen der wissenschaftlichen Photographie ist seit über 60 Jahren viel Arbeit verwandt worden, deren vielfältige Ergebnisse hier bei weitem nicht vollständig referiert werden können. Es soll daher lediglich ein kurzer Abriß des gegenwärtigen Standes der Vorstellungen gegeben werden mit dem Ziel, ein tieferes Verständnis der filmdosimetrischen Methoden zu ermöglichen. Ausführliche Darstellungen findet man bei MEES (1954), MITCHELL (1957) u.a.

a) Der photographische Elementarprozeß

Entsprechend den von MITCHELL weiterentwickelten Vorstellungen von GURNEY und MOTT besteht das entwickelbare latente Bild aus kleinsten, an der Oberfläche und teilweise auch im Inneren des Silberbromidkristalles verteilten Silberteilchen, die ihre Entstehung der Überlagerung zweier Prozesse verdanken, die bei geeigneter Energiezuführung zum Kristall nebeneinander ablaufen: eines Elektronen- und eines Ionenprozesses. Das Zusammenwirken der beiden Vorgänge läßt sich durch Anlegen starker elektrischer Felder, Belichtung bei verschiedenen Temperaturen mit oder ohne fraktioniertes Erwärmen, Messungen der Photoleitfähigkeit großer Einkristalle als Funktion der Temperatur und ähnliche Versuche experimentell belegen. Am besten lassen sich die Vorgänge mit Hilfe des Bändermodelles der Energiezustände im Kristall verdeutlichen:

Trägt man schematisch die potentielle Energie der äußeren Schalenelektronen eines Silber- und eines Bromatoms gegen den Abstand vom Atomkern auf, so erhält man eine Darstellung gemäß Abb. 3. Im Kristall ist das 5-S-Valenzelektron des Silbers auf das 4-P-Niveau des Broms übergegangen, das dadurch voll besetzt wird. Außerdem verschmieren sich durch die Wechselwirkung der Gitterbausteine die diskreten Energieniveaus zu Bändern. Der Abstand zwischen dem voll besetzten Valenzband, das aus den 4-P-Niveaus des Broms (vgl. Abb. 4) gebildet wird, und dem darüber liegenden normalerweise leeren Leitfähigkeitsband aus den 5-S-Niveaus des Silbers beträgt etwa 2,6 eV, d. h. Quanten, deren Energie 2,6 eV übersteigt (Wellenlänge kürzer als 480 mμ), sind in der Lage, Elektronen vom Valenz- in das Leitfähigkeitsband zu heben. Anschaulich ausgedrückt wird ein Elektron von einem Bromion abgelöst und bekommt eine gewisse kinetische Energie durch den Teil der Quantenenergie, welcher die Ionisationsenergie übersteigt. Das *Photoelektron* ist damit frei beweglich geworden

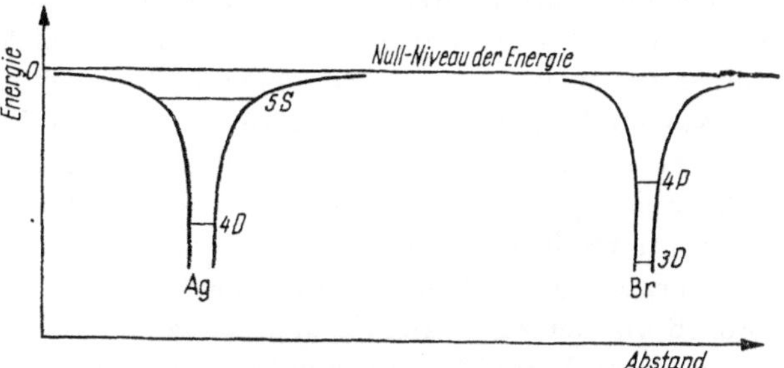

Abb. 3. Potentielle Elektronenenergie einzelner Silber- und Bromatome (5 S, 4 D, 4 P und 3 D = erlaubte Niveaus) [nach H. WOLFF, Fortschr. chem. Forsch. 2 (1952) 390]

und kann auf seinem Wege im Kristall entweder mit einer Elektronenlücke im Valenzband, Defektelektron genannt, wieder rekombinieren oder aber durch einen Elektronenakzeptor, auch Elektronenfalle genannt, eingefangen werden. Grundsätzlich identisch damit ist der Vorgang beim Durchgang schneller Korpuskeln von mehr als einigen keV Energie durch das Korn, allerdings liegt die zur Erzeugung von Ionenpaaren im Mittel dann notwendige Energie etwas höher, nach Messungen am Silberchlorid bei etwa 7,6 eV.

Elektronenfallen sind im allgemeinen Gitterstörungen oder Fremdatome, deren Energieniveaus zwischen Valenz- und Leitfähigkeitsband liegen. Elektronenfallen, die aus Silberionen an Oberflächenstörungen, Ecken, Kanten oder Versetzungen mikrokristalliner Bereiche bestehen und die deshalb eine positive Überschußladung aufweisen, vermögen jedoch Elektronen nur schwach zu binden. Die eingefangenen Elektronen können schon

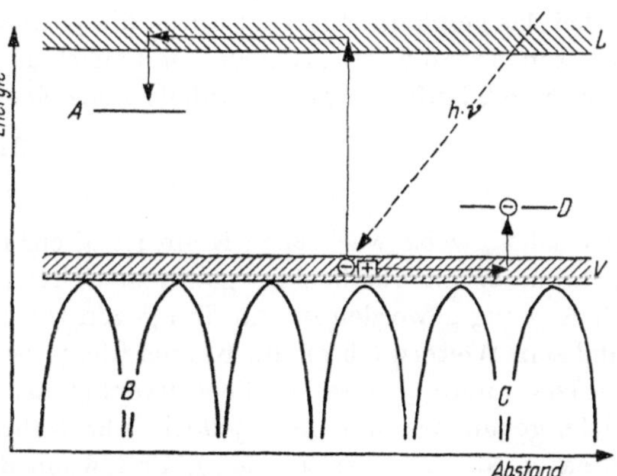

Abb. 4. Eindimensionale Darstellung der potentiellen Elektronenenergie im periodisch veränderlichen Silberbromid-Kristallfeld: *V* Valenzband, *L* Leitfähigkeitsband, *B* Elektronenfalle mit — Akzeptorniveau, *C* Defektelektronenfalle mit ⊖ Donatorniveau [nach R. MATEJEC, Physik. Bl. 14 (1958) 17]

durch thermische Anregung mit Defektelektronen rekombinieren, d. h. die Empfindlichkeit reiner ungestörter Silberbromidkristalle ist gering. Erst Störungen im Kristallgitter und bestimmte Fremdatome wie Gold und einige andere Edelmetalle (indirekt spielt vor allem Schwefel, der vorwiegend an der Kristalloberfläche Silber-Silbersulfid-Komplexe bildet und damit wirksame Defektelektronenfallen liefert, eine große Rolle), ergeben *tiefe* Elektronenfallen, welche Photoelektronen weitgehend irreversibel einzufangen vermögen. Solche tiefen Elektronenfallen lassen sich auch noch in der fertigen Emulsionsschicht zusätzlich durch Vorbehandeln des Filmes anlegen. So kann Quecksilberdampf, der einige Tage auf den normal verpackten Film einwirkt, denselben für eine gewisse Zeit auf etwa die doppelte Empfindlichkeit *hypersensibilisieren.*

Um eine schnelle Rekombination des Photoelektrons mit einem Bromatom zu vermeiden, muß nach dem Elektron auch das Defektelektron eingefangen werden. Dieses geschieht durch Elektronendonatoren oder *Defektelektronenfallen,* deren Wirkung auf einem Elektronenübergang oder Halogenierung geeigneter Halogenakzeptoren innerhalb oder außerhalb des Kristalls in der Gelatine beruht. Möglicherweise spielen auch gekoppelte Photoelektronen-Defektelektronen-Paare, sogenannte Exzitonen, beim Ablauf dieser Vorgänge eine gewisse Rolle. Neben bzw. bei kurzzeitiger Belichtung auch nach dem Elektronenprozeß läuft ein Ionenprozeß ab, der zur Stabilisierung der gebildeten Silberatome über die Subkeime durch deren Vergrößerung zu entwickelbaren Vollkeimen führt.

Die Fehlordnung im Silberbromid ist in normalen Temperaturbereichen vom FRENKEL-Typ, d. h. die Silberionen befinden sich auf Zwischengitterplätzen und hinterlassen Lücken im Kationen-Teilgitter, ohne daß dem eine entsprechende Fehlordnung im Anionen-Teilgitter entspräche. Infolge der relativ hohen Beweglichkeit dieser Zwischengittersilberionen kann der Primärvorgang

$$Ag^+ + e \rightleftharpoons Ag \, ,$$

deshalb weitergehen zu

$$Ag^+ + Ag \rightleftharpoons Ag_2^+ \, ,$$

wobei das gebildete Aggregat durch die positive Aufladung sowohl gegen Defektelektronen stabilisiert als auch zum neuerlichen Elektroneneinfang befähigt wird. Der Prozeß läuft deshalb bei anhaltender Energiezufuhr weiter:

$$Ag_2^+ + e \rightleftharpoons Ag_2 \, ,$$
$$Ag_2 + Ag^+ \rightleftharpoons Ag_3^+ \cdots$$

Der solcherweise wachsende Keim ist allerdings immer noch thermodynamisch instabil, bis oberhalb eines gewissen Schwellenwertes seine Oberflächenenergie klein genug geworden ist, um ihn gegen thermische Dissoziation zu stabilisieren und sein Weiterwachsen auf Kosten kleinerer Einheiten zu ermöglichen.

Die untere Grenze für die Entwickelbarkeit der entstandenen Vollkeime ist nicht genau bekannt, liegt jedoch sehr wahrscheinlich bei 4 Silberatomen. Ihr direkter Nachweis ist schwierig. Erst wenn die Silberaggregate bei anhaltender Energiezufuhr immer weiter wachsen, wird das ausgeschiedene photolytische Silber direkt im Röntgendiagramm oder Elektronenmikroskop sichtbar. Für sichtbares Licht sind bei einer höchstempfindlichen Emulsion mindestens 4 Quanten je Korn notwendig, um es entwickelbar zu machen, was einer im Korn zu deponierenden Energie von mindestens 10 eV entspricht (im Mittel sind es dann etwa 20 Quanten, entsprechend etwa 50 eV). Es läßt sich zeigen, daß das Korn damit der theoretisch möglichen Grenze seiner Empfindlichkeit schon recht nahe kommt. Beim Durchgang energiereicher Teilchen wie z. B. Elektronen muß ein höherer Energiebetrag, etwa 1 keV, im Korn deponiert werden – auf die Gründe dafür wird später eingegangen. Wenn die spezifische Ionisation etwa 1 keV je Korndurchmesser übersteigt – dies trifft z. B. für Elektronen, die durch weiche Röntgenstrahlen ausgelöst werden, stets zu –, wird also ein Korn mit hoher Wahrscheinlichkeit durch einen einzigen Treffer entwickelbar im Gegensatz zum sichtbaren Licht, für das mindestens etwa 4 Treffer erforderlich sind. Auf die daraus resultierenden Unterschiede der photographischen Wirkungen wird ebenfalls später noch einzugehen sein.

Mit Hilfe der Theorie des photographischen Elementarprozesses ist eine Anzahl von Effekten, die für die Filmdosimetrie von unmittelbarer Bedeutung sind, unschwer zu erklären, während zur Erklärung anderer Erscheinungen, wie z. B. der photographischen Umkehrprozesse und bestimmter Fragen der Sensibilisierung, Verfeinerungen und Modifikationen notwendig sind.

So wird z. B. verständlich, wieso die photographische Empfindlichkeit etwa mit der 2.–3. Potenz des Korndurchmessers wächst: Da die Mindestzahl der zur Entwickelbarkeit notwendigen Quanten- bzw. Elektronentreffer bei gleicher Kornempfindlichkeit etwa konstant bleibt, wächst bei konstantem Quanten- bzw. Teilchenfluß die Wahrscheinlichkeit des Kornes, diese Mindestzahl aufzusammeln, je nach Absorptionsmechanismus der betrachteten Strahlenart mit der Projektionsfläche oder dem Volumen des Kornes.

Weiter wird verständlich, warum die in die photographische Schicht eingestrahlte Energie nicht streng integriert wird, sondern die Schwärzung außer von der eingestrahlten Energie und der Form dieser Energie (das Korn ist für verschiedene Strahlenarten sehr verschieden empfindlich) auch noch von der zeitlichen Verteilung der Einstrahlung abhängt. Dieser Effekt ist als SCHWARZSCHILD-Effekt oder Reziprozitätsfehler lange bekannt und erklärt sich im wesentlichen folgendermaßen: Bei sehr hoher Bestrahlungsintensität, z. B. bei Blitzbelichtung, wird das Elektronenangebot im Kristall so groß, daß der damit verbundene Ionenprozeß, d. h. die wesentlich langsamere Wanderung der Silberionen zu den Empfindlichkeitszentren, nicht ebenso schnell ablaufen kann. Als Folge davon werden Elektronen in Fallen eingefangen, deren Tiefe nicht zum dauerhaften Festhalten der Elektronen ausreicht, oder aber die Elektronen rekombinieren sofort mit Defektelektronen. Schließlich werden noch zahlreiche instabile Keime in so tiefen Schichten des Kornes angelegt, daß sie vom Entwicklungsprozeß normalerweise nicht mit erfaßt werden. Die tiefen Elektronenfallen liegen hauptsächlich an der Kornoberfläche. Als Folge dieser sich überlagernden Vorgänge geht im Korn deponierte Energie verloren, und die Empfindlichkeit der Schicht läßt um so stärker nach, je kürzer die Belichtungszeit wird (Kurzzeit-Reziprozitätsfehler). Höchstempfindliche moderne Filme zeigen kaum noch einen Kurzzeit-Reziprozitätsfehler.

Ein anderer Effekt tritt als Langzeit-Reziprozitätsfehler bei Einstrahlungen sehr geringer Lichtintensitäten auf: Die instabilen Subkeime, die sich während der langsamen Summierung der erforderlichen Mindestquantenzahl bilden, können zu einem großen Teil wieder thermisch dissoziieren, wenn der mittlere zeitliche Abstand der einzelnen Absorptionsakte zu groß wird. Hinzu kommt eine chemische Oxydation von Sub- und Vollkeimen durch kombinierte Sauerstoff- und Feuchtigkeitseinwirkung. Im folgenden soll unter Langzeitfehler nur die relativ schnell ablaufende physikalische Dissoziationskomponente, unter Fading die langsamere chemische Oxydation verstanden werden. Es resultiert also bei Lichteinwirkung unter Normalbedingungen (bei tiefer Temperatur kann der Reziprozitätsfehler verschwinden) eine Kurve der Empfindlichkeit als Funktion der

Belichtungsintensität bei konstanter eingestrahlter Energiemenge und -art mit einer maximalen Empfindlichkeit, die bei etwa einer Sekunde Belichtungszeit liegt und ihrerseits von verschiedenen Parametern der Emulsionsherstellung und Entwicklungstechnik abhängt.

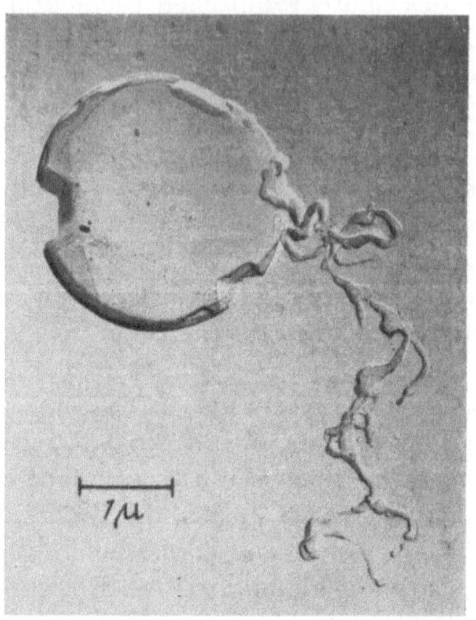

Abb. 5a

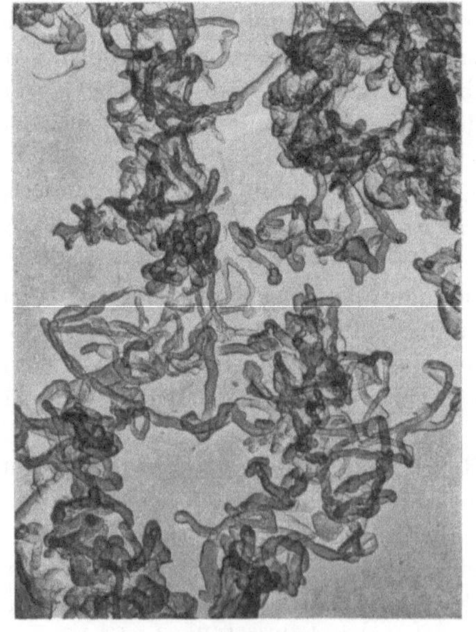

Abb. 5b

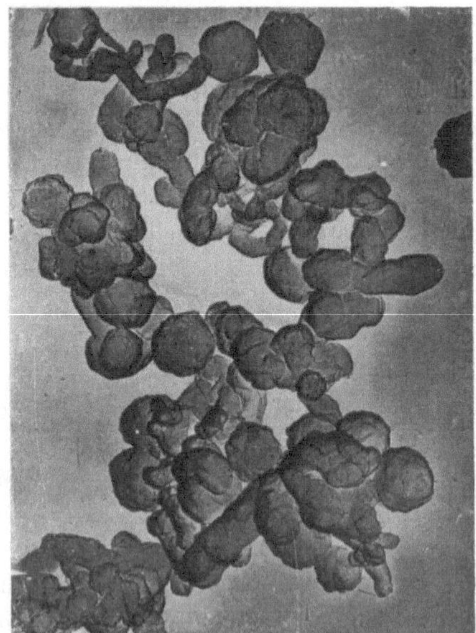

Abb. 5c

Die Reziprozitätsfehler sind besonders ausgeprägt bei Lichteinwirkung, da beispielsweise bei Elektroneneinwirkung der wirksame *Belichtungs*-Vorgang, d. h. der Durchgang des Elektrons durch das Korn, nur etwa 10^{-14} Sekunden dauert. Deshalb sind Röntgen-, Gamma- und Elektronenbelichtungen, gleich welcher Dauer, als Ultrakurzzeitbelichtungen aufzufassen, und ein Reziprozitätsfehler nach dem obigen Schema ist dann nicht zu erwarten, wenn jeder Treffer ein stabiles entwickelbares Latentbild im Korn hinterläßt.

Filmdosimetrisch interessante Details dieser und andere Effekte, die Größe der durch sie verursachten Fehler sowie Möglichkeiten zu ihrer Beeinflussung werden später beschrieben.

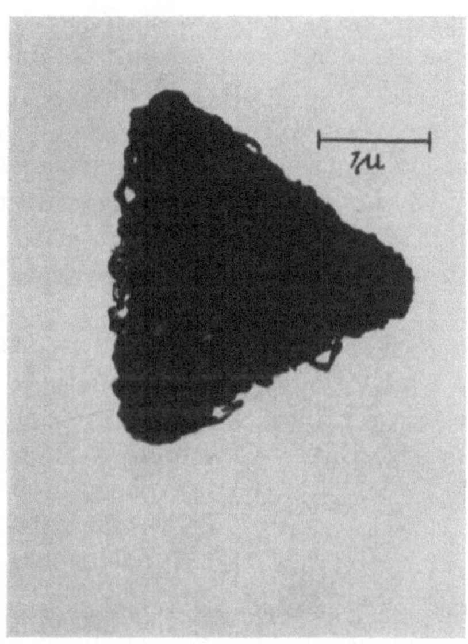
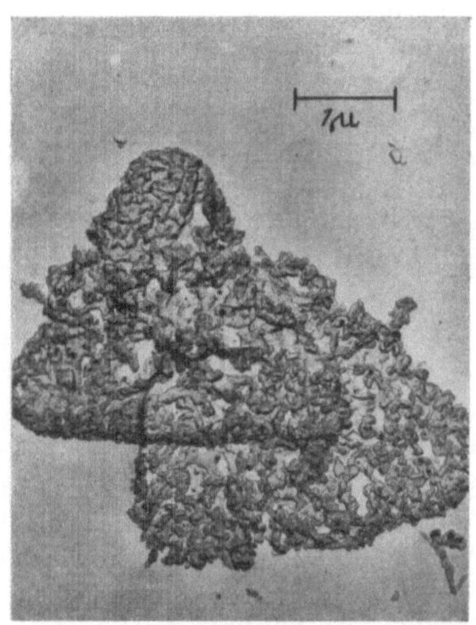

Abb. 5d   Abb. 5e

Abb. 5. Elektronenmikroskopische Aufnahmen (Kohleabdrücke) a) eines unentwickelten Silberbromidkornes. b) von entwickeltem Silber, Entwickler mit geringem Sulfitgehalt (6 g/l) und c) mit hohem Sulfitgehalt (60 g/l), d) Direktaufnahme und e) Kohleabdruck eines entwickelten Kornes (nach E. KLEIN, Mitt. Forschungslab. Agfa, Bd. II, S. 22, 53, 88, Springer 1958)

b) Die Naßverarbeitung

Der wichtigste Schritt bei der Verarbeitung des exponierten photographischen Filmes ist die Umsetzung des latenten Bildes in makroskopisch sichtbare Silbermengen, die photographische Entwicklung. Der Entwicklungsvorgang kann als elektrochemischer Elektrodenprozeß, bei dem der an der Lösungsmittelseite liegende Teil des Keimes die Anode, der am Kristall liegende Teil die Kathode darstellt, oder aber als katalytischer Prozeß verstanden werden.

Das Gleichgewicht

$$\text{Ag}^+ + \text{Entwickler} \rightleftharpoons \text{Ag} + \text{Entwickler-Oxydationsprodukt}$$

liegt stets auf der rechten Seite, d.h. bei ausreichend langer Entwicklungszeit oder bei Abwesenheit der Gelatine werden auch Körner reduziert, die keine Vollkeime enthalten. Durch die Silberkeime wird jedoch die Einstellung des Gleichgewichtes sehr stark beschleunigt. Der Mechanismus ist folgender: Sowohl Zwischengitter-Silberionen (bzw. Silberionen aus der Lösung) als auch Entwicklerionen bzw. -moleküle werden am Keim adsorbiert, letztere unter Elektronenabgabe (Chemosorption). Diese Elektronen entladen die adsorbierten Silberionen, wodurch der Keim so lange wächst, bis entweder keine Silberionen mehr vorhanden sind oder der Entwickler verbraucht ist.

Dabei ist es zunächst gleichgültig, ob die Silberionen aus der Lösung oder aus dem Mikrokristall herrühren. Im ersten Fall, der völligen Entfernung der Silberhalogenide aus der exponierten Schicht (Fixieren) vor dem Entwicklungsvorgang und der Anlagerung von im Entwickler gelöstem Silber an die Keime, spricht man von einer *physikalischen* Entwicklung. Erfolgt dagegen die Silberlieferung aus dem Kristall, so spricht man von *chemischer* Entwicklung. Es hat sich jedoch gezeigt, daß in vielen Fällen – besonders dann, wenn der verwendete Entwickler größere Mengen Substanzen enthält, die wie z.B. Sulfite, Rhodanide und p-Phenylendiamin Silberbromid komplex zu lösen vermögen, d.h. also bei den meisten sog. Feinkornentwicklern – die chemische Entwicklung von einer mehr oder weniger ausgeprägten physikalischen Entwicklung begleitet ist: Das Silberbromid wird teilweise komplex gelöst und aus dieser Lösung mit ihrer unter Umständen in der unmittelbaren Kornnähe sehr großen lokalen Silberkonzentration wieder am Keim ausgeschieden.

Die Form des ausgeschiedenen Silbers hängt stark von der Entwicklungsart ab, und zwar können sowohl Fäden als auch kugelförmige Silberaggregate vorkommen. Dabei entsprechen die Fäden der chemischen Entwicklung, da die Nachlieferung der Silberionen nur an der Berührungsstelle Silber/Silberbromid erfolgen kann, das ausgeschiedene Silber sich also als Faden vom Kristall wegschieben muß. Abb. 5a zeigt anschaulich die hohe Beweglichkeit der Zwischengitter-Silberionen, die während der Entwicklung quer durch den Kristall nachgeliefert werden. Die Silberfäden können jedoch auch so miteinander verfilzt sein, daß die ursprüngliche Kornform etwa bewahrt bleibt (Abb. 5d und e) oder sich nur wenig verändert. Deshalb wird mikroskopisch oft ein größerer Durchmesser der entwickelten als der unentwickelten Körner gefunden. Mit zunehmendem Einfluß der physikalischen Entwicklung werden die ausgeschiedenen Silberfäden dann immer kürzer und dicker (Abb. 5b) und erreichen schließlich eine nahezu ideale Kugelform bei rein physikalischer Entwicklung (Abb. 5c).

Entscheidend für den Ablauf der chemischen Entwicklung ist das Redoxpotential des Entwicklers, und zwar muß es mindestens etwa 100 mV unter dem Silberpotential liegen. Wird die Differenz kleiner, erlischt der Entwicklungsvorgang. Im Falle organischer Entwickler beeinflußt der p_H-Wert die Oxydierbarkeit der Entwicklersubstanz, weshalb die *Aktivität* des Entwicklers u.a. stark vom p_H-Wert und der Konzentration der wirksamen Entwicklersubstanz in der Entwicklerlösung beeinflußt wird, und zwar nimmt sie mit steigendem p_H und steigender Konzentration bei konstanter Temperatur und Entwicklerbewegung zu. Ein normaler chemischer Entwickler enthält daher neben den Entwicklersubstanzen noch verschiedene Zusätze: Natriumsulfit fungiert als Silberbromid-Lösungsmittel, legt tieferliegende Keime im Korn frei und ermöglicht eine zu einem gewissen Teil physikalische Entwicklung. Außerdem stabilisiert das Sulfit durch Bildung von Sulfonsäuren der organischen Entwicklersubstanz dieselbe gegen zu starke Luftoxydation – eine Aufgabe, in der es unter Umständen durch weitere Antioxydantien wie Askorbinsäure unterstützt wird. Zusätze von Alkalihydroxyden und -karbonaten dienen der Einstellung eines bestimmten, für die beabsichtigte Verwendung des Entwicklers optimalen p_H-Wertes, Puffersubstanzen wie z. B. Borate und Phosphate stabilisieren diesen p_H-Wert. Weiter dienen Zusätze bestimmter Komplexbildner wie Äthylendiamin-tetraessigsäure-dinatriumsalz der Ausschaltung störender Einflüsse im Leitungswasser gelöster Salze sowie *Stabilisatoren* oder *Antischleiermittel* der Verminderung des Entwicklungsschleiers, d.h. der Entwicklung nichtexponierter Körner.

Anorganische Entwicklersubstanzen wie Eisenoxalat werden nur selten verwandt, wogegen die *klassischen* Entwicklersubstanzen aus der Reihe der o- oder p-substituierten Benzolderivate, insbesondere der substituierten Oxy- und Aminobenzole, immer noch im breiten Umfang angewandt werden. Ihre bekanntesten Vertreter sind Metol

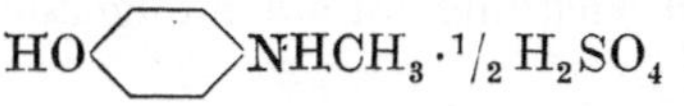

$$HO\!\!\left\langle\right\rangle\!\!NHCH_3 \cdot {}^1\!/_2\, H_2SO_4 \quad \text{und Hydrochinon} \quad HO\!\!\left\langle\right\rangle\!\!OH$$

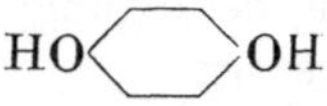

die bei gemeinsamer Anwendung eine höhere Aktivität aufweisen, als es den Komponenten allein entspräche. Diese *Superadditivität* genannte Erscheinung gilt für viele Entwicklersubstanzen-Paare. In den letzten Jahren haben allerdings auch von den alten Entwicklerregeln in ihrer Konstitution abweichende Verbindungen wie z.B. das Phenidon

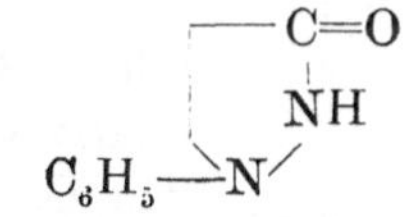

$$
\begin{array}{c}
\overline{}\,C\!=\!O \\
|\;\; \\
NH \\
C_6H_5\!-\!N\diagup
\end{array}
$$

größere Bedeutung erlangt. Die Oxydation dieser Substanzen erfolgt über semichinoide Zwischenformen zu Verbindungen, die infolge zum Teil wenig übersichtlicher Reaktionen mit anderen Komponenten der Entwicklerlösung recht komplex zusammengesetzt sind und meist eine dunkle Farbe aufweisen. Man kann deshalb das Altern eines Entwicklers nicht nur an seiner analytisch meßbaren Abnahme an unverbrauchter Entwicklersubstanz und der damit verbundenen Abnahme seiner photographischen Aktivität, sondern meist schon vorher an seiner zunehmend dunklen Färbung erkennen.

Je nach seiner Zusammensetzung, insbesondere seinem Gehalt an Silberbromid-Lösungsmitteln, wird ein Entwickler nicht nur an der Oberfläche des Kornes angreifen, sondern auch tieferliegende Keime freilegen und entwickeln. Man hat es also durch Variation der Entwicklerzusammensetzung und der Entwicklungsbedingungen weitgehend in der Hand, nur die an der Kornoberfläche liegenden Keime zu erfassen (Oberflächenentwickler), sämtliche Keime im Korn zu entwickeln (Totalentwickler) oder aber sogar nur die Keime im Korninneren zu erfassen (Innenbildentwickler). Es ist auch möglich, durch allmähliche Ablösung von Kristallschichten, ein *Schälen* der Kristalle also, verschiedene Schichttiefen getrennt zu erfassen.

Der zeitliche Ablauf der Entwicklung hängt von vielen Parametern wie der Entwicklerzusammensetzung, -temperatur und -bewegung, aber auch von Schichtdicke, Korngröße und Keimverteilung ab. Im allgemeinen setzt die Entwicklung nach einer gewissen Induktionsperiode an größeren Keimen der Oberfläche des Kristalles ein, wobei sowohl der eigentliche Reduktionsvorgang als die Zu- bzw. Wegdiffusion der beteiligten Ionen die geschwindigkeitsbestimmenden Schritte der vorliegenden heterogenen Reaktion sein können. Offensichtlich braucht z.B. der Entwickler eine längere Zeit, um auch die von der Schichtoberfläche fernsten

Körner einer dicken Emulsionsschicht vollständig zu entwickeln, als bei einer dünneren Schicht. Das hat zu besonderen Techniken für die Entwicklung dicker Kernspuremulsionen geführt. Der Entwicklungsvorgang gilt als abgeschlossen, d.h. die Schicht als *ausentwickelt*, wenn alle Körner mit entwickelbaren Keimen erfaßt sind – ein Zustand, der je nach Entwickler, Schichtdicke und Temperatur nach etwa 3–20 Minuten erreicht ist. Bei Fortsetzung der Entwicklung werden in zunehmendem Maße auch nicht exponierte Körner entwickelt, d.h. der Entwicklungsschleier steigt an.

Für die Zwecke der Filmdosimetrie, also zur Erzielung einer möglichst gut reproduzierbaren Schwärzung bei Konstanz der Emulsionsbeschaffenheit und der Bestrahlungsbedingungen, müssen für die Entwicklung vor allem folgende Punkte beachtet werden:

1. Der Entwickler darf noch nicht infolge Luftoxydation oder häufiger Benutzung in seiner photographischen Aktivität nachgelassen haben.

2. Die Temperatur muß auf mindestens $\pm\,0{,}2\,°\mathrm{C}$ genau konstant gehalten werden.

3. Die Entwicklungszeit sollte normalerweise auf Ausentwicklung, d.h. Erfassung aller Keime, abgestimmt sein, da ja besonders bei der Einwirkung energiereicher Strahlung sowohl kleine als auch relativ viele Innenkeime angelegt werden. Dieser Forderung genügt beispielsweise ein normaler Metol-Hydrochinon-Röntgenfilmentwickler und eine Entwicklungszeit von etwa 3–5 Minuten recht gut. Die einmal empirisch festgelegte Entwicklungszeit sollte auf mindestens $\pm\,10$ Sekunden genau eingehalten werden. Wird aus bestimmten Gründen nicht ausentwickelt, die Entwicklung also im stark ansteigenden Teil der Schwärzungs-Entwicklungszeit-Beziehung (Abb. 6) unterbrochen, kann noch sorgfältigere Konstanthaltung der Entwicklungszeit erforderlich sein.

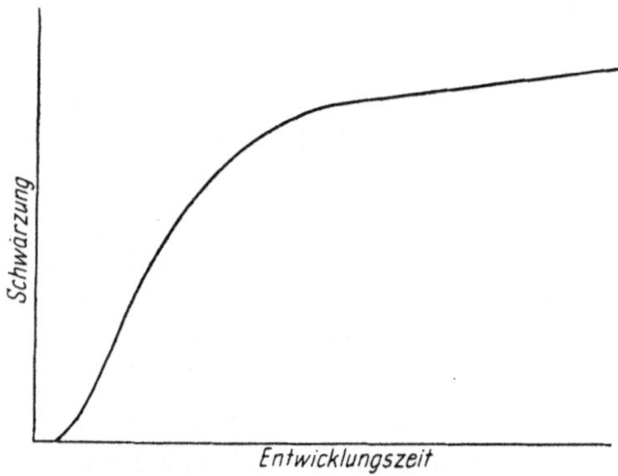

Abb. 6. Schematische Darstellung der Schwärzungszunahme eines exponierten Filmes als Funktion der Entwicklungszeit

4. Der Entwickler soll sehr gleichmäßig bewegt werden, um lokale Anreicherungen verbrauchter Entwicklerlösung zu vermeiden und der Schicht gleichmäßig neuen Entwickler zuzuführen.

Die verschiedenen technischen Möglichkeiten zur Einhaltung dieser Bedingungen werden im Kapitel VI.4 zur Sprache kommen. Nichtbeachtung der aufgeführten Punkte kann zu erheblichen Störungen und Auswertefehlern führen.

Aufgabe der Zwischenwässerung ist es, Entwicklerreste vom Film zu entfernen und den Entwicklungsvorgang abzubrechen. Letztere Aufgabe wird besser durch ein Unterbrecher- oder Stopp-Bad, z.B. verdünnte Essigsäure, erreicht. Das anschließende Fixierbad – meist neben Kaliummetabisulfit zur Aufrechterhaltung des erforderlichen niedrigen $\mathrm{p_H}$-Wertes Natriumthiosulfat als wirksames Silberbromidlösungsmittel enthaltend – entfernt das nicht reduzierte Silberbromid als wasserlösliche Komplexsalze $\mathrm{Na[Ag(S_2O_3)_2]}$, $\mathrm{Na_3[Ag(S_2O_3)_2]}$, $\mathrm{Na[Ag_3(S_2O_3)_2]}$ und

$Na_5[Ag_3(S_2O_3)_4]$ aus der Schicht. Diese Komplexe und die Fixiersalze werden durch die Schlußwässerung restlos der Schicht entzogen und die Trocknung des Filmes schließt sich an. Danach kann die Schwärzungsmessung erfolgen.

Von diesem Arbeitsgang kann aber grundsätzlich auch abgewichen werden, beispielsweise durch Verwendung sogenannter Fixierentwickler, in denen Entwicklungs- und Fixiersubstanz in der gleichen Lösung vorliegen und nacheinander wirksam werden.

c) Die Schwärzung

Zur quantitativen Auswertung von Dosismeßfilmen können zwar auch direkte Verfahren der Bestimmung des Silbers in der entwickelten Schicht, beispielsweise durch chemische Analyse, Neutronenaktivierung oder Röntgen-Fluoreszenzanalyse verwendet werden, aber diese Verfahren haben bis jetzt nur in Ausnahmefällen, vor allem bei optisch nicht mehr meßbaren Schwärzungen, eine gewisse Bedeutung erlangt. Das gilt auch für ein von CZUNFT und TOPERCZER (1943) vorgeschlagenes Verfahren der mikroskopischen Kornzählung. Normalerweise wird die Lichtabsorption in der Schicht gemessen. Dies könnte durch Bestimmung der *Opazität* I_o/I oder deren Kehrwert *Transparenz* I/I_o geschehen, wobei I_o die aufgestrahlte und I die durchgelassene Lichtintensität ist. Als besonders praktisch hat sich jedoch die deshalb auch allgemein benutzte *Schwärzung S* (engl. density D) erwiesen, die als dekadischer Logarithmus der Opazität definiert ist: $S = \log I_o/I$[1]. Gemäß dieser Definition lassen sich z. B. die Schwärzungen zweier aufeinanderliegender Schichten direkt addieren.

Die Schwärzungsmessung erfolgt normalerweise über photoelektrische Meßinstrumente, sogenannte Densitometer, die speziell auf die Erfordernisse der photographischen Schwärzungsmessung abgestimmt sind. Dies ist insofern notwendig, als das LAMBERT-BEERsche Gesetz für die photographische Schicht nicht gilt und die gemessene Schwärzung von den Meßbedingungen abhängt. Fällt nämlich ein paralleles Lichtbündel auf den geschwärzten Film, so wird ein je nach Kornform, -größe und -verteilung sowie Schichtdicke und Absolutschwärzung wechselnder Anteil des durchgelassenen Lichtes

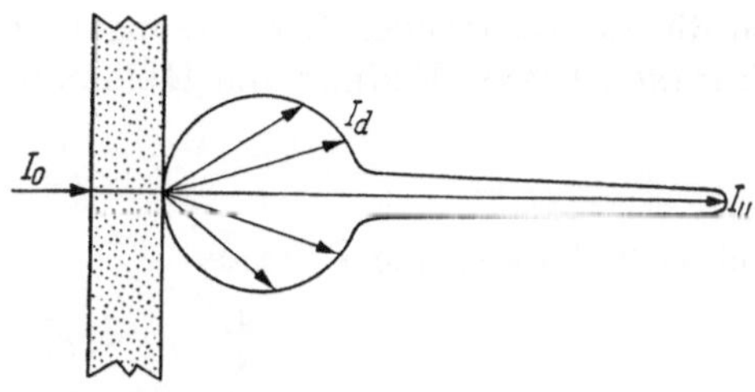

Abb. 7. Zerlegung des in eine geschwärzte photographische Schicht einfallenden Lichtes I_0 in einen diffus gestreuten Anteil I_d und einen ungestreuten Anteil I_u

die Schicht diffus gestreut oder in der Einfallsrichtung verlassen (Abb. 7). Es ist unschwer möglich, durch eine entsprechende Meßanordnung nur das ungestreute Licht zu erfassen (auch das Auge erfaßt bei Direktbetrachtung des Filmes gegen eine Lichtquelle nur diesen Anteil). Durch eine andere Anordnung, z. B. mit Hilfe einer ULBRICHT-Kugel, kann andererseits aber auch nur die *diffuse* Schwärzung gemessen werden. Schließlich kann sowohl das aufgestrahlte als auch das gemessene durchgelassene Licht diffus sein und so eine *doppelt diffuse* Schwärzung erhalten werden, während bei gerichteter Einstrahlung und Erfassung von ungestreutem und gestreutem Licht die *totale diffuse* Schwärzung gemessen wird.

---

[1] Die Schwärzung ist nahezu proportional der Zahl der entwickelten Körner je Flächeneinheit Film.

Der Quotient ungestreute/gestreute Schwärzung heißt CALLIER-Koeffizient und ist für feinkörnige Schichten klein, um sich für hochempfindliche, grobkörnige Schichten dem Wert 1,6 zu nähern. Da das Auge nur den ungestreuten Anteil wahrnimmt, ist es deshalb durchaus möglich, daß sich Schichten visuell gleicher Schwärzung bei der Mitmessung des Streulichtes stark voneinander unterscheiden. Der Einfluß der Kornabstände wird anschaulich durch die bekannte Erscheinung demonstriert, daß eine nasse Schicht eine andere Schwärzung als im trockenen Zustand zeigt.

Die gebräuchlichen Densitometer sind im allgemeinen so aufgebaut, daß das zunächst gerichtete Licht der Lichtquelle unmittelbar vor oder nach Passieren des Filmes durch eine Streuscheibe diffus gemacht wird, bevor es vom lichtempfindlichen Element – einem Sperrschichtphotoelement bei einfacheren Geräten, einer Photozelle ohne oder mit Multiplier bei anspruchsvolleren Instrumenten – fällt und auf einem Zeiger- oder Lichtzeigerinstrument zur Anzeige kommt. Naturgemäß ist die Streuwirkung, d.h. die möglichst ideal kreisförmige Indikatrix der Streuscheibe (meist als Opalglas), von großer Bedeutung für die Vergleichbarkeit der Meßwerte verschiedener Gerätetypen. Das Densitometer wird meist vor Inbetriebnahme noch mit einer genau bekannten Standardschwärzung geeicht. Zur Messung opaker Medien wie z.B. von Photopapieren gibt es Remissions-Densitometer, die aber in der Filmdosimetrie nur selten benutzt worden sind.

Zu den Grundfragen der Densitometrie gehört die Beziehung zwischen Silbergehalt, Korngröße bzw. Kornzahl und der Schwärzung, die es gestattet, je nach Problemstellung aus der densitometrisch gemessenen Schwärzung und der mikroskopisch ermittelten Kornzahl auf den mittleren Korndurchmesser oder den Silberauftrag oder umgekehrt aus dem Silberauftrag und dem Korndurchmesser auf die zu erwartenden Schwärzungen zu schließen. Nach älteren Formeln von NUTTING, ARENS, EGGERT und HEISENBERG gilt näherungsweise

$$S = \frac{1}{2,3} N_0 \cdot \bar{f_e}$$

und nach EGGERT und KÜSTER

$$\frac{A_e}{S} = 1,84 \bar{d_e} + 0,33 \cdot 10^{-4} ,$$

wobei N_0 die Zahl der entwickelten Körner je cm², f_e das arithmetische Mittel der Projektionsfläche der entwickelten Körner bzw. A_e der Silberauftrag in g/cm² und d_e der mittlere Durchmesser der entwickelten Körner in cm ist. Später konnte KLEIN unter Berücksichtigung der Korngrößenverteilung und der Form und Lage des entwickelten Silbers in der Schicht für die chemische und die physikalische Entwicklung Formeln für Spezialfälle ableiten. Für den Fall beispielsweise, daß die Dicke des entwickelten Kornes etwa gleich einem Drittel des Durchmessers seiner größten Fläche ist, gilt danach in Übereinstimmung mit dem Experiment für chemische Entwicklung

$$S = 0,4 \, A_e / d_e .$$

Noch wesentlich wichtiger ist die Frage nach der Beziehung zwischen Schwärzung und der in die Schicht wirksam eingestrahlten Energie. Für die Darstellung dieser Funktion kann als Energiemaß sowohl die eingestrahlte Energie E_e als auch die in der Schicht absorbierte Energie E_a verwendet werden, denn da die Schicht durch die Energieeinstrahlung ihr Absorptionsvermögen nicht ändert, bleibt E_a für eine bestimmte Strahlenart und -energie ein konstanter Teil von E_e. Dieser Teil kann, beispielsweise bei Elektronenbestrahlung, sehr groß und für harte γ-Strahlung verschwindend klein sein. Es können die verschiedensten Maßeinheiten, etwa erg je cm², Quanten definierter Energie bzw. Partikel je cm², aber auch Dosiseinheiten wie rad oder r verwendet werden je nach Zweck der Darstellung. Für Lichtbelichtungen ist außerdem die Angabe Intensität mal Zeit bei konstanter Zeit oder Intensität gebräuchlich. Im allgemeinen wird man eine Angabe der eingestrahlten Energie wählen, da die wirksam absorbierte Energie unter Umständen nur schwer zu messen oder zu berechnen ist. Es genügt nämlich keinesfalls die Angabe der in der Emulsionsschicht verbleibenden Energie, sondern es muß von dieser Energie der unwirksame, beispielsweise in der Gelatine absorbierte Anteil abgezogen werden, um zu der Energie zu kommen, die tatsächlich zum Aufbau des latenten Bildes ausgenutzt worden ist (vgl. Kap. III.3a).

Weiter muß der Begriff der Schwärzung präzisiert werden. Es wird zunächst notwendig sein, von der gemessenen Schwärzung S_g den Schleier S_s, der sich aus der Lichtabsorption und -reflexion in Schichtträger und Gelatine sowie der eigentlichen Schleierschwärzung der Schicht zusammensetzt, zu subtrahieren, um auf die tatsächlich auf die Strahlungswirkung zurückgehende Schwärzung S zu kommen:

$$S = S_g - S_s.$$

Wenn verschiedene Emulsionen z. B. hinsichtlich ihrer Empfindlichkeit verglichen werden sollen, muß weiterhin die Maximalschwärzung S_m berücksichtigt werden, d.h. also die Schwärzung, die bei Entwicklung sämtlicher Körner bzw. Umsetzung des gesamten Silberbromids der Schicht in metallisches Silber gemessen wird.

Dies gilt nicht für den Grenzfall, daß bereits in einer dünnen Emulsionsschicht die gesamte eingestrahlte Energie absorbiert wurde, also beispielsweise für die Bestrahlung mit sehr energiearmen Elektronen. Wenn dagegen nur ein Teil der eingestrahlten Energie absorbiert wurde (energiereiche Elektronen, Licht, weiche Röntgenstrahlung usw.), wird bei Erhöhung der Emulsionsdicke bzw. des Silberbromidgehaltes die Absorption und damit die Schwärzung zunehmen bis zu einem Grenzwert der vollständigen Energieabsorption in der Schicht. Für den Fall schließlich, daß die Primärstrahlung in der Schicht nur unwesentlich geschwächt wird, also für energiereichere Röntgen- und γ-Strahlung, leuchtet ein, daß bei Verdopplung des Silberbromid-Auftrages bzw. Verdopplung der Gußdicke sich auch die für gleiche Energieeinstrahlung erhaltene Schwärzung verdoppeln wird. Aus diesem Grunde wird für Röntgenfilme ein möglichst hoher Silberauftrag angestrebt.

Dabei ist es in erster Näherung gleichgültig, ob die Schichtverdickung durch eine oder mehrere getrennte Schichten erfolgt, etwa durch doppelten Beguß des Schichtträgers oder Übereinanderlegen mehrerer Filme. Es sollte also die Schwärzung allgemein als *Normalschwärzung* S_n ausgedrückt werden:

$$S_n = \frac{S_g - S_s}{S_m - S_s},$$

wobei natürlich auch von der Maximalschwärzung der für die Betrachtung der Strahlenwirkung uninteressante Schleieranteil abzuziehen ist. Es ist allerdings zu bemerken, daß die Schwärzung aus Gründen der Lichtstreuung in der Schicht dem Silbergehalt nicht streng proportional ist, so daß die Anwendung der genannten Beziehung für den Vergleich von Schichten mit sehr verschiedenem S_m strenggenommen nur im Bereich niedrigerer Schwärzungen möglich ist. Für höhere Werte sollten dann die genaueren Beziehungen von TRIVELLI und SILBERSTEIN Verwendung finden, in denen ein Korrekturglied die Sekundäreffekte berücksichtigt, die bei Addition vieler *Elementarschichten* auftreten.

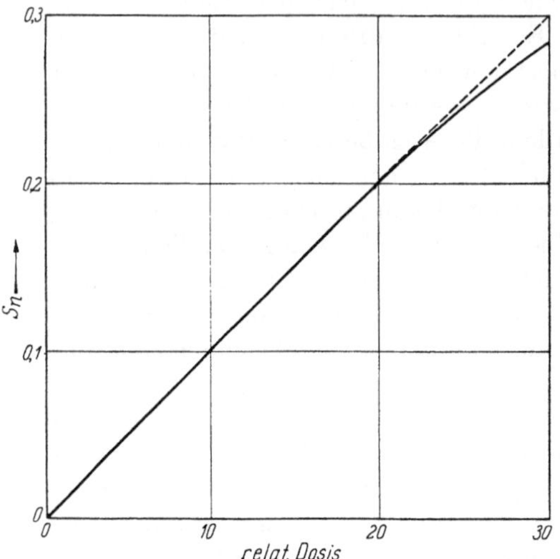

Abb. 8a. Schematische Darstellung der Schwärzungskurve einer elektronenbestrahlten Schicht

Bei der Strahlenwirkung auf eine unbelichtete Schicht wird am Anfang jedes Quant bzw. jede Korpuskel ein jungfräuliches Korn treffen. Bei anhaltender Bestrahlung wird die Schicht allmählich an solchen Körnern verarmen, bis schließlich alle Körner getroffen sind. Diese Beziehung $S_n = f(E_a)$ läßt sich grundsätzlich nach den Ergebnissen von SILBERSTEIN, TRIVELLI, WEBB, KLEIN, FRIESER u. a. berechnen, wenn folgende wichtigste Parameter bekannt sind:

1. die Beziehung zwischen Schwärzung und der Zahl der entwickelten Körner (s. o.),

2. die Beziehung zwischen Schwärzung einer nur aus nebeneinanderliegenden Körnern bestehenden Elementarschicht und der Summe dieser Elementarschichten in der Emulsion,

3. die Kornempfindlichkeitsverteilung (auch Körner gleicher Größe haben keine gleiche Empfindlichkeit, sondern eine statistische Empfindlichkeitsverteilung),

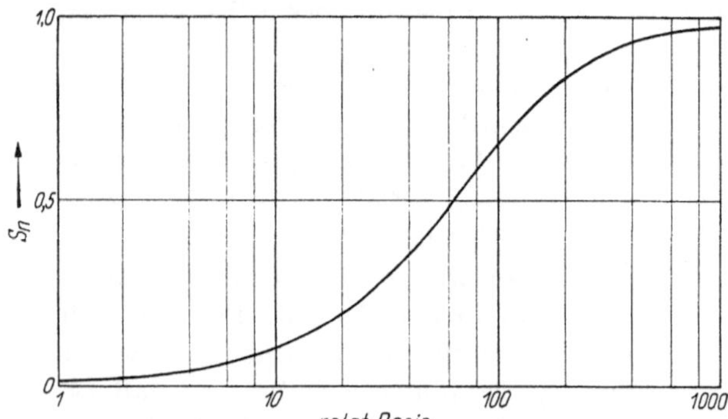

Abb. 8b. Halblogarithmische HURTER-DRIFFIELD-Darstellung

4. die sich dieser Verteilung überlagernde Korngrößenverteilung und

5. die Mindestzahl von Treffern, die ein Korn gerade entwickelbar macht (diese ist für Korpuskeln mittlerer Energie = 1, für sichtbares Licht > 1). Einen einfachen Ausdruck, der die Schwärzungskurve etwa qualitativ beschreibt, kann man unter folgenden Vereinfachungen erhalten: 1. Eintrefferprozeß, 2. Betrachtung einer Elementarschicht, 3. gleicher Korndurchmesser aller Körner sowohl im un-

entwickelten als auch im entwickelten Zustand, 4. Einstrahlung schneller Korpuskeln, die in der Schicht weder gestreut noch zu einem größeren Prozentsatz absorbiert werden, senkrecht zur Emulsion. Dann ist

$$S = N \cdot f \, (1 - e^{-I/E_e}) \cdot \text{const}$$

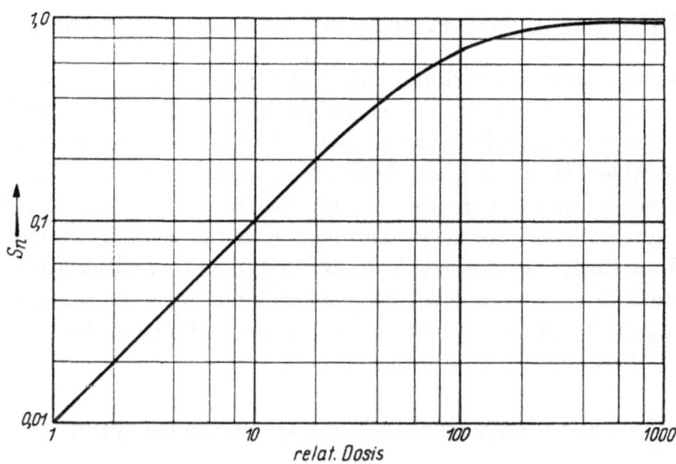

Abb. 8c. Doppellogarithmische Darstellung der gleichen Schwärzungskurve

und für geringe Werte von E_e:

$$S = f^2 \cdot N \cdot E_e \cdot \text{const} ,$$

wenn N die Gesamtzahl der Körner in der Schicht ist.

Die berechnete oder gemessene Beziehung kann dann auf verschiedene Weise graphisch dargestellt werden: Abb. 8 zeigt schematisch die Schwärzungsfunktion für eine Elektronenbestrahlung in verschiedenen gebräuchlichen Maßstäben. Dabei zeigen die Darstellungen gemäß Abb. 8a und c besonders gut das Verhalten der Schicht bei niedriger Schwärzung, während die sogenannte HURTER-DRIFFIELD-Darstellung der Abb. 8b, die am gebräuchlichsten ist, einen guten Überblick über den gesamten Verlauf auch bei höheren Schwärzungen liefert. Die allgemeine Form

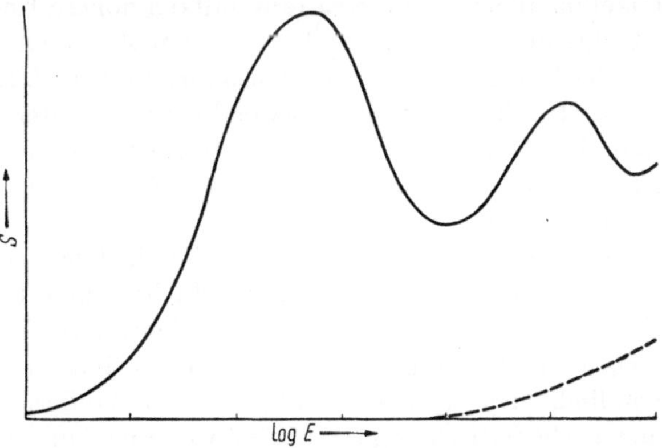

Abb. 9. Schematische Darstellung der Zunahme der entwickelbaren —— und der direkten (photolytischen) – – – Schwärzung einer photographischen Schicht mit der eingestrahlten Energie

einer typischen Schwärzungskurve in dieser Darstellungsart zeigt Abb. 9: Bei hoher Energie nimmt die Schwärzung infolge der dann auftretenden Solarisation, einer Verminderung der Keimzahl vermutlich infolge Zerstörung von

Oberflächenkeimen durch ausgeschiedenes Brom, wieder ab, um bei noch höherer Energieeinstrahlung wieder zuzunehmen usw., bis sich in zunehmendem Maße photolytisches Silber ausscheidet und die Schicht irreversibel schwärzt.

III. Filmdosimetrie energiereicher Quantenstrahlen

Die Betrachtung der Einwirkung energiereicher Röntgen- und γ-Quanten auf photographische Schichten ist das Hauptproblem der Filmdosimetrie und soll deshalb auch zuerst dargestellt werden, obwohl vom Mechanismus her gesehen zuerst die β-Strahlen-Dosimetrie zu behandeln wäre, denn auch bei Quanteneinstrahlung sind es Elektronen, die das latente Bild erzeugen. Das Verhalten photographischer Schichten bei Bestrahlung mit monoenergetischen Elektronen unter definiertem Einfallswinkel ist deshalb auch der theoretisch am einfachsten zu übersehende Fall und als solcher Gegenstand mehrerer Untersuchungen gewesen (vgl. Kap. V. 1). Andererseits übersteigt die Bedeutung der Quantendosimetrie die der β-Dosimetrie bei weitem.

1. Vergleich verschiedener Quantenenergien

Daß Quanten verschiedener Energie sehr unterschiedliche photographische Wirkung haben, ist eine der frühesten Erfahrungen der Photographie. Schon bald nach der Entdeckung der Lichtempfindlichkeit der Silberhalogenide war auch bekannt, daß rotes Licht im Gegensatz zu blauem Licht photochemisch unwirksam ist.

Während im Bereich des sichtbaren Lichtes die dem Korn übertragenen Energiebeträge gerade noch oder schon nicht mehr ausreichen, ein Elektron in das Leitfähigkeitsband zu heben (Größenordnung einige eV), übertragen geladene Partikel im allgemeinen etwa tausendfach höhere Energiebeträge. Deshalb hängt die Lichtempfindlichkeit auch stark von Zusätzen organischer Sensibilisatoren ab, die den Energieübertragungsmechanismus beeinflussen, während das für energiereichere Strahlen nicht gilt. Notwendigerweise unterscheiden sich auch die photographischen Wirkungen von Licht- und Korpuskular- bzw. energiereichen Quantenstrahlen voneinander, und zwar lassen sich diese Unterschiede hauptsächlich auf zwei Gründe zurückführen:

1. Die Zahl der Treffervorgänge, die ein Korn entwickelbar machen, ist verschieden. Während beim sichtbaren Licht mindestens 10–20 Treffer notwendig sind, genügt bei energiereichen Korpuskeln normalerweise ein Treffer, seltener – bei Korpuskeln geringer spezifischer Ionisation und/oder sehr kleinen oder sehr unempfindlichen Körnern – einige wenige Treffer. Als Folge davon wird die in Abb. 8a schematisch dargestellte Schwärzungsfunktion $S_n = f(E)$ im Bereich geringer Schwärzungen bei Einwirkung energiereicher Strahlen linear verlaufen, während sie das bei Lichtbelichtung nicht tut, da die Wahrscheinlichkeit für ein gegebenes Korn, bei kleinerer Belichtung bereits die erforderliche Mindestzahl an Treffern zu erhalten, um so geringer ist, je größer diese Mindestzahl ist. Deshalb wird auch der Durchhang dieser Kurve mit zunehmender Mindesttrefferzahl immer ausgeprägter.

2. Die Zahl und die Verteilung der Keime im Korn unterscheiden sich ebenfalls, und zwar wird das durch Licht erzeugte latente Bild mit einer gewissen Abhängigkeit von der Intensität der Belichtung (vgl. Abschn. 2a in diesem Kapitel) vorwiegend in wenigen großen Keimen an der Kornoberfläche liegen, während ein das Korn durchsetzendes geladenes Teilchen mehr und kleinere Keime mit einer gleichmäßigeren Verteilung im Korn erzeugt (vgl. KORNFELD 1954). Als Folge der unterschiedlichen Keimverteilung kann sich das entwickelte Silber – abhängig von der Zusammensetzung des Entwicklers – verschieden abscheiden und damit auch zu unterschiedlichen Schwärzungen licht- und korpuskularbestrahlter photographischer Schichten führen, wenn die Zahl der entwickelten Körner und der Silbergehalt der Schicht gleich ist.

Sekundär bedingen diese beiden Unterschiede der Wirkungsweise dann andere Effekte wie z. B. den unterschiedlichen Einfluß der zeitlichen Verteilung der Energieeinstrahlung. Aus dem Gesagten geht hervor, daß die genannten Unterschiede nicht nur zwischen sichtbarem Licht einerseits und energiereichen Strahlen andererseits gelten, sondern sich in freilich weniger ausgeprägter Form auch für Strahlen unterschiedlicher spezifischer Ionisation auswirken. Alle diese theoretisch voraussagbaren Erscheinungen lassen sich experimentell nachweisen.

Ein objektiver Vergleich der Wirkung verschiedener Quantenenergien, bezogen auf die gleiche im Silberbromid der Schicht absorbierte Energie in erg/g, ist aus verschiedenen Gründen sehr schwierig. So kann im ultravioletten Spektralbereich eine starke Absorption der Gelatine eine geringe Empfindlichkeit vortäuschen (weshalb für die UV-Photographie auch besonders gelatinearme Schichten verwendet werden), und im Röntgen-γ-Gebiet ist die Messung bzw. Berechnung der tatsächlich im Silberbromid absorbierten Energie nicht einfach (vgl. Abschn. 3a in diesem Kapitel). Einfacher ist der Vergleich der Wirkung der je Flächeneinheit eingestrahlten Energie in erg/cm² oder Quanten/cm². Für das Spektrum der Quantenstrahlen bietet sich dabei etwa folgendes Bild: Im nahen und mittleren Infrarot haben nur hochsensibilisierte Schichten eine gewisse Empfindlichkeit. Mit zunehmender Quantenenergie steigt im sichtbaren Bereich die Empfindlichkeit entsprechend der zunehmenden Absorption des Silberbromids, und im Ultraviolett wird die Empfindlichkeit durch die Absorption in der Gelatine stark vermindert. Im Röntgenbereich nimmt die Strahlenwirkung mit steigender Energie stark ab mit Maxima bei den Absorptionskanten des Silbers und Broms. Bei sehr hohen Energien kann die photographische Wirkung der ausgelösten Elektronen dann wieder etwas zunehmen, wobei relativistische Effekte und eventuell auch die photographische Wirkung der dann auftretenden CERENKOV-Strahlung eine Rolle spielen. In diesem Energiebereich verlagert sich die photographische Wirkung dann auch immer stärker von derjenigen der ausgelösten Primärelektronen auf die der Sekundär-, Tertiär- usw. Elektronen.

Aus dem Obengesagten geht hervor, daß die unterschiedliche Empfindlichkeit der Schicht gegenüber verschieden energiereichen Quanten sich nicht nur in einer Parallelverschiebung der Schwärzungskurven auf der Energieachse der HURTER-DRIFFIELD-Darstellung (Abb. 8b) ausdrückt, sondern auch die Form der Schwärzungskurve je nach Strahlenart verschieden sein muß. Daß dies für den Vergleich von Licht- und Röntgenschwärzung tatsächlich zutrifft, ist schon lange bekannt (HODGSON 1917, ALLEN und LAFY 1919, BLOCH und RENWICK 1920,

Wilsey und Pritchard 1926). Es wurde allgemein gefunden, daß der *Fuß* der
Schwärzungskurve bei Röntgenbestrahlung stärker ausgeprägt ist als bei Lichtbelichtung. Deutlicher wird dieser Unterschied in der Darstellung $S_n = f(E)$ der
Abb. 8a: Offensichtlich ist hier für Röntgenbestrahlung $S_n = \text{const} \cdot E$ für
$S_n < 0{,}2$, d.h. die Schwärzung oft schon bei kleinsten Dosen eine lineare Funk-

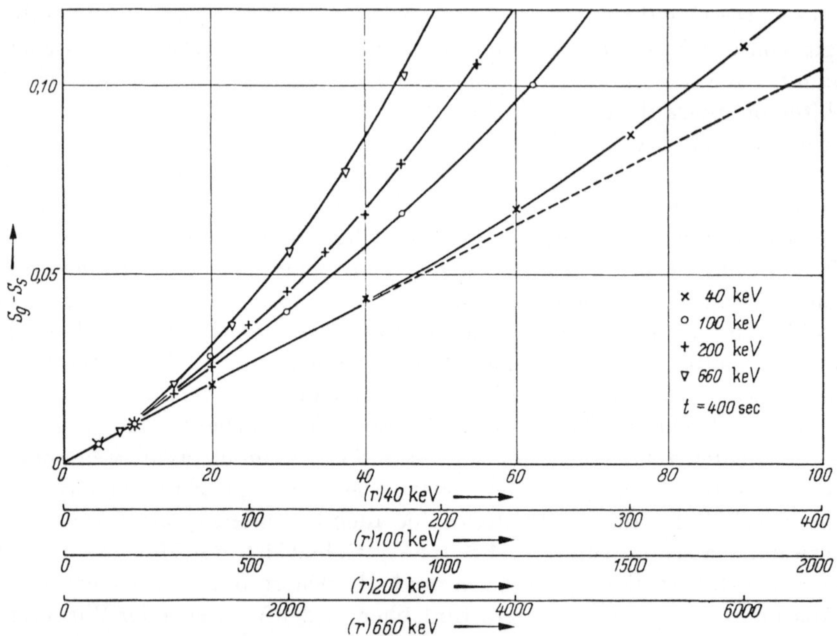

Abb. 10. Schwärzung über dem Schleier einer Agfa-Mikrat-Platte bei Bestrahlung mit verschiedenen Dosen
verschieden energiereicher Quanten im Bereich geringer Schwärzungen bei annähernd konstanter Bestrahlungszeit, normiert auf den gleichen Anstieg der Kurven im Nullpunkt. Entwickelt in Röntgen-DIN-Entwickler (4 Minuten bei 20 °C)

tion der Zahl der absorbierten Quanten. Dieser Befund wurde von zahlreichen
Autoren für Röntgen-, γ- und Elektronenbestrahlung der Schicht experimentell bestätigt. Es gibt also keinen Schwellenwert der Empfindlichkeit der
Schicht für Röntgenstrahlen, sondern lediglich eine untere Grenze der Meßbar-
keit. Die Lichtbelichtung zeigt dagegen in dieser Darstellung nach einem Schwellenwert, der durch einen sehr starken Durchhang der Kurve vorgetäuscht wird,
einen stärkeren Schwärzungsanstieg.

Diese Darstellung der Wirkung energiereicher Quanten oder Korpuskeln ist
richtig für den Fall, daß jedes getroffene Korn irreversibel entwickelbar gemacht
wird, also für empfindliche Schichten und Strahlen relativ hoher spezifischer
Ionisation – d.h. für den häufigsten Fall der Einwirkung von Röntgen-γ-
Strahlung auf empfindliche Dosismeßfilme. Für sehr unempfindliche Schichten
und/oder Strahlen geringer spezifischer Ionisation sind jedoch ebenfalls im Mittel
mehr als ein Treffer je Korn notwendig, dann nämlich, wenn ein Treffer infolge
geringer spezifischer Ionisation oder infolge des kurzen Weges des geladenen Teil-
chens im Korn nicht ausreicht, die notwendige Mindestenergie im Korn zu deponieren. Abb. 10 zeigt anschaulich, wie mit steigender Quanten-(= Elektronen-)

Energie die Zahl dieser Mehrtreffervorgänge im Fall einer feinkörnigen Emulsion immer stärker zunimmt. Eine solche Durchbiegung der Schwärzungskurve im Bereich geringer Schwärzungen wurde bereits mit Röntgenstrahlen niedriger Energie (BROILI und KIESSIG 1934), für sehr feinkörnige Emulsionen und hohe Quantenenergien (CHASSENDE-BAROZ 1960) sowie hochenergetische β-Strahlung (COWING und SPALDING 1949) und für sehr unempfindliche Schichten und harte Röntgenstrahlen (BROMLEY und HERZ 1950) beobachtet. GOLDEN und TOCHILIN (1959) haben analoge Resultate gefunden. die sich günstig nach Art der Abb. 8 c darstellen lassen, wobei die gemessenen Kurven jeweils so normiert wurden, daß sie in ihrem oberen Teil zur Deckung kommen. Der steilere Anstieg der Geraden in Abb. 11 entspricht dann dem zunehmenden Durchhang der Kurven in Abb. 10. Es zeigte sich ein deutlicher Unterschied der Nei-

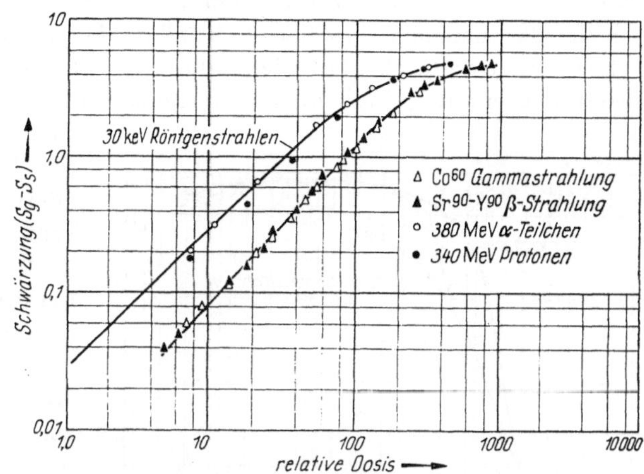

Abb. 11. Schwärzungskurven des Eastman-Translit-Filmes für Strahlen verschiedener spezifischer Ionisation [nach R. GOLDEN und E. TOCHILIN, Health Physics 2 (1959) 199]

gungswinkel auch bei hochempfindlichen Schichten (Dupont Type 502) und erwartungsgemäß, daß die energiereiche β-Strahlung von Sr 90/Y 90 der Wirkung von Co 60 γ-Strahlung weitgehend entspricht.

Aber nicht nur im Bereich kleiner Schwärzungen, sondern auch bei höheren Werten sind die Unterschiede zwischen verschieden stark ionisierenden Strahlen deutlich: So setzt z. B. die Solarisation bei Röntgenbestrahlung wesentlich schneller ein als bei Lichtbelichtung, und γ-Strahlung erzeugt im allgemeinen eine niedrigere Maximalschwärzung als Röntgenstrahlung. Die Gründe dafür liegen wahrscheinlich in der wesentlich höher dispersen Verteilung der durch schnelle Elektronen angelegten Keime. Viele Körner haben dabei die notwendige Mindestenergie nicht viel überschritten, während bei Einwirkung von Röntgenquanten niedriger Energie viele Körner durch wesentlich höhere Energiebeträge quasi *überbelichtet* wurden. Bei der Entwicklung geht dann einerseits ein Teil der empfindlicheren Keime verloren, andererseits scheidet sich das Silber an den knapp belichteten Körnern auch gröber aus als an den überbelichteten mit ihrer hohen Zahl stabiler Keime. Diese Faktoren müssen selbstverständlich berücksichtigt werden, wenn filmdosimetrische Eichkurven angefertigt werden. Auch für empfindliche Emulsionen wäre es nämlich für genauere Messungen oft eine unzulässige Vereinfachung, die Schwärzungskurven für verschiedene Quantenenergien durch bloße Parallelverschiebung aus einer für eine bestimmte Energie gemessenen Kurve in der HURTER-DRIFFIELD-Darstellung abzuleiten.

Naturgemäß hängt die Form der Schwärzungskurve stark von den Entwicklungsbedingungen ab. So wird man bei speziellen Entwicklern bzw. vorzeitigem

Abbruch des Entwicklungsprozesses eine geringere Maximalschwärzung und dadurch einen flacheren Anstieg der Schwärzungskurve erhalten. Besonders gründlich haben WILSEY und PRITCHARD (1926) den Einfluß der Entwicklungszeit auf die Schwärzungskurve röntgenbestrahlter Filme untersucht. Von einem vorzeitigen Abbruch bzw. einer Hemmung des Entwicklungsvorganges, wie sie gelegentlich für filmdosimetrische Zwecke empfohlen worden ist (S. 118, 134), muß jedoch im allgemeinen aus zweierlei Gründen abgeraten werden:

1. Es wird dadurch, daß nicht alle entwickelbaren Körner tatsächlich entwickelt werden, Empfindlichkeit verschenkt, d. h. derselbe flachere Anstieg der Schwärzung mit der eingestrahlten Energie erhalten, den auch eine unempfindlichere oder silberärmere Emulsion ergäbe, und

2. ist die Reproduzierbarkeit der Ergebnisse sehr schlecht, da sich im stark ansteigenden Teil der Kurve von Abb. 6 geringe Abweichungen in Entwicklungszeit, -temperatur und Entwicklerbewegung viel stärker auswirken als im Endzustand der Ausentwicklung. Andererseits sollte natürlich auch vermieden werden. allzuweit in den Bereich der flach ansteigenden Verschleierung des Filmes, d. h. der beginnenden Entwicklung unbelichteter Körner. zu kommen.

Die Verhältnisse werden komplizierter, wenn man die kombinierte Einwirkung verschiedener Strahlenarten bzw. Strahlenenergien berücksichtigt, wobei sich weitere Unterschiede aus der zeitlichen Reihenfolge der Einwirkung ergeben. Erscheinungen im Bereich des sichtbaren Lichtes, die Abweichungen der photographischen Schicht von ihrer integrierenden Funktion bei Belichtung mit Licht unterschiedlicher Wellenlänge und Intensität zum Gegenstand haben (HERSCHEL-Effekt, CLAYDEN-Effekt usw.), sind lange bekannt. Erst in neuester Zeit hat aber EHRLICH (1961) gefunden, daß auch in dem filmdosimetrisch sehr wichtigen Fall der kombinierten Einwirkung von Röntgen- und γ-Strahlen deutliche Abweichungen von der integrierenden Anzeige auftreten. Abb. 12 zeigt die Schwärzungskurven einer typischen Emulsion bei gemischter und getrennter Röntgen-γ-Bestrahlung, und zwar die Wirkung einer Röntgenbestrahlung, die sich an eine γ-Bestrahlung anschließt. Anscheinend hat die Schwärzungskurve die allgemeine Tendenz, sich so auszubilden, als ob überhaupt nur die zuletzt eingestrahlte Quantenenergie eingewirkt hätte, sie *vergißt* also einen Teil des vorhergehenden Quanteneinflusses zugunsten des zeitlich nachfolgenden. Der Mechanismus dieser Vorgänge ist nicht leicht zu deuten. Es ist aber unschwer ein-

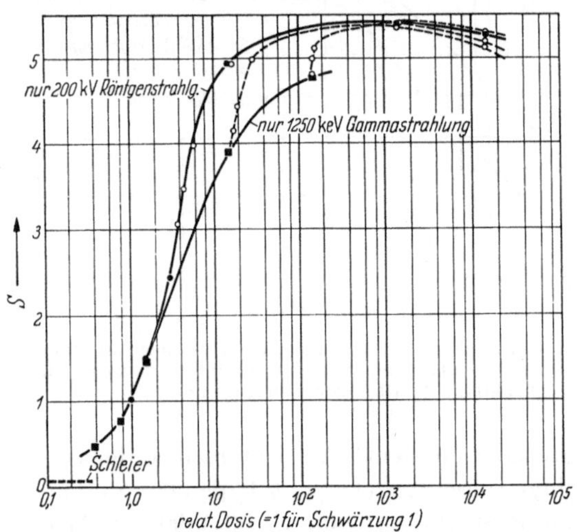

Abb. 12. Schwärzungskurven eines feinkörnigen Cinepositiv-Filmes für 1250 keV γ-Strahlung niedriger Intensität und 200 kV Röntgenstrahlung hoher Intensität (ausgezogene Linien). 1250 keV Vorbestrahlung, gefolgt von 200 kV Bestrahlung (unterbrochene Linien), Röntgenentwickler [nach M. EHRLICH und W. L. McLAUGHLIN. J. Opt. Soc. Am., 51 (1961). 1172]

zusehen, daß solche Effekte zu Fehlern in der filmdosimetrischen Messung führen können. Die Verhältnisse werden noch komplizierter bei gleichzeitiger Einwirkung inhomogener Strahlungsgemische.

2. Die zeitliche Verteilung der Energieeinstrahlung

Wie im vorigen Abschnitt bereits ausgeführt wurde, ist es besonders im Bereich höherer Schwärzungen nicht gleichgültig für die resultierende Schwärzung, ob auf eine Röntgen- eine γ-Bestrahlung folgte oder umgekehrt. CHASSENDE-BAROZ (1960) hat mit wenig empfindlichen Versuchsemulsionen auch im Bereich geringer Schwärzungen eine starke Dosisleistungsabhängigkeit gefunden (Abb. 13b). Auch die zeitliche Verteilung der Einstrahlung einer einzigen homogenen Strahlenart ist nicht ohne Einfluß: Es wird ein

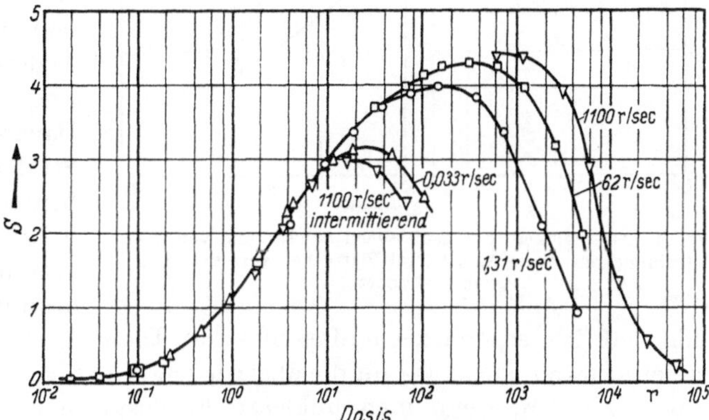

Abb. 13a. Schwärzungskurven des DuPont-502-Filmes für 50 kV Röntgenstrahlung verschiedener Dosisleistung [nach M. EHRLICH, J. Opt. Soc. Am. 46 (1956) 801]

mehr oder weniger ausgeprägter Reziprozitätsfehler auftreten. Wenn die Exposition nicht auf einmal, sondern mit Unterbrechungen erfolgt, findet man unter Umständen auch eine Abhängigkeit der resultierenden Schwärzung von der Belichtungsfrequenz und spricht vom Intermittenzeffekt. Beiden Effekten überlagert sich der Latentbildschwund (Fading). Wir sehen, daß die Verhältnisse durchaus nicht einfach zu übersehen sind. Da der Intermittenzeffekt jedoch die gleichen Ursachen wie der Reziprozitätsfehler hat und bei den Expositionszeiten, die normalerweise für die Filmdosimetrie in Frage kommen, nicht sehr ausgeprägt ist, kann er bei nicht zu hohen Schwärzungen normalerweise vernachlässigt werden (Abb. 13a).

a) Der Reziprozitätsfehler

Für die Zwecke der praktischen Filmdosimetrie muß ein Dosismeßfilm

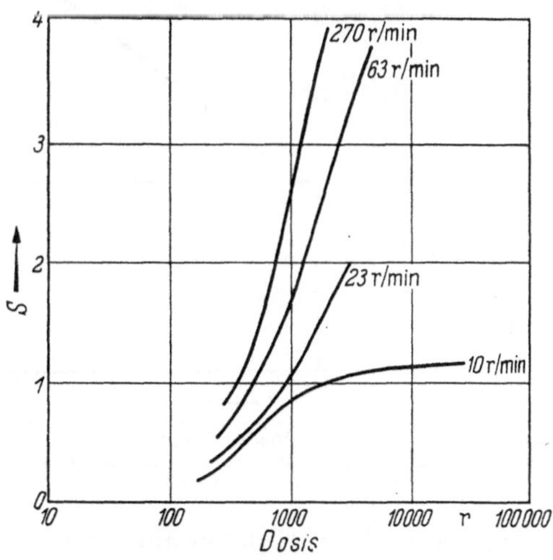

Abb. 13b. Schwärzungskurven einer Spezialemulsion für verschiedene Dosisleistungen (nach N. J. P. CHASSENDE-BAROZ in „Selected Topics in Radiation Dosimetry", IAEA Wien (1961), 285

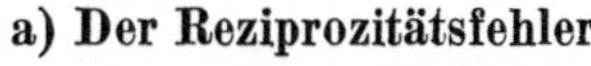
3 Becker, Filmdosimetrie

über einen möglichst weiten Dosisleistungsbereich zuverlässig integrieren: Eine
nukleare Explosion sendet die Hälfte ihrer Gammastrahlung in einigen Zehntel-
sekunden oder Sekunden aus, eine diagnostische Röntgenaufnahme kann ebenfalls nur Sekundenbruchteile
dauern, und ein Strahlenbeschäftigter, der beispielsweise
versehentlich an einem offenen
Bestrahlungskanal eines Reaktors vorbeigeht, wird sich
auch nur wenige Zehntel-
sekunden lang exponieren.
Andererseits kann eine Strahlenquelle in der Nähe des
Dauer-Arbeitsplatzes des
Strahlenbeschäftigten denselben 40 Stunden je Woche,
bei monatlichem Filmwechsel
also insgesamt 160 Stunden
bestrahlen, so daß die Zeit-

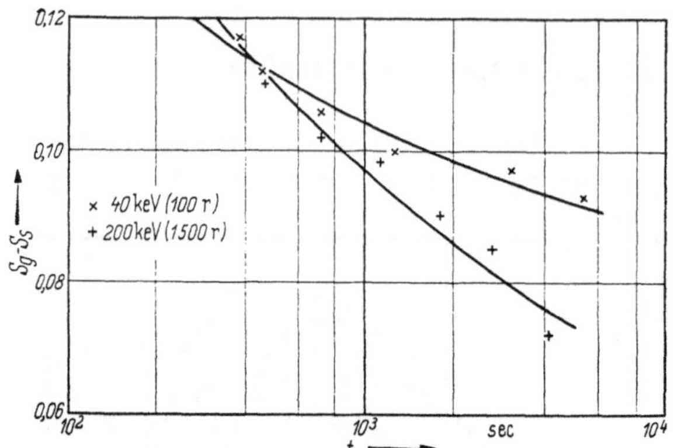

Abb. 14. Abhängigkeit der gemessenen Schwärzung von der
Bestrahlungszeit einer Agfa-Mikrat-Platte bei verschiedenen
Quantenenergien

skala 5–6 Zehnerpotenzen umfassen kann. Dieser große Zeit- bzw. Intensitäts-
bereich schränkt sich zwar für die überwiegende Mehrzahl aller Fälle auf 3–4 Zehnerpotenzen ein, wenn man nukleare Explosionen und den seltenen Fall der
Dauerbelastung unberücksich-
tigt läßt. Dennoch wird aber
eine gründliche Prüfung dieser
Frage notwendig sein.

Für eine reine Röntgen-
oder γ-Belichtung empfindlicher photographischer Schichten kann der Reziprozitätsfehler normalerweise vernachlässigt werden, wie von einer
Anzahl Autoren experimentell
gefunden worden ist. Selbst
sorgfältigste Untersuchungen
mit 50 kV Röntgenstrahlung
über nahezu 5 Zehnerpotenzen
der Dosisleistung ergaben im
ansteigenden Teil der Schwärzungskurve keinen Reziprozitätsfehler (EHRLICH und MC
LAUGHLIN 1956), wohl aber im
Solarisationsbereich (EHRLICH

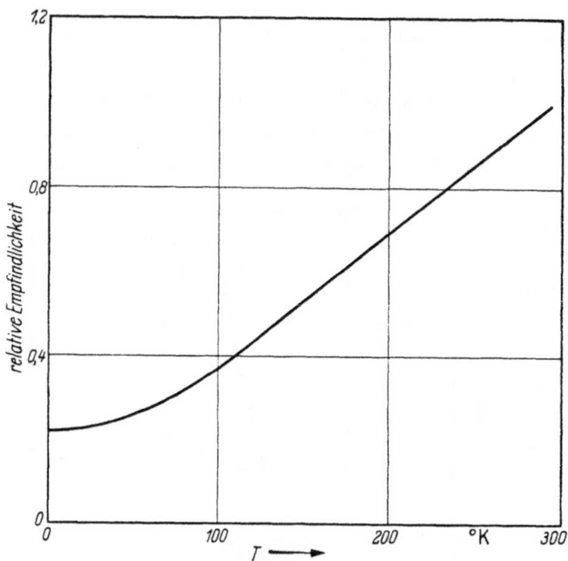

Abb. 15. Röntgenempfindlichkeit einer photographischen
Emulsion als Funktion der Temperatur [nach J. REEKIE,
Proc. Phys. Soc. 51 (1939) 683]

1956). Auch hinsichtlich der Maximalschwärzung und der Lage der Solarisations-
kurve ist die Dosisleistung der Röntgenstrahlung von großem Einfluß (Abb. 13a).

Für den Fall der reichlichen *Belichtung* der Körner durch Eintreffervorgänge
darf man also bei nicht zu hohen Schwärzungen im ansteigenden Teil der Schwär-

zungskurve mit der Abwesenheit eines Reziprozitätsfehlers rechnen. Immer dann jedoch, wenn der Durchhang der Kurve $S = f(E)$ bei niedrigen Schwärzungen Mehrtrefferprozesse anzeigt, muß auch ein Reziprozitätsfehler auftreten, der um so ausgeprägter sein wird, je geringer die spezifische Ionisation der Strahlung ist. Daß dies tatsächlich der Fall ist, zeigt die Abb. 14 für eine feinstkörnige Emulsion (Agfa-Mikrat-Emulsion). Erwartungsgemäß zeigen auch Auskopieremulsionen eine Abhängigkeit des photolytisch ausgeschiedenen Silbers von der Dosisleistung (NITKA und JONES 1957).

Wesentlich ausgeprägter und von größerer praktischer Bedeutung ist der Reziprozitätsfehler für Lichtbelichtungen. Schon 1922 hatte BEHNKEN gefunden, daß dann ein Reziprozitätsfehler auftrat, wenn er zur Verstärkung der Strahlenwirkung auf die photographische Schicht den Film mit einem Fluoreszenzschirm kombinierte. Solche Verfahren der Kombination von Film mit Stoffen, die unter Einwirkung energiereicher Quanten sichtbares Licht abstrahlen, haben aus zwei Gründen großes praktisches Interesse erlangt:

1. Es ist möglich, durch solche Kombinationen die Empfindlichkeit der Dosismessung wesentlich zu erhöhen, und

2. kann die Abhängigkeit der Dosisschwärzung von der Quantenenergie kompensiert werden (vgl. Abschn. 3c in diesem Kapitel).

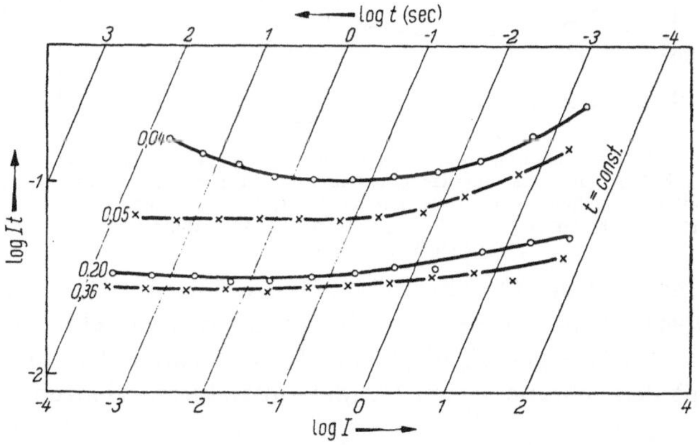

Die Hauptschwierigkeit der Anwendung dieses

Abb. 16. Abnahme des Niedrigintensitätsfehlers (für Lichtbelichtung) eines zu unterschiedlichen Schleierwerten $^1/_{25}$ Sekunde vorbelichteten photographischen Materials (Schleier, ·0,05, 0,20 und 0,36) sowie des nicht vorbelichteten Materials (0,04). Die Ordinate in dieser und den folgenden 4 Abbildungen stellt das Produkt von Lichtintensität I und Bestrahlungszeit t zur Erzeugung einer definierten Schwärzung und damit die reziproke Empfindlichkeit dar. (Nach W. F. BERG in K. MEES, The Theory of the Photographic Process, New York 1954)

Verfahrens liegt aber in dem Langzeitfehler, der infolge des hohen Lichtanteiles zur Gesamtschwärzung auftritt (der Kurzzeitfehler muß nur in Ausnahmefällen berücksichtigt werden).

Da der Kurzzeitreziprozitätsfehler von der thermischen Dissoziation der Sub- und Vollkeime abhängt, wird dieser Effekt durch Reduktion der Temperatur stark vermindert und verschwindet bei der Temperatur der flüssigen Luft ganz (BERG und MENDELSSOHN 1938 u. a.). Dieser Umstand kann natürlich praktisch nicht ausgenutzt werden – überdies nimmt die photographische Empfindlichkeit mit abnehmender Temperatur stark ab (Abb. 15). Wesentlich interessanter ist die Methode der Vorbelichtung, die 1946 von BURTON und BERG angegeben wurde: Bereits eine kurzzeitige Vorbelichtung, die den Grundschleier nur um 0,01 erhöht, kann den Langzeitfehler völlig ausschalten (Abb. 16). MERCER und GOLDEN (1960) haben die praktische Anwendbarkeit dieses Verfahrens auf die Filmdosimetrie mit Film-Szintillator-Kombinationen neuerdings gründlich untersucht.

Sehr wichtig ist der Einfluß der Entwicklung auf die Ausprägung des Reziprozitätsfehlers. Je nach Belichtungsintensität ist die Verteilung des latenten
Bildes im Korn nämlich sehr verschieden: Bei Langzeitbelichtung sind die Empfindlichkeitszentren der Kornoberfläche am wirksamsten, und die entwickelten
Keime liegen vorwiegend an der Kornoberfläche, während mit zunehmender Belichtungsintensität immer mehr Keime hochdispers im Korninneren angelegt werden. Da aber auch Röntgen- und γ-Belichtungen als Ultrakurzzeitbelichtungen aufgefaßt werden können (das belichtende Elektron durchsetzt das Korn in etwa 10^{-14} Sekunden), erklärt sich so die beobachtete Ähnlichkeit der Keimzahl bei Lichtblitz- und Röntgenbelichtung (KLEIN 1958).

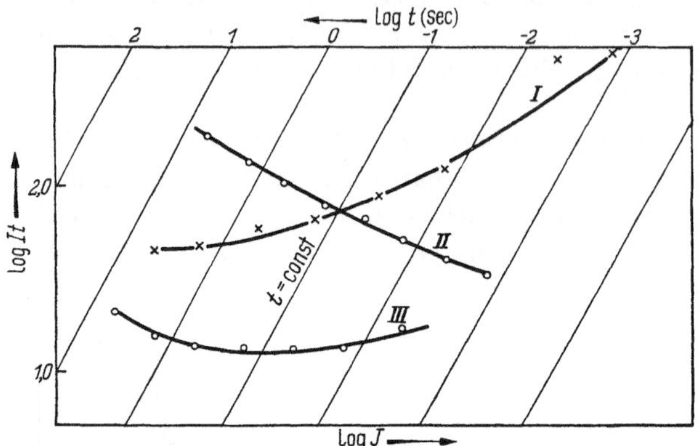

Abb. 17. Reziprozitätskurven einer Emulsion (für Lichtbelichtung)
bei Entwicklung des Oberflächenbildes I, des Innenbildes II und
Entwicklung mit einem kommerziellen Entwickler III (nach W. F.
BERG in K. MEES, The Theory of the Photographic Process,
New York 1954)

Man erhält also bei getrennter Entwicklung des
Oberflächen- und des Innenbildes der Körner sehr verschiedene Teilkurven, aus
deren Überlagerung die Kurve für die Totalentwicklung resultiert, wie sie auch
mit den gebräuchlichen Handelsentwicklern erhalten wird (Abb. 17). Offensichtlich ist der Langzeitfehler hauptsächlich auf die Instabilität der Keime in den weniger tiefen Elektronenfallen, die vorwiegend im Korninneren liegen, zurückzuführen, d. h. er wird um so geringer, je tiefer die Elektronenfallen waren, in denen die zur Entwickelbarkeit führenden Keime entstanden sind. Er kann deshalb auf zweierlei Weise wirksam vermindert werden:

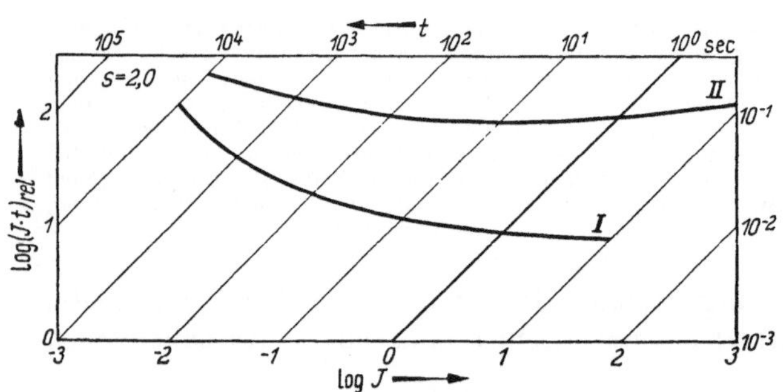

Abb. 18. Reziprozitätsfehler eines Agfa-Agepe-Filmes bei Entwicklung in normalem Agfa-Röntgen-Entwickler ohne Zusatz I und mit
Zusatz von 130 mg/l 1-Phenyl-5-mercaptotetrazol als Antischleiermittel zum gleichen Entwickler II

1. Da die tieferen, effektiveren Elektronenfallen vor allem an der Kornoberfläche liegen, vermindert eine bevorzugte Oberflächenentwicklung den Effekt (vgl.
z.B. EGGERT und WARTBURG 1957). Eine verkürzte Normalentwicklung erfaßt
ebenfalls vorwiegend das Oberflächenbild (HOERLIN und Mitarb. 1953). Besonders günstig ist die Wirkung des Kunstgriffes, die Entwicklung der weniger stabilen und kleineren Keime durch Zusatz sogenannter Antischleiermittel oder Stabilisatoren zu unterdrücken (HOERLIN und Mitarb. 1953). Zu diesen Substanzen

gehören eine ganze Reihe organischer Verbindungen, von denen sich die 2-Mercaptooxalozine für diesen Zweck am besten bewährt haben (LARSON und LEVINE 1957). Naturgemäß ist aber die Anwendung dieser Stoffe mit einem ziemlich ausgeprägten Empfindlichkeitsverlust verknüpft, der den Empfindlichkeitsgewinn durch die Fluoreszenzverstärkung zu einem beträchtlichen Teil wieder aufzehren kann (Abb. 18). Außerdem kann der Langzeitfehler für sehr lange Belichtungszeiten auch durch solche Entwicklerzusätze nicht vollständig ausgeglichen werden. Deshalb ist die zusätzliche oder alleinige Anwendung emulsionstechnischer Maßnahmen wünschenswert.

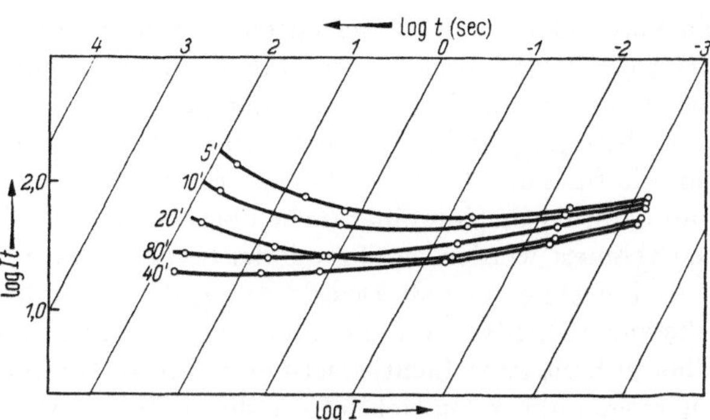

Abb. 19. Abnahme des Niedrigintensitätsfehlers (für Lichtbelichtung) mit zunehmender Digestionszeit der Emulsion (nach W. F. BERG in K. MEES, The Theory of the Photographic Process, New York 1954)

2. Bis zu einem gewissen Grad können nämlich im Korn gleichmäßig tiefe Elektronenfallen hoher Effektivität erzeugt und damit der Langzeitfehler vermindert werden. In einer hochempfindlichen Emulsion mit großen Körnern, die man bei Verwendung einer schwefelreichen Gelatine, starker Goldsensibilisierung, hoher Temperatur bei der Emulsionsherstellung, der Digestion und beim Nachreifen

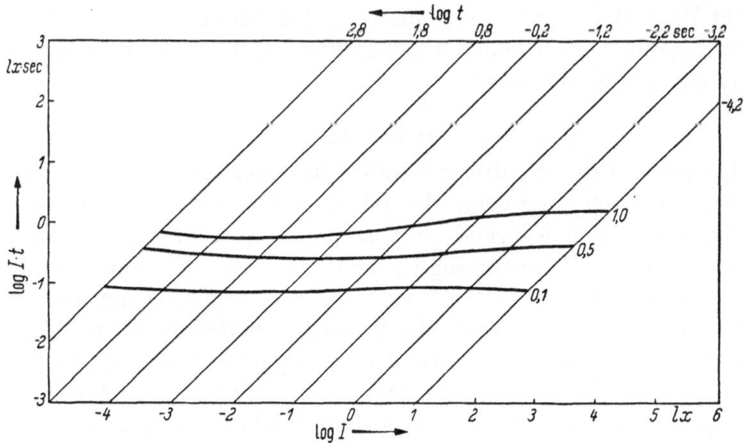

Abb. 20. Reziprozitätsfehler einer speziellen Ammoniakemulsion bei verschiedenen Schwärzungen (0,1, 0,5 und 1,0) und Totalentwicklung [nach J. EGGERT und R. VON WARTBURG, Z. Elektroch. 61 (1957) 693]

unter Zusatz eines Stabilisators erhält, überwiegen die tiefsten Elektronenfallen. Abb. 19 zeigt anschaulich, wie sich allein die Steigerung der Digestionszeit auf den Langzeitfehler auswirkt. Durch Variation der verschiedenen Parameter der Emulsionsherstellung gemäß diesen Überlegungen lassen sich sowohl Ammoniak- als auch Siedeemulsionen herstellen, die zwar nicht bei Innenbildentwicklung, wohl aber bei Oberflächen- und Totalentwicklung praktisch keinen Langzeitfehler im untersuchten Bereich zeigen, wie dies Abb. 20 in einem Beispiel zeigt (EGGERT und WARTBURG 1957).

Es ist zu bemerken, daß Emulsionen mit den Eigenschaften, die zu einer starken Verminderung des Langzeitfehlers führen, auch in anderer Hinsicht den Erfordernissen der praktischen Filmdosimetrie entgegen kommen: Sie zeigen eine relativ geringe Energieabhängigkeit der Dosisschwärzung (vgl. Abschn. 3 dieses Kapitels) und ein geringes Fading (vgl. den folgenden Abschnitt). Wenn man die für reine Lichtbelichtung erhaltenen Ergebnisse auf die Verhältnisse in Film-Szintillator-Kombinationen übertragen will, die mit energiereichen Strahlen exponiert werden, muß zweierlei berücksichtigt werden:

1. Bei abnehmender Dosisleistung, d.h. aber in den meisten Fällen mit abnehmender Dichte des in die Anordnung einfallenden Quantenregens, wird die annähernd homogene Lichtbelastung der einzelnen Silberbromidkörner zunehmend inhomogen und kann sich infolge der geringen Abklingzeiten der einzelnen Szintillationsvorgänge (bei organischen Leuchtstoffen in der Größenordnung von 10^{-8} Sekunden) in einzelne Lichtblitze auflösen. Der mittlere zeitliche Abstand dieser *Blitzbelichtungen* wird von der Dosisleistung, die Intensität von der Energie der szintillationsauslösenden Elektronen und der Entfernung des registrierenden Kornes vom Szintillationsort abhängen. Infolge der statistischen Verteilung des Quantenregens ist jedoch im allgemeinen kein Intermittenzeffekt zu erwarten.

2. Es ist sehr wahrscheinlich, daß sich die photographischen Wirkungen gleichzeitiger Licht- und Röntgen- oder γ-Belichtungen nicht exakt summieren, sondern daß Sekundäreffekte, etwa wie sie in der Abb. 12 dargestellt sind, auftreten. Solche Effekte können sich auch auf die Intensitätsabhängigkeit erstrekken. Es gibt Versuche, die darauf hindeuten, daß bei bestimmten Silberbromid-Szintillator-Kombinationen kein Langzeitfehler, statt dessen aber ein *intensitätsabhängiges Fading* gefunden wird.

b) Fading

Dem Langzeit- bzw. Niedrigintensitäts-Reziprozitätsfehler überlagert sich stets das Fading, auch Regression des latenten Bildes oder Latenzbildschwund genannt. Da das Fading während einer langen Expositionszeit schon am Ende der Exposition einen Teil der anfänglich gebildeten Keime wieder vernichtet hat, verstärkt es seinerseits die Abhängigkeit der Dosisregistrierung von der Dosisleistung. Im Gegensatz zum physikalisch bedingten Reziprozitätsfehler hört der chemische Vorgang jedoch nicht verhältnismäßig schnell nach Ende der Exposition auf, sondern läuft über Monate und Jahre weiter, um erst im Augenblick der Entwicklung zu enden. Dieser Latenzbildabnahme überlagert sich dabei bei langer Lagerung besonders hochempfindlicher Filme eine Zunahme des Grundschleiers. Das Fading kann, besonders bei langen Tragzeiten der Filmdosimeter, zu einem beträchtlichen Fehler der Dosismessungen führen, da dieselbe Dosis zu unter Umständen stark unterschiedlichen Schwärzungen führt, je nachdem, ob sie am Anfang oder Ende des Überwachungszeitraumes empfangen wurde.

Man kann den Fehler, der durch das Fading bedingt wird, durch gewisse organisatorische Maßnahmen einschränken: So werden die Eichfilme am besten zu einem geeigneten Zeitpunkt während der Tragdauer der Dosimeterfilme bestrahlt und die Dosismeßfilme auch nicht sofort am Ende der Überwachungszeit, sondern erst nach einer gewissen *Abklingzeit* zusammen mit den Eichfilmen entwickelt. Eine solche *Abklingzeit* ist durch den Filmumtausch und -versand in den meisten Fällen zwangsläufig gegeben. Die Schleierzunahme kann mit Hilfe von Filmen, die unter möglichst gleichen Bedingungen wie die ausgegebenen Dosismeßfilme gelagert werden, ebenfalls berücksichtigt werden. Dennoch wäre es wünschenswert, von Emulsionen mit einem möglichst geringen Fading auszugehen.

Seit der Entdeckung des Fading im Jahre 1910 ist eine Anzahl von Arbeiten veröffentlich worden, die sich besonders mit dem Fading von Kernspuren beschäftigen. In neuerer Zeit wurde gefunden, daß mindestens 90% des Fadings von Protonenspuren auf chemische Einflüsse der Luftbestandteile Sauerstoff und Wasserdampf zurückgeht (MATHER 1949) und nur 10% auf die thermische Dissoziation der Keime

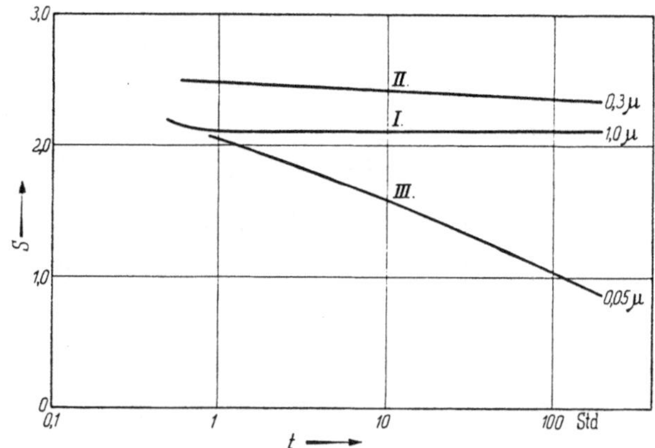

Abb. 21. Fading in Abhängigkeit von der Zeit zwischen Belichtung mit 1,25 MeV γ-Strahlung und Entwicklung (5 Minuten bei 20 °C Kodak-Röntgen-Entwickler) bei 25,5 ± 1,5 °C und 42 ± 8% relativer Luftfeuchtigkeit: I. Radiographischer Film, mittlerer Korndurchmesser 1,0 μ, II. Cinepositivfilm, mittlerer Korndurchmesser 0,3 μ III. Spektroskopischer Film, mittlerer Korndurchmesser 0,05 μ [nach W. L. McLAUGHLIN und M. EHRLICH, Nucleonics 12, No. 13 (1954) 34]

(BEISER 1950). Da das Fading weitgehend auf die Kornoberfläche beschränkt ist, nimmt es mit abnehmendem Korndurchmesser stark zu (HÄLG und JENNY 1951, McLAUGHLIN und EHRLICH 1954): Es gibt grobkörnige Filme, bei denen nach einer kurzen Fadingperiode von 0,5–4 Stunden kein Fading mehr zu beobachten ist (auch ein kurzfristiger Anstieg der Schwärzung kann vorkommen), und andere, wie z. B. der extrem feinkörnige spektroskopische Film in der Abb. 21, bei denen die Schwärzung nahezu linear mit dem Logarithmus der Zeit in acht Tagen auf die Hälfte abfällt. Anscheinend überlagern sich dabei zumindest am Anfang der Fadingperiode zwei Teilvorgänge (Abb. 22).

In Abb. 22 wird auch gleichzeitig die Bedeutung der Luftfeuchtigkeit, ohne deren Anwesenheit das Fading bis auf die geringe physikalische Dissoziationskomponente zurückgeht, deutlich. Die Temperaturabhängigkeit des Fadings wird durch die Temperaturabhängigkeit der relativen Luftfeuchtigkeit mitbestimmt, da eine Temperaturerhöhung zwar einerseits die Geschwindigkeit des Ablaufes chemischer Reaktionen steigert, andererseits aber bei konstanter absoluter Luftfeuchtigkeit die relative Luftfeuchte derart herabsetzen kann, daß das Fading dennoch vermindert wird. So dürften die Ergebnisse von ZIEGLER und CHLECK (1960) zu erklären sein, welche fanden, daß das Fading mit steigender Lagerungstemperatur (bei unkontrollierter Luftfeuchtigkeit) abnahm.

Nun ist zwar das Ausmaß des Fadings auch emulsionstechnisch, z. B. durch Erhöhung der Bromakzeptor-Konzentration in der Kornumgebung vermindert worden und hängt auch von der Größe und Stabilität der ursprünglich vorhandenen Keime ab, hauptsächlich wird es jedoch eine Frage der Korngröße und der relativen Luftfeuchtigkeit bleiben. Im allgemeinen tritt es bei grobkörnigen, hochempfindlichen Dosismeßfilmen nicht allzu stark in Erscheinung (Abb. 21 u. 22). Bei weniger empfindlichen Filmen, die beispielsweise für militärische Zwecke benötigt werden, kann es jedoch beträchtliche Fehler verursachen: So fand WACHS-

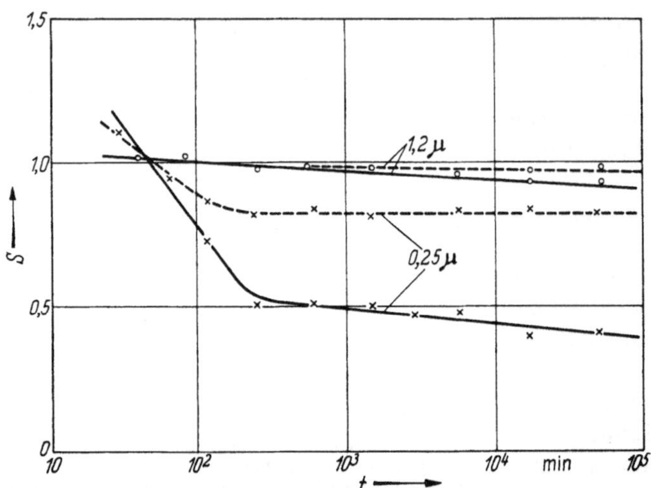

Abb. 22. Gemessene Schwärzung einer Agfa-Mikrat-Platte (x) mit einem mittleren Korndurchmesser von 0,025 μ und einem Agfa-Sino-Film (o) mit 1,2 μ als Funktion der Zeit zwischen Bestrahlung mit 44 keV Röntgenstrahlung (je 300 r bzw. 10 mr) und Entwicklung in Röntgen-DIN-Entwickler (4 Minuten bei 20 °C). Die Proben wurden teils unter Normalbedingungen (20 °C, 60% relative Luftfeuchtigkeit) ———, teils im Exsikkator über Kalziumchlorid – – – – gelagert

MANN (1958) für den Adox-IDOS-Film, daß die ursprüngliche Schwärzung bei 25 °C und feuchter Luft in etwa 3,5 Tagen, unter *normalen* Bedingungen in 32 Tagen auf die Hälfte zurückgeht. CHEKA (1954) fand einen Schwärzungsrückgang der NTA-Kernspuremulsion auf die Hälfte in 4,5 Tagen. Beim Ilford-PM-1-Film betrug das Fading bei 30 °C in 4 Wochen bei 30% relativer Luftfeuchtigkeit 0%, bei 60% r. L. 42% und bei 80% r. L. sogar 71% (HEARD, COOK und HOLT 1960). EHRLICH (1961) fand, daß bei einer Luftfeuchtigkeit nahe 100% Dosismeßfilme, die normal verpackt sind, unabhängig von der Temperatur infolge starken Fadings, Verschleierns und Verklebens mit der Filmverpackung nicht verwendet werden können. Weitere neuere Fadingversuche vgl. auch BAUMGARTNER (1960), AMADESI und Mitarbeiter (1960) u. a.

Um den Effekt zu reduzieren, hat man Dosismeßfilme in Polyvinyl-Kunststofffolien eingeschweißt, um die Luftfeuchtigkeit auszuschließen – ein technisch nicht einfach zu beherrschender Vorgang, da es in der notwendigen trockenen Atmosphäre zu erheblichen elektrischen Aufladungen der Kunststoffe und des Filmes kommt und auftretende elektrische Entladungen die Filme dann vorbelichten. Außerdem hat sich die Kunststoffeinschweißung nicht überzeugend bewährt: Bei PVC-Folien kann es zu dichroitischen Schleiern auf dem Film kommen, und die Folie erweist sich weder bei hohen (RUDLOFF und LUTZ 1960) noch bei niedrigen Luftfeuchtigkeiten als über längere Zeit hinweg undurchlässig, wie sich z. B. durch tritiumhaltigen Wasserdampf unschwer nachweisen läßt (BECKER 1961). Günstiger sind infolge ihrer geringeren Wasserdampfdurchlässigkeit Polyäthylenfolien (EHRLICH 1961).

Es ist deshalb vorgeschlagen worden, hochempfindliche, fadingarme Emulsionen durch Behandlung der Emulsion mit Eau de Javelle, Quecksilberchlorid oder Kaliumpikrat zu desensibilisieren (CHASSENDE-BAROZ 1959), um auf diesem Wege sowohl fadingarme als auch unempfindliche Emulsionen zu erhalten. In den meisten Fällen wird aber der Zeitpunkt einer wesentlichen Dosisüberschreitung, zu deren Messung der wenig empfindliche Dosismeßfilm herangezogen wird, nicht unbekannt sein, so daß der Fadingbetrag bei der Auswertung mit berücksichtigt werden kann. Bestimmte Fragen des Fadings wie seine Abhängigkeit von der Dosisleistung und der Quantenenergie bedürfen noch der Untersuchung.

3. Energieabhängigkeit der Dosisschwärzung

a) Energieabsorption in der Emulsionsschicht

Die schon von RÖNTGEN 1897 andeutungsweise beobachtete Erscheinung, daß die photographische Registrierung der Röntgenstrahlen von deren Energie abhängt, wurde erstmals 1927 von GLOCKER in quantitative Beziehung zu der im Silberbromid absorbierten Quantenenergie gesetzt gemäß dem GLOCKERschen Grundgesetz der Wirkung von Röntgenstrahlen, das aus chemischer Zusammensetzung und Massenabsorptionskoeffizienten die Energieabhängigkeit der Strahlenwirkung zu berechnen gestattet (vgl. S. 8). Tatsächlich genügt es zur qualitativen Erklärung der ausgeprägtenAbhängigkeit der Dosisregistrierung in r von der Quantenenergie, wenn man die Energieabsorption im Silberbromid in Beziehung zu der in Luft setzt. Diese erste Näherung sei deshalb auch zuerst kurz dargestellt:

Im vorliegenden Fall ist nicht die gesamte aus dem primären Quantenstrahl beim Durchgang durch eine Silberbromidschicht verschwindende Energie, die durch den totalen Absorptionskoeffizienten dar-

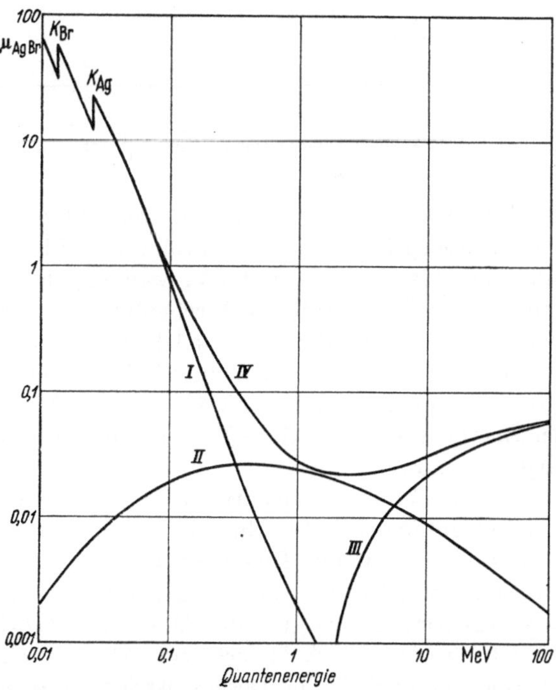

Abb. 23. Absorptionskoeffizienten für Photoeffekt I, Comptoneffekt II und Paarbildung III sowie totale Energieabsorption IV in Silberbromid. K_{Br} und K_{Ag} Absorptionskanten des Brom und Silber [nach W. MAUDERLI, Fortschr. Röntgenstr. 86 (1957) 634]

gestellt wird, von Interesse, sondern der tatsächlich dem Silberbromid übertragene Energieanteil, d.h. die totale Energieabsorption abzüglich des Verlustes durch Steuung. Weiter muß bei Berechnung der Photoabsorption der Energieverlust durch die emittierte Röntgenfluoreszenzstrahlung berücksichtigt werden. Die Berechnung der wahren Energieabsorption unter Vernachlässigung sowohl des Verlustes kinetischer Elektronenenergie an die Umgebung als auch der Re-

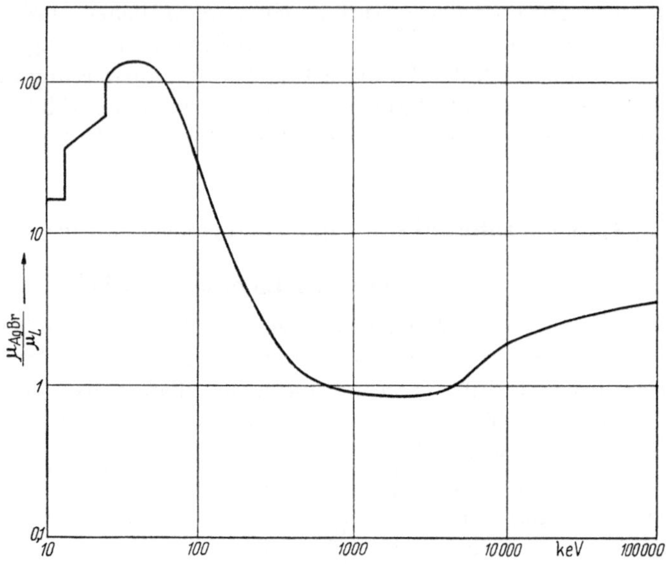

Abb. 24. Verhältnis der Energieabsorption von Silberbromid und Luft

absorption von Streu-, Compton- und Fluoreszenzstrahlung – also etwa die Energieabsorption eines kleinen Silberbromidvolumens innerhalb einer dickeren Silberbromidschicht – ist unter Verwendung der bekannten Formeln und Tabellen von verschiedenen Autoren durchgeführt worden (Greening 1951, Mauderli 1957 u.a.). Das Resultat einer solchen Berechnung zeigt Abb. 23: Während bei niedrigeren Quantenenergien unterhalb von etwa 100 keV der Anteil der Photoabsorption überwiegt, dominiert um 1–3 MeV der Comptoneffekt, der seinerseits bei Energien oberhalb 5–10 MeV in zunehmendem Maße von der Paarbildung abgelöst wird.

Der Darstellung ist zu entnehmen, daß der Absorptionskoeffizient im filmdosimetrisch interessantesten Energiebereich zwischen 0,02 und 3 MeV um etwa den Faktor 1000 abnimmt. Dieser Faktor der Quantenenergieabhängigkeit der Absorption gibt allerdings noch keinen Eindruck von der Energieabhängigkeit der Dosisregistrierung, da sich die Quantenabsorption in Luft in diesem Energiebereich ebenfalls stark ändert (vgl. Abb. 1). Um zu einem Ausdruck für die Energieabhängigkeit der Dosisregistrierung zu kommen, muß man deshalb die Silberbromidabsorption durch die Luftabsorption dividieren. Man erhält als Ergebnis die Abb. 24, eine Kurve, die qualitativ den tatsächlichen Empfindlichkeitsverlauf photographischer Schichten bereits gut wiedergibt.

Der Unterschied zwischen dem Maximum der Empfindlichkeit bei etwa 40 keV und dem Minimum bei etwa 1 MeV beträgt allerdings bei photographischen Schichten nicht etwa 150 : 1, sondern lediglich etwa 50 : 1 bis 7 : 1 (vgl. den folgenden Abschn. 3 b). Dieser erhebliche Unterschied ist zu erklären, wenn man in weiteren Näherungen die tatsächlich in einer photographischen Schicht bei Einstrahlung energiereicher Quanten ablaufenden Prozesse berücksichtigt. Die Schicht

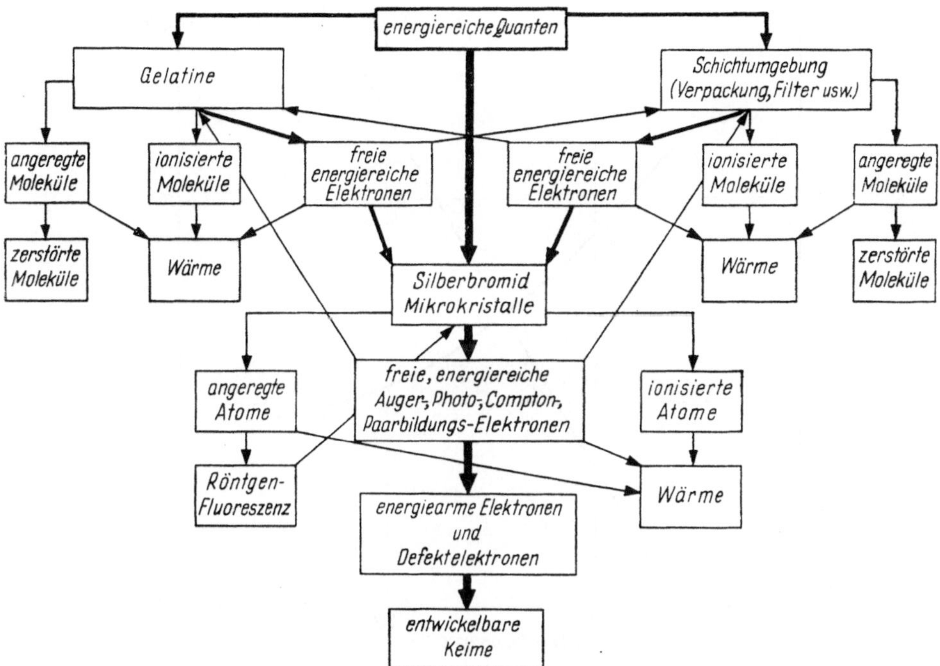

Abb. 25. Schematische Darstellung der Vorgänge, die in einer quantenbestrahlten photographischen Schicht hauptsächlich zum Aufbau eines latenten Bildes (━) und zum Energieverlust bezüglich des Latentbildaufbaues (──) führen

besteht ja nicht nur aus Silberbromid, sondern auch aus Gelatine. Eine zweite Näherung muß also zur exakteren Beschreibung der Vorgänge folgendes berücksichtigen: Die Reichweiten der freien Elektronen, welche durch die Quantenabsorption ausgelöst werden, liegen infolge des hohen Dispersionsgrades des Silberbromids in der Größenordnung der Korndurchmesser. Es kann deshalb in der Gelatine oder in der Schichtumgebung (Schichtträger, Filmverpackung) absorbierte Quantenenergie zum Latentbildaufbau beitragen, während andererseits ein Teil der primär im Silberbromid ausgelösten Elektronenenergie erst außerhalb der Silberbromid-Mikrokristalle zur Absorption kommt. In Abb. 25 sind die Prozesse, die hauptsächlich zum Aufbau eines latenten Bildes und zum Verlust von Elektronenenergie führen, schematisch zusammengestellt.

Eine dritte Näherung muß den Umstand berücksichtigen, daß das Silberbromidkorn in gewisser Analogie zu den treffertheoretischen Vorstellungen der Strahlenbiologie als *Schwellenenergiedetektor* betrachtet werden muß, der nur auf eine Minimalenergie anspricht, während geringere oder höhere im Korn deponierte

Energiebeträge noch nicht oder nicht mehr zusätzlich zur beobachtbaren Schwärzung beitragen. Eine vollständige quantitative Beschreibung schließlich müßte die genaue Korngrößen- und Kornempfindlichkeitsverteilung, die Elektronenstreuung im vorliegenden anisotropen Medium sowie eine Anzahl weiterer Faktoren berücksichtigen und ist zur Zeit kaum durchführbar, da schon in der zweiten

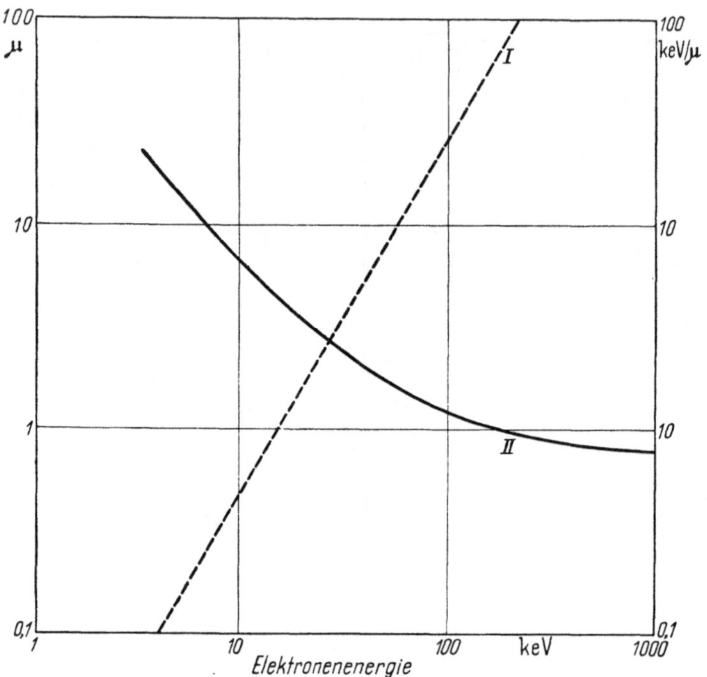

Abb. 26. Energie-Reichweite-Beziehung I und Energie-Ionisationsdichte-Beziehung II für Elektronen in reinem Silberbromid [nach H. HOERLIN und Mitarb., ANL-5168, (1953)]

Näherung einige Faktoren schwer erfaßbar sind und nur halbquantitative Aussagen möglich machen. Besonders TELLEZ-PLASENCIA hat zwar in gründlichen Untersuchungen (1948–1959) das Zusammenwirken dieser Parameter für Emulsionen verschiedener Korngröße im Bereich von etwa 20–100 keV untersucht und auch bis zu einem gewissen Grade aufgeklärt, ohne daß verschiedene Probleme damit jedoch endgültig gelöst wären.

Die durch direkte Quantenwirkung auf die Schicht erzeugte Normalschwärzung S_n kann z.B. für den linearen Bereich $S_n < 0,2$ der Funktion $S_n = f(D)$ (D = Dosis in r) in erster bis dritter Näherung relativ anschaulich wie folgt beschrieben werden (GREENING 1951, BECKER 1961):

$$S_n = A \left[a_E\, b_E\, c\, d'_E \left(\frac{\mu_E}{\varrho} \right)_{\mathrm{AgBr}} + e \right].$$

Diese Gleichung beschreibt die Schwärzung je Energieeinheit, hervorgerufen durch die in der Schichteinheit absorbierte Quantenenergie. Um daraus einen Ausdruck für die Dosis, die bei einer bestimmten Quantenenergie eine bestimmte

Schwärzung erzeugt, zu erhalten, muß noch die Quantenabsorption in Luft eingeführt werden. Dann ergibt sich

$$\left(\frac{S_n}{D}\right)_E = \frac{A\,[a_E\,b_E\,c\,d'_E\,(\mu_E/\varrho)_{\mathrm{AgBr}} + e]}{(\mu_e/\varrho)_{\mathrm{Luft}}}\,.$$

Dabei ist A ein Empfindlichkeits- und Dimensionsfaktor, μ_E der wahre Energie-
absorptionskoeffizient und ϱ das spezifische Gewicht.

a_E ist eine Wahrscheinlichkeit. Sie ist energieabhängig und soll berücksichtigen, daß mit abnehmender Ionisationsdichte der Elektronen, abnehmender
Kornempfindlichkeit und ab-
nehmendem Korndurchmesser
die Wahrscheinlichkeit abnimmt, daß ein Elektron ein
getroffenes Korn entwickelbar macht, weil die zur Bildung eines stabilen, entwickelbaren Keimes notwendige
Energie unter Umständen
nicht mehr im Korn deponiert
wird. Diese Körner sind dann
unterbelichtet und die Annahme, die Schwärzung sei der
im Silberbromid absorbierten
Energie proportional, bedarf
ebenso einer Korrektur wie im
gegenteiligen Fall der Überbelichtung durch Elektronen
mit sehr hoher spezifischer
Ionisation. Der Zahlenwert für
$a < 1$ ist grundsätzlich aus der
bekannten Energie-Reich-
weite- und Energie-Ionisa-
tions-Beziehung für Elektronen in Silberbromid (Abb. 26),
der Elektronenenergievertei-

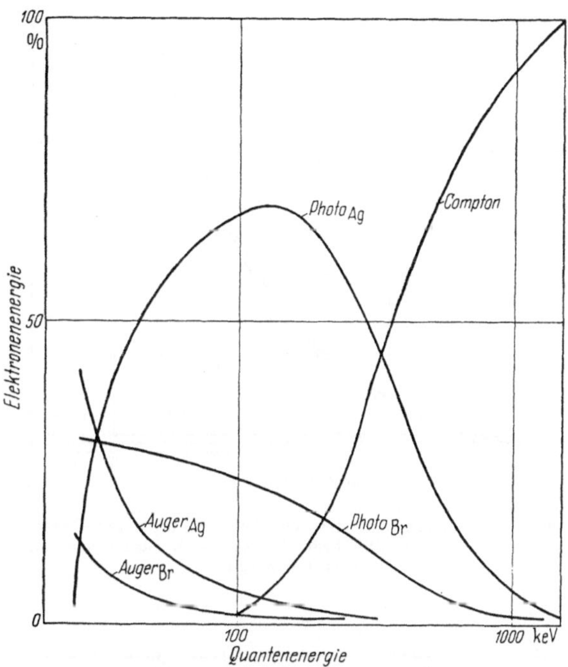

Abb. 27. Energieabhängigkeit des Anteiles der bei der Quantenabsorption in Silberbromid entstehenden Elektronenarten an der
insgesamt ausgelösten Elektronenenergie

lung bei den verschiedenen Quantenenergien, der Korngrößen- und Empfindlichkeitsverteilung, der Weglänge der Elektronen im Korn, der Schichtdicke, Pak-
kungsdichte und einer Anzahl weiterer Faktoren zugänglich.

Teilt man nämlich die Anteile der durch Quantenabsorption bei verschiedenen
Energien in Silberbromid ausgelösten Elektronen entsprechend ihren Beiträgen
zur Gesamtelektronenenergie in die fünf Gruppen

Photoelektronen des Silbers,
Photoelektronen des Broms,
Augerelektronen des Silbers,
Augerelektronen des Broms und
Comptonelektronen

ein (bei Energien > 1 MeV kommen dazu als sechste Gruppe noch die Paarbil-
dungselektronen) und errechnet die zugehörigen Elektronenenergien, so ergibt sich

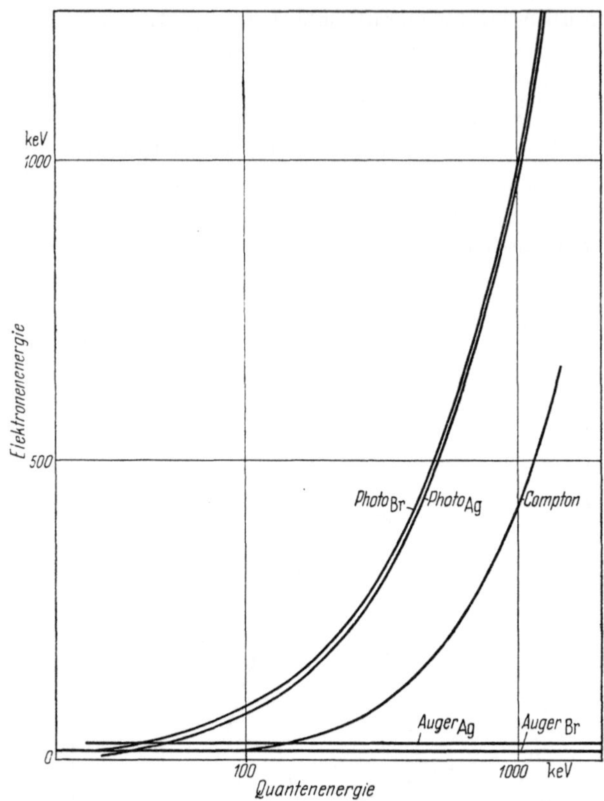

Abb. 28. Abhängigkeit der tatsächlichen bzw. mittleren (Compton-)Energie der im Silberbromid ausgelösten Elektronen von der Quantenenergie

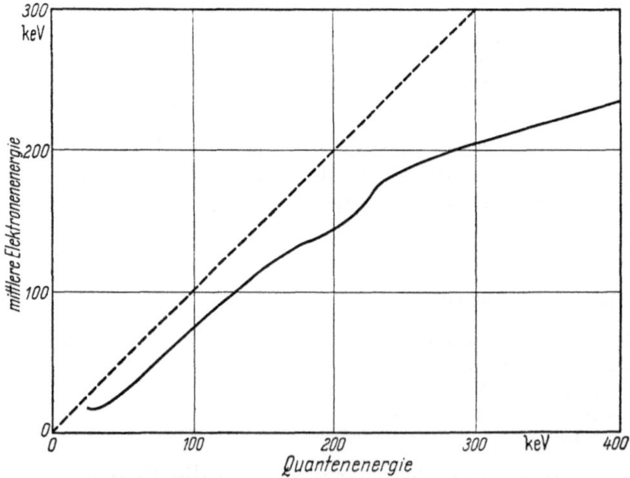

Abb. 29. Abhängigkeit der mittleren Energie der in Silberbromid ausgelösten Elektronen von der Energie der auslösenden Quanten

ein Anteil der Elektronenarten an der Gesamtenergie gemäß Abb. 27 und eine wahre Energie (bzw. im Falle der Comptonelektronen eine durch Integration über die Winkelverteilung erhaltene mittlere Energie), wie sie in Abb. 28 dargestellt ist. Daraus resultiert, daß die mittlere Elektronenenergie keineswegs proportional der Quantenenergie ansteigt (Abb. 29).

Da bei mittleren Quantenenergien die Elektronen ihre gesamte Energie in der Schicht abgeben können (bei niedrigen Energien wird ihre gesamte Energie in einem Korn deponiert, bei hohen Energien verlassen sie zum Teil die Schicht), muß die Abnahme ihrer Energie je zurückgelegter Wegeinheit mit berücksichtigt werden. Es ist bekannt, daß die spezifische Ionisation der Elektronen gegen Ende ihrer Bahn stark zunimmt, während sie über den größten Teil der zurückgelegten Weglänge relativ konstant bleibt. Ein Elektron kann also auf seinem Wege durch die Schicht den Bereich der *Unterbelichtung* der getroffenen Körner, der optimalen Energieausnutzung $(a = 1)$ und der *Überbelichtung* durchlaufen. Ein energiereiches Elektron kann außerdem Sekundärelektronen auslösen, diese unter Umständen wiederum Tertiärelektronen. Die ungenügende Kenntnis eines Teiles der aufgeführten Parameter schließt eine genaue Berechnung von a aus.

b_E gibt den Teil der nicht aus der Emulsionsschicht nach beiden Seiten verloren-gehenden Elektronen an, der in Abb. 30 als Funktion der Emulsionsdicke d und der Elektronenreich-weite R nach Berech-nungen von GREENING (1951) dargestellt ist.

c ist ein Faktor, der den Teil der im Silber-bromid ausgelösten und auch im Silberbromid absorbierten Elektro-nen beschreibt. Ebenfalls nach GREENING (1951) ergibt sich c nach

$$c = \frac{k \dfrac{(\text{AgBr})}{(\text{Gelat.})}}{1 + k \dfrac{(\text{AgBr})}{(\text{Gelat.})}},$$

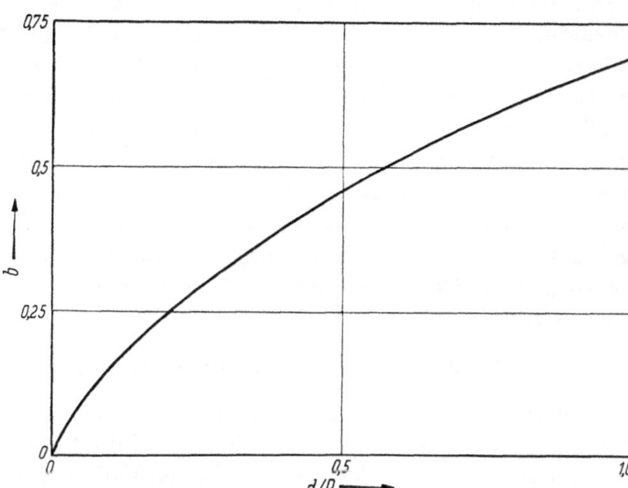

Abb. 30. In der Emulsionsschicht verbleibender Teil der Elektronen-energie (b) als Funktion der Elektronenreichweite in der Schicht (R) und der Schichtdicke (d)

wobei (AgBr) und (Ge-lat.) die Gewichtsteile des Silberbromids und der Gelatine in der Schicht sind und k eine Konstante ist, die sich aus der effektiven Elektronenkonzentration und dem Elektronenbremsvermögen der Substanzen berechnet und die für photographische Gelatine etwa 0,67 ist.

d'_E berücksichtigt, daß ein mit der Schichtdicke, der Schichtzusammenset-zung und der Quanten-energie wechselnder Teil der vom Silberbromid re-emittierten Fluoreszenz-Röntgenstrahlung sekun-där in der Schicht wirksam wird. Die Werte hierfür (Abb. 31) sind von TELLEZ-PLASENCIA und THERON (1950, 1953) und von GREE-NING (1951) berechnet worden.

e als additive Konstante hat annähernd den glei-chen Zahlenwert wie c und gibt die Energie an, die

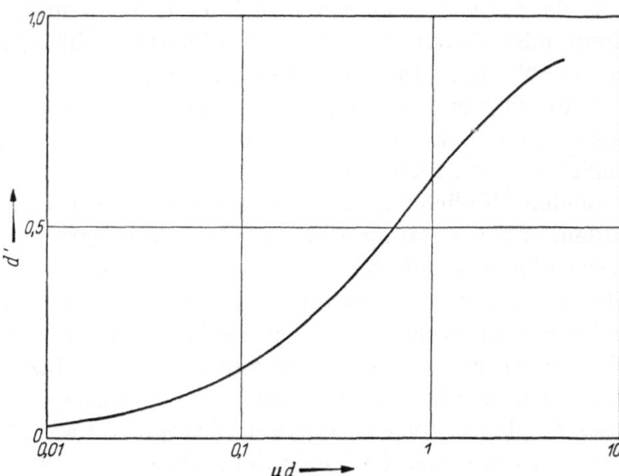

Abb. 31. Reabsorption der Silberbromid-Röntgenfluoreszenz in der Schicht d' als Funktion von deren Absorptionskoeffizienten μ und der Schichtdicke d

einem in einem großen Volumen organischer Substanz eingebetteten Silber-bromid-Mikrokristall durch die im organischen Medium ausgelösten Elektronen übertragen wird (für Papier und Karton ist k etwa 0,71). Bei hoher Packungsdichte des Silberbromids muß allerdings dessen Volumen vom Volumen des organischen Mediums subtrahiert werden.

Der Beziehung zwischen eingestrahlter bzw. absorbierter Energie und der Schwärzung ist außer den bereits genannten noch eine Anzahl weiterer Arbeiten gewidmet worden (BOUWERS 1925, HOFER 1934–1936, CHARLESBY 1940, SOBOLEW 1945, PELC 1945, BROMLEY und HERZ 1950). Die von diesen Autoren aufgestellten Beziehungen stehen jedoch nach Vergleichen von TELLEZ-PLASENCIA (1958) nicht im Einklang mit den experimentellen Ergebnissen. Dagegen fand der gleiche Autor eine gute Übereinstimmung der Formeln von DE LANGHE und MAY und seiner eigenen Gleichungen (TELLEZ-PLASENCIA 1958) mit den Meßergebnissen an verschiedenen röntgenbestrahlten Emulsionen. Hinsichtlich der Ableitung und Diskussion dieser Formeln muß auf die Originalarbeiten verwiesen werden.

b) Messung und Beeinflußung der Energieabhängigkeit

Naturgemäß ist die ausgeprägte Energieabhängigkeit der Dosisregistrierung ein großer, ja der entscheidende Nachteil der Filmdosimetrie energiereicher Quantenstrahlung. Selbst für den relativ seltenen Fall, daß nur eine diskrete Quantenenergie oder ein wohldefiniertes Strahlengemisch, wie es beispielsweise von einem Radionuklid emittiert wird, auf die zu überwachende Person einwirken kann, genügt nämlich keineswegs eine einfache Eichung des Filmes mit dieser Strahlenart. Vielmehr kann sich die Zusammensetzung der Strahlung und damit ihre photographische Wirksamkeit je nach den Streuverhältnissen in der Umgebung des Strahlers und des Filmdosimeterträgers sehr erheblich ändern.

Es ist deshalb notwendig, entweder

a) diese Energieabhängigkeit hinzunehmen und aus der Beschaffenheit des Filmes oder durch zusätzliche Maßnahmen die Quantenenergie zu ermitteln (energieabhängige Dosisregistrierung), oder

b) durch geeignete Methoden zu erreichen, daß jede Dosis in r weitgehend unabhängig von der Quantenenergie die gleiche Schwärzung erzeugt (energieunabhängige Dosisregistrierung).

Beiden Möglichkeiten ist eine große Anzahl von Untersuchungen gewidmet worden. Voraussetzung solcher Untersuchungen ist die genaue Messung der Energieabhängigkeit verschiedener photographischer Materialien, und ihr Ziel sollte es zunächst sein, durch emulsionstechnische Maßnahmen, Anwendung besonderer Emulsionen oder eine geeignete Entwicklungstechnik diese Energieabhängigkeit zu beseitigen oder zumindest zu reduzieren – oder aber aus der Beschaffenheit der Schicht die Energie der einwirkenden Strahlen zu erkennen. Von diesen Möglichkeiten soll in diesem Abschnitt die Rede sein, während die anderen in der schematischen Übersicht der Abb. 32 erwähnten Methoden der *Fluoreszenzkompensation* und der *Film-Filter-Kombinationen* in den folgenden Abschnitten 3c, 4a und b abgehandelt werden.

Eine einfache energieabhängige Dosisermittlung könnte davon ausgehen, daß zusätzlich zur Schwärzung aus der Schichtbeschaffenheit die Energie der einwirkenden Quanten gemessen wird. Ein solches Verfahren ist durchaus denkbar, da die unterschiedliche Energie der ausgelösten Elektronen nicht nur zu einer unterschiedlichen Keimverteilung je nach der Quantenenergie und damit – ab-

hängig von den Entwicklungsbedingungen – zu einer unterschiedlichen Größe der entwickelten Silberaggregate führt, sondern auch die *Körnigkeit* der
Schicht je nach Quantenenergie
recht unterschiedlich sein kann:
Während extrem energiearme
Elektronen nur ein oder ganz
wenige Körner entwickelbar
machen, können durch ein energiereiches Elektron bis zu etwa
80 Körner entwickelbar werden.
Infolge der stark gekrümmten
Bahn des Elektrons in der Schicht
wird also ein einzelner Quanten-
Absorptionsakt im allgemeinen
im Bereich mittlerer Quantenenergien zu einer inselartigen
Korngruppe führen. Tatsächlich
nimmt nach Untersuchungen von
EGGERT und SCHOPPER (1938)
sowie HERZ (1949) mit steigender
Röntgen- bzw. Elektronenenergie
die Körnigkeit zu, um dann für
große Quantenenergien allerdings
wieder etwas abzufallen. KLEIN
und FRIESER (1958) konnten für
Elektronenbestrahlungen theoretisch ableiten und auch experimentell bestätigen, daß der Kör-
nigkeitswert mit der Wurzel der
Empfindlichkeit ansteigt.

Während die unterschiedliche
Körnigkeit zwar visuell durch
Betrachten der entwickelten
Schicht unter dem Mikroskop
leicht erkannt werden kann, ist
es recht schwierig, sie quantitativ zu messen. Dagegen kann die
mittlere Größe der entwickelten
Silberaggregate relativ einfach
über das Verhältnis der Schwärzung im gerichteten und gestreuten Licht gemessen werden.
Dabei ergibt sich eine deutliche
Zunahme des mittleren Durch-

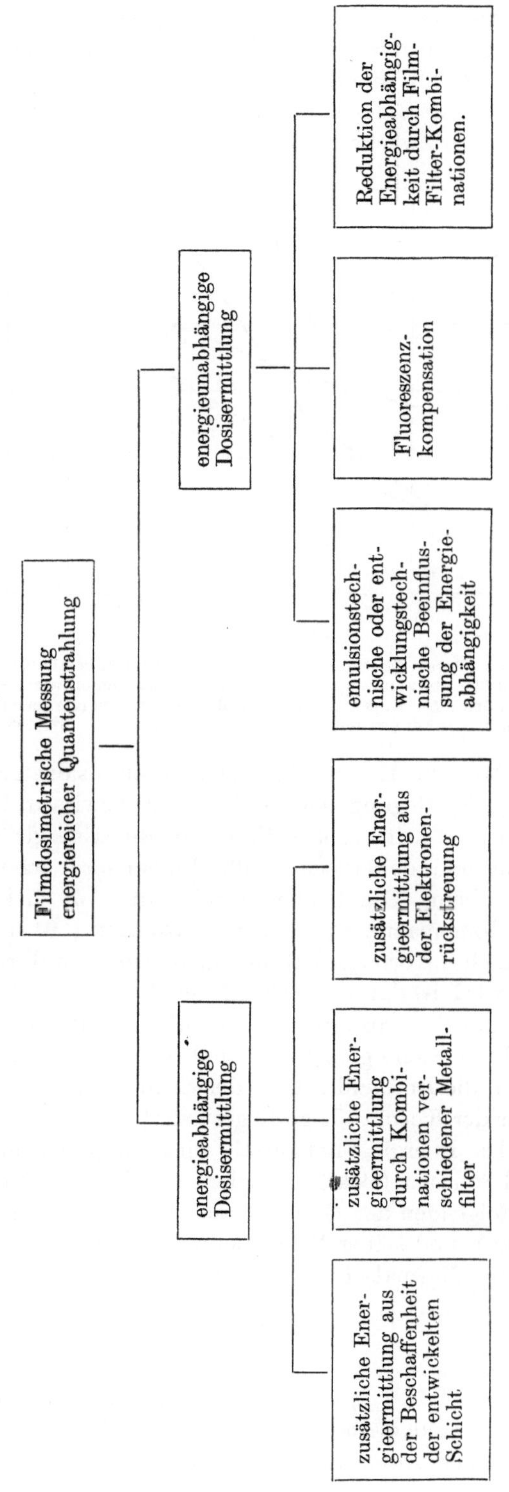

Abb. 32: Schematische Darstellung der wichtigsten Möglichkeiten der filmdosimetrischen Messung energiereicher Quanten

messers der entwickelten Silberaggregate mit steigender Quantenenergie, die naturgemäß recht empfindlich gegen Änderungen der Entwicklungsbedingungen ist (Abb. 33). Beide Effekte – die Zunahme der Körnigkeit und des mittleren Durchmessers der entwickelten Körner – sind jedoch bis jetzt nicht für filmdosimetrische Zwecke ausgenutzt worden. Das gleiche gilt für die Möglichkeit, die unterschiedliche Reichweite der ausgelösten Elektronen in mehrschichtigen Farbfilmen in unterschiedliche Farbtöne umzusetzen und aus der Farbe dann auf die Quantenenergie zu schließen. (BUCKALOO 1957, BLUM 1958, CLARK und UZNANSKI 1959).

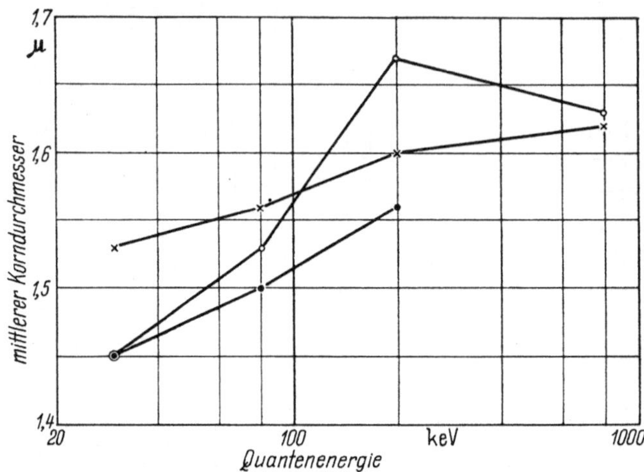

Abb. 33. Durch Messung der Callier-Koeffizienten bestimmte mittlere Korngröße eines unter verschiedenen Bedingungen entwickelten Agfa-Sino-Filmes (○, ×, ●) als Funktion der Quantenenergie [nach Messungen von J. EGGERT und E. SCHOPPER, Z. wiss. Phot. 37 (1938) 221]

Noch günstiger als die zusätzliche Energieermittlung wäre es zweifellos, einen von vornherein energieunabhängig registrierenden Dosismeßfilm zu benutzen. Es ist deshalb versucht worden, die Energieabhängigkeit emulsionstechnisch zu vermindern. Eine einfache Überlegung zeigt, daß dies in gewissem Umfang möglich sein muß: Während z. B. ein 14-keV-Elektron alle Energie in einem einzigen Korn abgeben kann und dabei etwa 2400 Ionenpaare erzeugt, hinterläßt ein 1-MeV-Elektron beim Durchgang durch ein 1 μ dickes Silberbromidkorn nur etwa 170 Ionenpaare. Da aber, wie HOERLIN (1949) zeigte, ein durchschnittlich empfindliches Korn einer Röntgenemulsion erst durch 200–300 Ionenpaare entwickelbar wird, ist dann ein erheblicher Prozentsatz der getroffenen Körner unterbelichtet. Dieser Prozentsatz sollte kleiner, also die Energieausnutzung bei höheren Elektronenenergien besser und damit die Energieabhängigkeit geringer werden, wenn die Empfindlichkeit der Schicht durch Erhöhung der Kornempfindlichkeit oder der Korngröße gesteigert wird.

Die Energieabhängigkeit wird entsprechend einem Vorschlag von DORNEICH und SCHÄFER (1942) durch den *Härtefaktor* HF quantitativ beschrieben, unter dem im folgenden der Quotient aus der Maximalempfindlichkeit der Schicht bei etwa 45 keV und seiner Minimalempfindlichkeit zwischen etwa 600 und 1000 keV bei kleiner Normalschwärzung ($S_n < 0{,}2$) verstanden werden soll:

$$(HF)_{S_n \,=\, \text{const} \,<\, 0{,}2} = \frac{(D_{\min})_{s_n \,=\, \text{const} \,<\, 0{,}2}}{(D_{\max})_{s_n \,=\, \text{const} \,<\, 0{,}2}}\;.$$

Dabei sind $D_{\min}$ und $D_{\max}$ die Dosen Röntgen- bzw. γ-Strahlen in r, die zur Erzielung derselben kleinen Normalschwärzung eingestrahlt werden müssen. Infolge der unterschiedlichen Form der Schwärzungskurve für Röntgen- und γ-

Bestrahlungen im Bereich höherer Schwärzungen (vgl. Abb. 12) sind nämlich am ehesten die Empfindlichkeiten im annähernd linearen Bereich der Funktion $S_n = f(D)$ vergleichbar. Bei höheren Schwärzungswerten hängt der gemessene HF dann von der Schwärzung ab. Bei sehr unempfindlichen Emulsionen, bei denen auch im Bereich geringer Schwärzungen die Beziehung $S_n = D \cdot \mathrm{const}$ nicht mehr gültig ist, kann naturgemäß kein Härtefaktor mehr angegeben werden.

Der Vergleich des HF einer Serie von Emulsionen mit verschiedenem mittlerem Korndurchmesser, aber vergleichbarer Kornempfindlichkeit bestätigt, daß der HF mit steigendem Korndurchmesser abnimmt: Das Resultat des in Abb. 34 wiedergegebenen Versuches zeigt eine zunächst schnelle, dann langsame Abnahme.

Alle emulsionstechnischen Maßnahmen, die zu einer Erhöhung der Kornempfindlichkeit gegenüber γ-Strahlung führen, vermindern auch den Härtefaktor. Durch

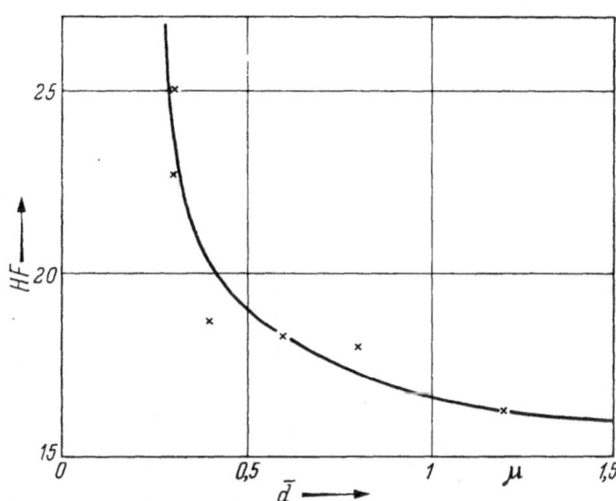

Abb. 34. Härtefaktor als Funktion des mittleren Korndurchmessers verschiedener kommerzieller Agfa-Emulsionen

verstärktes Nachreifen läßt er sich ebenso vermindern wie durch Jodidzusatz. Während sich die Wirkung von Blei- und Thalliumzusätzen als gering erwies, hat eine maximale Goldsensibilisierung einen günstigen Einfluß. HOERLIN und MUELLER (1950) konnten zeigen, daß die Mindestenergie, die in der untersuchten Emulsion je Korn deponiert werden mußte, sich durch maximale Goldsensibilisierung auf ein Fünftel ihres ursprünglichen Wertes (von 6 auf 1,2 keV/Korn) reduzieren ließ. Dadurch konnte die Energieabhängigkeit wesentlich verbessert werden: Während die Empfindlichkeit gegenüber 12 keV Röntgenstrahlen nur um den Faktor 1,5 zunahm, betrug diese Empfindlichkeitszunahme für 1,2 MeV γ-Strahlung mehr als das Zehnfache, und der ursprüngliche HF konnte auf ein Viertel herabgesetzt werden.

Erwartungsgemäß ist der Einfluß organischer Sensibilisatoren gering (HOERLIN und Mitarb. 1953), dagegen scheint sich ein Zusatz von 0,001–0,2 Mol-% Kadmium zur Emulsion zu bewähren (MUELLER und LARSON 1958). Ein je nach Emulsionsrezept wechselnder Silberjodidzusatz von etwa 0,5–5 Mol-%, Schwefelverbindungen und komplexe oder nichtkomplexe Goldverbindungen, welche die Empfindlichkeit der Emulsion gegen Blaulicht steigern, reduzieren, wie D. KLEIN (1956) in Bestätigung der HOERLINschen Versuche fand, auch den Härtefaktor. Bei der Beurteilung der Versuche mit Silberjodidzusätzen sollte allerdings auch die Veränderung der mittleren Korngröße und deren Einfluß auf die Energieabhängigkeit berücksichtigt werden. Neuere Versuche von D. KLEIN (1961) über den Einfluß von Farbstoff-Desensibilisierung und Hypersensibilisierung auf den Härtefaktor unterschiedlicher Emulsionen zeigen, daß der Härtefaktor durch geeignete Maßnahmen auch umgekehrt bis zum siebenfachen Minimalwert erhöht werden kann.

Das Absorptionsverhalten der Gelatine ist dem des Körpergewebes recht ähnlich. Der HF könnte sich also vermindern lassen, indem ein erheblicher Teil der wirksamen Gesamtenergie in der gewebeäquivalenten Gelatine absorbiert wird und sekundär dem Silberbromid, das als *Elektronendetektor* fungiert, übertragen wird (GREENING 1951). Es käme hinzu, daß in einer solchen verdünnten Emulsionsschicht mit auf Kosten der Gelatine herabgesetzter Silberbromidkonzentration, die dieser Forderung entspräche, ein höherer Prozentsatz der energiereichen Elektronen mit großer Reichweite zur Registrierung kommt. Auch eine Erhöhung der Schichtdicke sollte günstig wirken, da der Anteil der ungenutzt die Schicht verlassenden Elektronen dann geringer würde. Es zeigte sich, daß in den praktisch möglichen Grenzen (Schichtdicke höchstens $100\,\mu$, Herabsetzung des AgBr/Gelatine-Verhältnisses um den Faktor 10, um noch eine ausreichende Schwärzung zu erhalten) der HF um höchstens 30% vermindert werden kann (HOERLIN und Mitarb. 1953).

In einer ähnlichen Größenordnung liegt die Verbesserung, die man bei möglichst vollständiger Innenbildentwicklung erreicht: Durch energiereiche

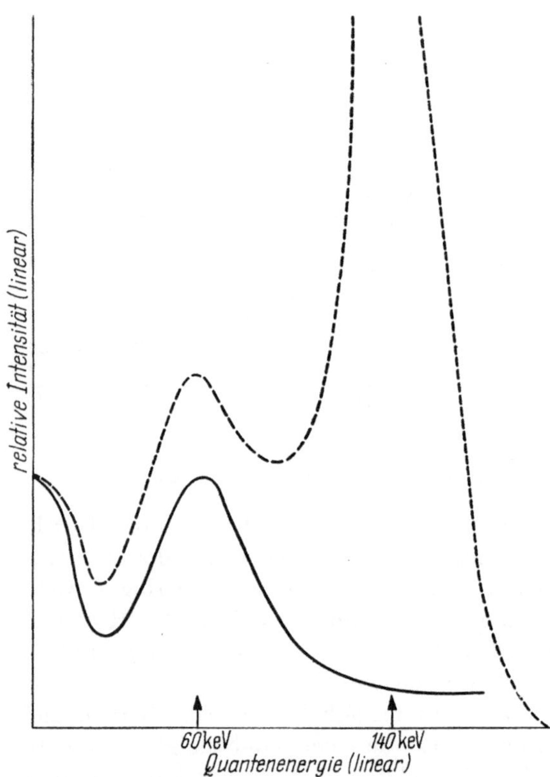

Abb. 35. Szintillationsspektroskopisch gemessene Spektren einer 140-keV-Röntgenstrahlung (160 kV Röhrenspannung, Filterung 2 mm Pb + 6 mm Cd + 2 mm Cu) – – – und der Raumstreustrahlung senkrecht zum Primärstrahl ——

Elektronen erzeugte Keime sind gleichmäßiger im ganzen Korn verteilt, während durch langsame Elektronen erzeugte Keime vorwiegend an der Kornoberfläche liegen. Die teilweise Unterdrückung der Entwicklung der Oberflächenkeime durch einen Metol-Hydrochinon-Entwickler mit erhöhten Mengen an Sulfit und Thiosulfat bei verdreifachter Entwicklungszeit reduzierte in einem von HOERLIN und Mitarb. (1953) beschriebenen Fall den HF von 18,5 auf 13,5.

Gemäß einer Anregung von YAGODA (1949) wäre bei physikalischer Entwicklung eine Herabsetzung des HF zu erwarten, wird doch in diesem Fall nicht die Zahl der entwickelbaren Körner, sondern die Zahl der entwickelbaren Keime die Schwärzung bestimmen. Zwischen der Keimzahl und der Dosis in r sollte aber eine wesentlich weniger energieabhängige Beziehung als zwischen der Zahl der entwickelten Körner und der Dosis bestehen. Da aber die physikalische Entwicklung relativ umständlich ist und viele kleinere Keime, d. h. zu einem großen Teil gerade die durch energiereiche Elektronen erzeugten hochdispersen Innenbildkeime, bei diesem Prozeß verlorengehen, außerdem auch die erzeugten Schwärzungen nicht groß sind, ist von dieser Möglichkeit kein Gebrauch gemacht worden. Auch sind physikalisch entwickelte Schwärzungen sehr schlecht reproduzierbar.

Alle die genannten emulsions- und entwicklungstechnischen Methoden haben jedoch ihre Grenzen, da sich die dominierend strahlenabsorbierende Wirkung des Silberbromids in der photographischen Schicht letztlich doch nicht weit genug zurückdrängen läßt. HOERLIN und Mitarb. (1953) gelang es, unter extremen Bedingungen Filme mit einem HF von 7 herzustellen. Damit dürfte aber etwa die Grenze der emulsionstechnischen Möglichkeiten erreicht sein.

Es erhebt sich die Frage nach den Bedingungen, unter denen eine exakte und reproduzierbare Messung der Energieabhängigkeit und des Härtefaktors möglich ist. Vor allem müssen folgende Faktoren berücksichtigt werden:

1. Zunächst ist es notwendig, das Elektronengleichgewicht auch bei höheren Quantenenergien zu garantieren. Dies kann auf einfache Weise durch Vorschalten ausreichend dicker Holz-, Bakelit-, Plexiglas- oder Pappschichten vor den Film geschehen (vgl. Abb. 2).

2. Streustrahlung muß weitgehend ausgeschaltet werden, d. h. der Strahl muß sorgfältig ausgeblendet werden und darf nur auf möglichst wenig streuende Medien in möglichst großer Entfernung vom Film fallen. Als Beispiel hierfür zeigt Abb. 35 die Spektren einer 140 keV Röntgenstrahlung und der senkrecht zum Primärstrahl gemessenen *Raumstrahlung*, deren Qualität und Quantität natürlich stark von der Ausblendung und Umgebung des Primärstrahles abhängt.

3. Die Bestrahlungsdauer soll für die verschiedenen Quantenenergien etwa gleich lang sein, um einen Reziprozitätsfehler möglichst klein zu halten.

4. Zwischen Bestrahlung und Entwicklung soll für alle Proben ein etwa gleicher Zeitraum liegen, um den Einfluß des Fadings (vgl. Abb. 21 u. 22) möglichst weitgehend auszuschließen. Eine gleichzeitige Bestrahlung der Proben ist im allgemeinen nicht möglich, weshalb eine im Vergleich zur Dauer der Bestrahlungsserie lange *Abklingzeit* von ein oder mehreren Tagen vorzuziehen sein wird. Natürlich müssen die Proben dann unter gleichen Bedingungen gelagert werden.

5. Die Proben einer Bestrahlungsserie sollten zur Vermeidung von Entwicklungsfehlern gleichzeitig entwickelt werden. Ergebnisse, die mit verschiedenen Entwicklern oder verschiedenen Entwicklungsbedingungen erhalten wurden, sind nur bedingt vergleichbar.

6. Von entscheidender Bedeutung wird jedoch die spektrale Zusammensetzung der einwirkenden Strahlung sein. Da es nämlich im Röntgenbereich zwischen etwa 20 und 200 keV kaum Radionuklide gibt, die eine monoenergetische Quantenstrahlung liefern und in Halbwertszeit und Zugänglichkeit den Anforderungen genügen, muß durch möglichst harte Filterung der inhomogenen Röntgenstrahlung konventioneller Röntgengeräte eine möglichst homogene Strahlung erzeugt werden. Naturgemäß ist aber das Meßergebnis besonders im Bereich von etwa 50–150 keV, in dem sich die Empfindlichkeit stark mit der Quantenenergie ändert, gegen eine Verbreiterung des Energiespektrums sehr empfindlich, d. h. eine ge-

ringe Zunahme des Anteiles der photographisch stärker wirksamen Strahlung kann bei gleicher effektiver Quantenenergie relativ große Änderungen in der erzielten Schwärzung bedingen. Der Stärke der Filterung sind aber andererseits hinsichtlich der Mindestdosisleistung, die für eine bestimmte Bestrahlungsaufgabe erforderlich ist, Grenzen gezogen. Man wird also einen Kompromiß anstreben müssen. Wesentlich günstiger ist die Anwendung von Radionukliden, die praktisch monochromatische oder aber leicht zu trennende Quantenenergien ausstrahlen. Geeignete Radionuklide stehen vor allem für höhere Quantenenergien zur Verfügung (Tab. 2).

Im Röntgenbereich wird es oft schwierig sein, das Spektrum für eine gegebene Filterkombination direkt zu messen, da Dosisleistungen, die für Dosismeßfilmbestrahlungen schon zu gering wären, meist für Szintillationsspektrometer immer noch zu hoch sind. Es wird also entweder das für eine gegebene Filterung resultierende Spektrum nach den bekannten Formeln ausgerechnet werden müssen (vgl. EHRLICH und FITCH 1951) oder aber durch die Filteranalyse einem Homogenitätstest unterworfen: Die Strahlung kann als homogen gelten, wenn die Schwärzung bei Bestrahlung eines Filmes hinter verschieden dicken Schichten des gleichen Metalles exponentiell mit der Filterdicke abnimmt, während eine Durchbiegung der Geraden Inhomogenität beweist.

Tabelle 2. *Einige für γ-Bestrahlungen geeignete Radionuklide*

Radionuklid	effektive Quantenenergie (keV)	Halbwertszeit	Dosiskonstante (r, h C m^{-2})
In 114 m	192	49 d	0.093
Hg 203	289	47.9 d	0.158
Au 198	412	2.7 d	0.228
Be 7	476	53.6 d	0.03
Cs 137	661	33 a	0.34
Co 60	1250	5.27 a	1.26
Na 24	~ 2000	14.9 h	1.80

Tabelle 3. *Filterung von Röntgenstrahlung zur Erzielung annähernd homogener Strahlung definierter Energie*

Röhrenspannung (kV)	Filterung (mm)	theoret. Intensitätsmaximum (keV)	experimentell gefundene effektive Quantenenergie (keV)	Autor
25	2 Al	—	17.4	[2]
32	0.25 Sn + 1 Al	—	26.5	[3]
43	0.5 Cu + 0.25 Al	—	36	[3]
50	0.125 Pb	35.5	—	[1]
50	0.3 Cu	—	40	[4]
56	0.6 Cu + 0.25 Al	—	46.5	[3]
65	19 Al	—	51.5	[2]
78	1 Cu + 0.25 Al	—	59	[3]
100	0.52 Pb	77.5	79	[1]
130	2.9 Cu + 0.25 Al	—	94	[3]
150	1.53 Sn + 4.0 Cu	123	117	[1]
200	0.69 Pb + 4 Sn	170	154	[1]
250	0.5 Pb + 4 Cu + 5 Fe	—	176	[2]
250	2.67 Pb + 1 Sn	—	200	[1]
250	2 Pb + 8 Cu + 2 Fe	—	205	[2]
250	2.7 Pb + 1.0 Sn + 0.6 Cu	—	210	[4]

[1] M. EHRLICH und S. H. FITCH: Nucleonics 9, No. 3 (1951), 5, [2] H. HOERLIN: J. Am. Opt. Soc. 39 (1949) 891, [3] M. J. HEARD, J. E. COOK und P. D. HOLT: AERE-R 3300 (1960), [4] M. EHRLICH, unveröffentlicht.

In der Literatur ist eine große Zahl von Filterungen, die für filmdosimetrische Versuche verwendet wurden, beschrieben worden. Während z. B. die Filterungen, die von DEAL und ROBERSON (1948), TOCHILIN, DAVIS und CLIFFORD (1950) und ALLISY (1955) angegeben werden, wahrscheinlich nicht zu homogener Strahlung im Sinne des genannten Kriteriums führen, kommen die härteren Filterungen von HOERLIN (1949), EHRLICH und FITCH (1951), AMADESI und Mitarb.

(1959) und HEARD, COOK und HOLT (1960) beispielsweise der Homogenität recht nahe. Bei jeder Filterkombination ist zu beachten, daß alle Elemente bei niedrigeren Energien eine besonders hohe Durchlässigkeit im Gebiete ihrer K-Absorptionskante haben. Mit steigendem Atomgewicht verschiebt sich die Absorptionskante zu höheren Quantenenergien und erreicht beim Blei nahezu 90 keV. Ein dem hochatomigen nachgeschaltetes niederatomiges Filter ausreichender Dicke kann diese K-Kanten-Durchlässigkeit aufheben und die Fluoreszenzstrahlung absorbieren (Abb. 36). Die Reihenfolge wird also sein: Strahlenquelle – hochatomiges Filter – niederatomiges Filter – wenn notwendig Elektronengleichgewichtsschicht – Film.

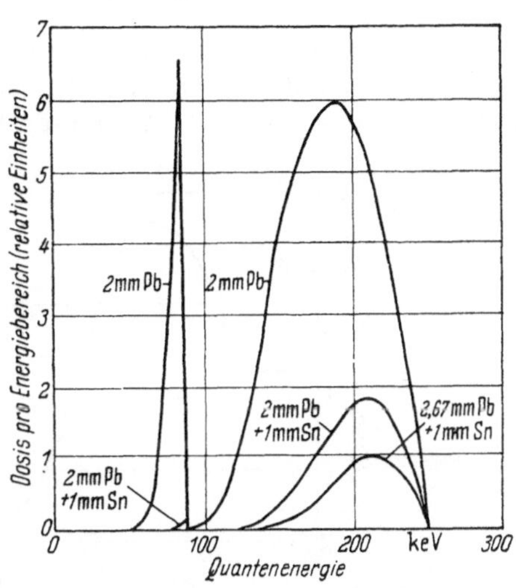

Abb. 36. Änderung eines 250-kV-Röntgenspektrums durch Filterung [nach M. EHRLICH und S. H. FITCH, Nucleonics 9, No. 3, 5, (1951)]

Tab. 3 bringt eine Zusammenstellung einiger empfohlener Filterungen (besonders bei den niedrigen Röhrenspannungen sind dabei auch die unterschiedlichen Eigenfilterwerke verschiedener Röhrentypen zu beachten). Andererseits ist es möglich, die K-Fluoreszenzstrahlung verschiedener Elemente als fast monochromatische Strahlungsquelle für den Energiebereich unter 100 keV zu benutzen (LARSON, MYERS und ROESCH 1955, SANNA und SHAMBON 1961). WILSON, MILLIGAN, UNRUH und LARSON (1960) kalibrieren beispielsweise die Hanford-Filmplakette u. a. mit der K-Fluoreszenzstrahlung von Kupfer, Zirkon, Kadmium, Lanthan, Tantal, Wolfram, Blei und Uran.

7. Schließlich muß auch die Filmverpackung vergleichbar sein, da sich sonst Absorption (diese besonders bei sehr geringen Quantenenergien) und verstärkende Elektronenemission (besonders bei hohen Quantenenergien) in verschiedener Weise bemerkbar machen. Wenn auf die Erfüllung der Elektronengleichgewichtsbedingung verzichtet wird, verspricht der völlige Verzicht auf Filmverpackung (Bestrahlung des Filmes im Dunkeln bzw. bei Dunkelkammerbeleuchtung) unter Umständen am ehesten vergleichbare Resultate.

Von zahlreichen Autoren sind Energieabhängigkeiten der Quantenwirkung auf verschiedene photographische Filme mit unterschiedlicher Filterung der aufgestrahlten Röntgenstrahlung gemessen worden (PARDUE, GOLDSTEIN und WOLLAN 1944, DEAL, ROBERSON und DAY 1948, TOCHLIN, DAVIS und CLIFFORD 1950, GREENING 1951, WILSEY 1951, STORM 1951, CORNEY 1952, LANGENDORFF, SPIEGLER und WACHSMANN 1952, HOERLIN 1953, MOSER 1953, EHRLICH 1954, LARSON und Roesch 1954, Modine 1954, Allisy 1955, Gupton 1956, Ehrlich 1957, Mauderli 1957, Nikitin und Frolow 1957, Fassbender, Heinzel und Mohr 1957, Dealler, Jones und Smith 1958, Amadesi 1959, Bramson 1960, Stadelmann 1960, Dougall 1960, Dresel 1960, Békés und Makra 1961, Becker 1961 u. a.). Da jedoch in vielen Fällen die Bestrahlungs- und Entwicklungsbedingungen nicht genau angegeben sind oder doch bei den verschiedenen Arbeiten untereinander nicht vergleichbar sind, ist es schwer, allgemeine Schlüsse aus der Fülle des vorliegenden Materials zu ziehen. Entsprechend der unterschiedlichen Homogenität der Strahlung kommt z. B. das Maximum der Empfindlichkeit bei etwa 45 keV in seiner Lage und Ausgeprägtheit recht verschieden zur Geltung.

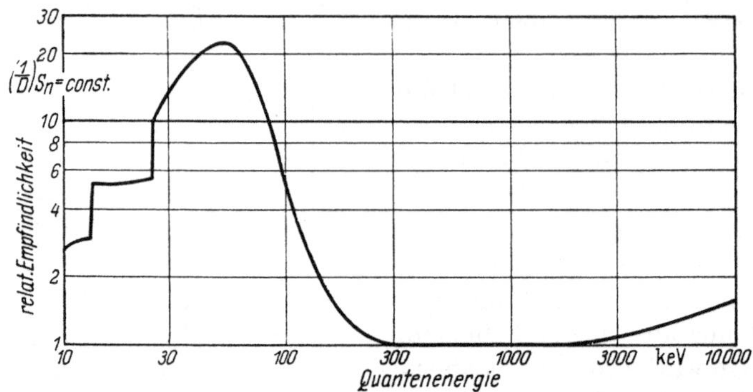

Abb. 37. Schematische Darstellung der Energieabhängigkeit der Dosisregistrierung photographischer Materialien in r über einen weiten Bereich der Quantenenergie (Elektronengleichgewicht)

Die sinnvollste Darstellung der Energieabhängigkeit ist wohl diejenige, die Filmempfindlichkeit als Funktion des Logarithmus der effektiven Quantenenergie aufzuzeichnen. Die Empfindlichkeit ε wird dabei am günstigsten als die Steigung der Schwärzungskurve im linearen Bereich $S_n = D$ const gemessen, es gilt also

$$\varepsilon = (1/D)_{S_n = \text{const}} < 0{,}2$$

Auch der reziproke Wert davon, d. h. die Dosis zur Erzeugung einer definierten Schwärzung, wird oft verwendet. Bei dieser Art der Darstellung entspricht die maximale Filmempfindlichkeit einem Kurvenminimum. Andere Darstellungsarten sind weniger günstig: So wird beispielsweise in eine Darstellung der Schwärzung als Funktion der Quantenenergie bei gleichbleibender Dosis die Form der Schwärzungskurve mit eingehen.

Im Bereich niederenergetischer Strahlung (< 45 keV) treten die Empfindlichkeitssprünge, die an den Absorptionskanten des Silbers und des Broms zu erwarten sind, bei Verwendung gefilterter normaler Röntgenstrahlung kaum in Erscheinung. Man kann jedoch durch Benutzung der K-Fluoreszenzstrahlung verschiedener Elemente in Verbindung mit einer geeigneten Filterung wieder nahezu monoenergetische Quanten erzeugen und damit tatsächlich die Absorptionssprünge sehr deutlich nachweisen (Seemann 1950). Niederenergetische Röntgenstrahlung kann in Ausnahmefällen filmdosimetrisch interessant sein: als Beispiele seien die Strahlentherapie mit Grenzstrahlen, Feinstrukturuntersuchungen und die mögliche Strahlenbelastung von Radiotechnikern, die Fernsehgeräte reparieren, erwähnt. Die Komplikationen, welche die Anwesenheit extrem weicher Röntgenstrahlen für die Dosimetrie anderer Strahlenarten mit sich bringen kann, werden in Kap. V.2 behandelt.

Das andere Extrem sehr energiereicher Quantenstrahlung kann für die Personendosisüberwachung an Betatrons, die in steigendem Umfang in der Strahlentherapie und der zerstörungsfreien Materialprüfung eingeführt werden, und an den anderen Teilchenbeschleunigern, die ebenfalls in Wissenschaft und Technik (kernphysikalische Forschung, Lebensmittelkonservierung, Kunststoffveredlung usw.) immer stärker eingeführt werden, wichtig sein. Nach Messungen von STORM (1951) steigt die Empfindlichkeit bei Quantenenergien größer als 2 MeV zunehmend stark an, und zwar weitgehend unabhängig davon, ob für den Film Elektronengleichgewicht herrscht oder nicht und ob Metallfilter vor dem Film liegen. Nach Messungen von EHRLICH (unveröffentlicht) mit Quantenenergien bis zu 50 MeV ist bei diesen Energien, bei denen eine Dosisangabe in r ohnehin nicht mehr möglich ist, besonders die unmittelbare Filmumgebung von großem Einfluß auf die resultiernde Schwärzung. Allgemein zeigt die Energieabhängigkeit der Dosisregistrierung in r photographischer Materialien nach den vorliegenden Ergebnissen den in Abb. 37 schematisch dargestellten Verlauf.

c) Die Fluoreszenzkompensation

Da es nicht möglich ist, den Härtefaktor emulsionstechnisch oder durch spezielle Entwicklung ausreichend zu reduzieren, wurden indirekte Methoden zur energieunabhängigen Registrierung vorgeschlagen. Eine solche Methode basiert darauf, entweder

1. die direkt quantenabsorbierende Wirkung des Silberbromids ganz auszuschalten und ihm ausschließlich seine registrierende Funktion der Quantenwirkung auf einen luftäquivalenten Absorber zu belassen. Als Absorber eignet sich dabei eine organische Substanz ohne schwerere Elemente, als Energieübertragungsmechanismus die Fluoreszenzlichtemission und -registrierung besonders gut. Der registrierbaren Strahlenwirkung auf organische Fluoreszenzkörper und photographische Schichten liegt dabei ein ähnlicher Vorgang zugrunde: ein Teil der durch den Absorptionsakt ausgelösten Elektronenenergie wird in dem einen Fall als Fluoreszenzlicht abgestrahlt, im anderen Fall zum Aufbau eines latenten Bildes benutzt.

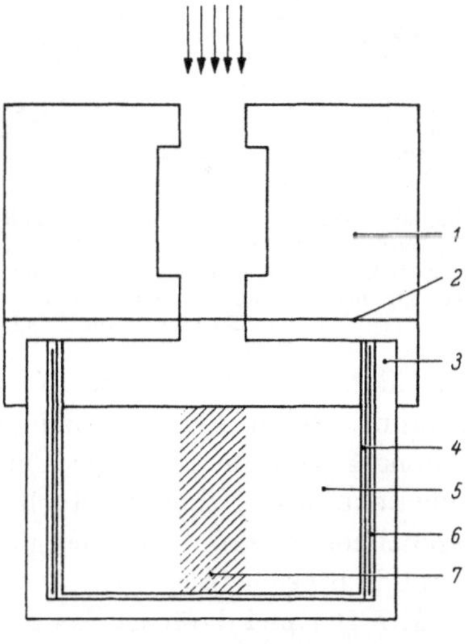

2. einen erheblichen Teil der Gesamtenergie in der Dosismeßanordnung in einem Material

Abb. 38. Versuchsanordnung zur Fluoreszenzlichtregistrierung: 1 Bleiblende, 2 Aluminiumfolie, 3 Bleigefäß, 4 Bleiglasküvette zur Abschirmung der Streustrahlung, 5 Flüssigkeitsszintillator, 6 Registrierfilm, 7 bei Bestrahlung fluoreszierendes Volumen

mit niedrigeren Werten für Z_{eff} bzw. höheren Werten für N_{eff} als Luft (vgl. S. 10) zu absorbieren und auf das Silberbromid zur Registrierung zu übertragen, d. h. das Silberbromid sollte zu einem viel geringeren Teil als Strahlenabsorber fungieren.

Die unter 1 genannte Möglichkeit wurde durch eine Anordnung entsprechend der Abb. 38 realisiert (BECKER 1960): Durch eine Blende fällt die Primärstrahlung in ein geeignetes Flüssigszintillator-Gemisch (p-Terphenyllösung in Benzol-Chlorbenzol nach GLOCKER und BREITLING 1952) in einer Bleiglasküvette, um die

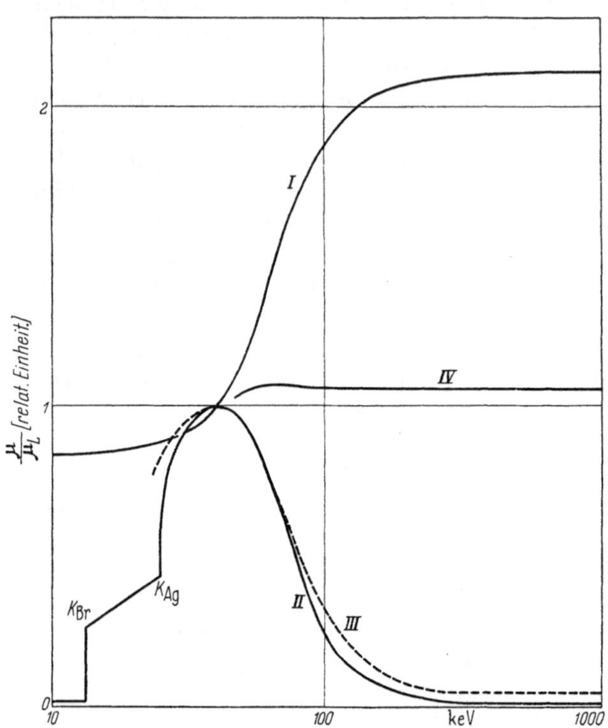

Abb. 39. Vergleich der Energieabhängigkeit der Quantenabsorption in p-Terphenyl I und Silberbromid II (K_{Br} und K_{Ag} sind die Absorptionskanten des Broms und des Silbers), tatsächlich für eine photographische Emulsion gemessene Energieabhängigkeit III und der Mittelwert von I und II : IV

ein Registrierfilm gelegt wurde. Offensichtlich sind solche und ähnliche Anordnungen für die Personenüberwachung zu unhandlich.

Interessanter ist die Möglichkeit 2.: Zwar war die Verstärkung der photographischen Wirkung energiereicher Quanten durch lichtemittierende Folien aus anorganischen Fluoreszenzkörpern in der Röntgentechnik längst bekannt, und 1922 hatte BEHNKEN eine solche Kombination auch für filmdosimetrische Zwecke vorgeschlagen, aber erst die neueren Erkenntnisse über organische Szintillatoren (vgl. die zusammenfassenden Darstellungen von KREBS, BIRKS, BROOKS 1956 und RAMM ermöglichten die Realisierung des obengenannten Gedankens. Es sind nämlich nicht nur organische Fluoreszenzkörper und Fluoreszenzkörpergemische bekannt, deren Fluoreszenzlichtausbeute in einem weiten Energiebereich unabhängig von der Energie der anregenden Strahlung ist (BREITLING, RUPPERSBERG u.a.), sondern auch solche, deren Energieabhängigkeit der Fluoreszenzlichtemission der Energieabhängigkeit der Strahlenwirkung auf Silberbromid entgegengesetzt ist.

Ein Beispiel dafür ist das p-Terphenyl (p,p'-Diphenylbenzol), das von HOERLIN und Mitarb. (1953) beim Vergleich einer großen Anzahl zyklischer Kohlenwasserstoffe auf ihre Eignung zur Kombination mit photographischen Filmen hin als (neben vielleicht noch Anthracen) am besten geeignet gefunden wurde. Abb. 39 macht das Prinzip der Fluoreszenzkompensation deutlich: Die auf den Punkt maximaler Silberbromidabsorption (bezogen auf Luft) normierten Kurven für die Energieabhängigkeit der Strahlenwirkung auf Silberbromid und p-Terphenyl vermögen sich in ihrer gegenläufigen Tendenz grundsätzlich zu kompensieren. Die experimentellen Ergebnisse bestätigen diese Annahme (Abb. 40).

Analog ist der Befund für andere fluoreszierende Polyphenyle, soweit sie nicht mit schweren Atomen substituiert sind. p-Terphenyl ist aber diesen Verbindungen aus folgenden Gründen überlegen: Es ist als Substanz mit hoher Fluoreszenzlichtausbeute billig in relativ großer Reinheit zugänglich (schon geringe Verunreinigungen können das Emissionsspektrum wesentlich ändern oder durch *Quenching* die Lichtausbeute reduzieren). Die Selbstabsorption für das emittierte Fluoreszenzlicht ist, im Gegensatz z. B. zum Anthracen, gering, es ist sehr strahlungsresistent und merkliche Änderungen seiner Eigenschaft sind im interessierenden Dosisbereich nicht zu erwarten. p-Terphenyl ist in Wasser völlig unlöslich und tritt nicht in nachteilige Wechselwirkung mit dem Silberbromid der Schicht. Schließlich fallen die Maxima der Lichtemission in das Gebiet der Silberbromid-Eigenabsorption und damit hoher photographischer Empfindlichkeit. Es brauchen deshalb keine sogenannten *wavelength shifter*, die das Emissionsspektrum in geeigneter Weise verändern, beigemischt zu werden. Die Lichtausbeute des nächsthöheren Polyphenyls Quatrophenyl ist zwar doppelt so groß, jedoch ist diese Verbindung schwerer in erforderlicher Reinheit zugänglich.

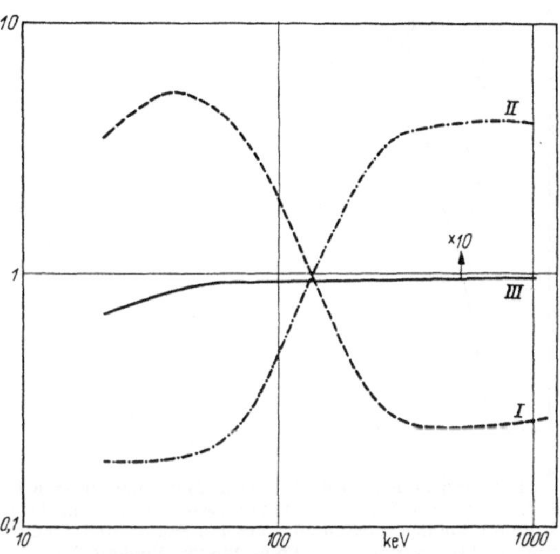

Abb. 40. Energieabhängigkeit der Empfindlichkeit einer Spezialemulsion I (Ordinate $1/r$ für $S = 0,4$ über dem Schleier), Verstärkungsfaktor des p-Terphenyls II (Ordinate Verhältnis der Strahlenempfindlichkeit der Schicht in Kontakt mit Terphenyl-Preßkörpern zur Primärstrahlungsempfindlichkeit derselben Schicht bei $S = 1,0$ über dem Schleier, relative Einheiten) und Charakteristik der Kombination III (Ordinate $1/r$ für $S = 0,4$ über dem Schleier) (nach H. HOERLIN und Mitarb., ANL-5168, 1953)

Die HOERLINsche Anordnung besteht aus einem Spezialfilm, der hinsichtlich hoher Lichtempfindlichkeit, geringem Härtefaktor und geringem Langzeit-Reziprozitätsfehler speziell auf die Bedingungen der Fluoreszenzkompensation abgestimmt ist. Dieser Film liegt in einer lichtdichten Plakette zwischen zwei Verstärkerschichten, die aus je 146 mg/cm² p-Terphenyl und 106 mg/cm² Polymethacrylat gepreßt wurden. An den filmabgewandten Seiten liegt noch je eine Barytpapierschicht, welche die Aufgabe hat, das auf dieser Seite emittierte Fluoreszenzlicht in die Filmrichtung zu reflektieren. Der exponierte Film wird in einem Spezialentwickler mit hoher Antischleiermittelkonzentration entwickelt. Die Anordnung zeigt einen Fehler durch ihre Energieabhängigkeit im untersuchten Bereich von 40 bis 1000 keV von etwa ± 15% und einen maximalen Reziprozitätsfehler von ± 33% in einem 5 Zehnerpotenzen umfassenden Dosisleistungsbereich ($1 - 2 \cdot 10^5$ sec). Sie gestattet Dosismessungen im Bereich von etwa 20 mr bis 20 r (mit einem Film), d. h. sie ist im Vergleich mit anderen Fluoreszenzanordnungen nicht sonderlich empfindlich. Das liegt an dem hohen Antischleiermittelzusatz zum Entwickler. Durch Verzicht auf den geringen Reziprozitätsfehler kann natürlich eine höhere Empfindlichkeit erreicht werden.

Unabhängig von diesen Versuchen haben Sommermeyer und Heiner (1955) und Heiner (1956) eine analoge Anordnung mit einem energieunabhängigen fluoreszierenden Leuchtkörper beschrieben, d. h. also den energieabhängigen Di-

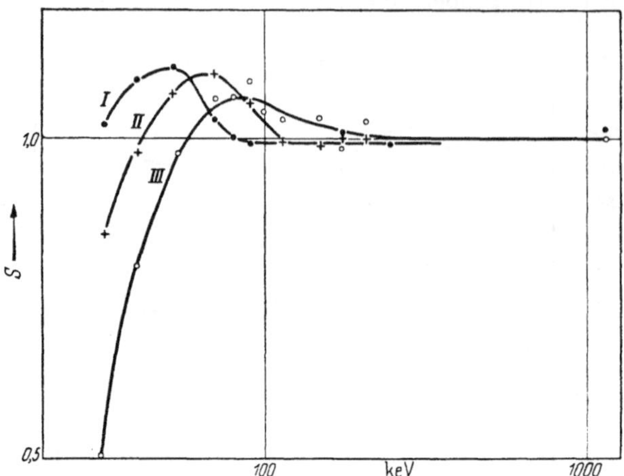

Abb. 41. Energieabhängigkeit der Dosisschwärzung einer Kombination eines Filmes Ilford PM 1 mit zwei festen Szintillatoren I, nach Reduktion des Lichtanteiles um den Faktor 10 II und um den Faktor 100 III, normiert auf Co 60 Empfindlichkeit $S_n = 1$ (nach C. F. Barnaby, AWRE 0–28/56, 1956)

rektschwärzungsanteil, der bei Quantenenergien um 50 keV besonders groß ist, vernachlässigt. Diese Autoren schlagen die gleichzeitige Verwendung von zwei Emulsionen mit unterschiedlichem Reziprozitätsfehler vor (Kodakplatten OaG mit großem und Agfa-Raman-Platten mit kleinem Reziprozitätsfehler), wodurch es möglich wird, gleichzeitig zur Dosisangabe auch eine Aussage über die zeitliche Verteilung der Dosisbelastung zu machen.

Eine höhere Empfindlichkeit des Filmdosimeters ist sowohl für die Routineüberwachung als auch besonders für Spezialfälle sehr wünschenswert. So wäre es z. B. interessant, die geographische Verteilung des natürlichen Strahlungsuntergrundes an vielen Orten auf einfache und billige Weise zu messen, um aus den Ergebnissen auf die genetische Strahlenbelastung der Bevölkerung, auf Uranerzlager usw. zu schließen. Der erste Vorschlag, durch Kombination eines großen Volumens einer fluoreszierenden Substanz mit einem photographischen Film eine extrem hohe Empfindlichkeit besonders bei höheren Quantenenergien zu erreichen, stammt von Fünfer und Fünfer (1955): Es wurde vorgeschlagen, verschieden große Volumina des Leuchtstoffes in der Größenordnung von einigen Kubikzentimetern bis zu einigen Litern mit reflektierenden Materialien zu umgeben und das Fluoreszenzlicht unter optimalen Ausnutzungsbedingungen photographisch zu messen. In die gleiche Richtung zielt auch ein Vorschlag der Polaroid-Corp. (1955), einer Kamera einen Leuchtstoffkörper vorzuschalten und das emittierte Licht zu photographieren.

Der Gesichtspunkt der Empfindlichkeitssteigerung steht ebenfalls bei den Versuchen von Barnaby (1956), Ehrlich und McLaughlin (1959) und Douglas (unveröffentlicht) im Vordergrund. In den Versuchen von Barnaby ergab sich, daß sich die Energieabhängigkeit der direkten Quantenwirkung auf den Film im Bereich geringer Quantenenergie nicht ganz unterdrücken ließ (Abb. 41), obwohl die Fluoreszenzlichtwirkung je nach Art der Anordnung und des Energiebereiches die direkte Quantenwirkung um das etwa 10–100fache übertrifft. Die Energieunabhängigkeit tritt gänzlich zugunsten höchster Empfindlichkeit in den Hintergrund bei einer Kombination von thalliumaktivierten Natriumjodidkristallen mit hochempfindlichen Filmen. Kogan und Perejaslowa (1957) konnten so noch Dosen von

0,5 mr messen. Da die verwendeten Emulsionen noch einen ausgeprägten Reziprozitätsfehler zeigen, läßt sich der erreichte Verstärkungsfaktor natürlich nur als eine Funktion der Dosisleistung angeben. Einen mathematischen Ausdruck für diese Funktion haben O'BRIEN, SOLON und LOWDER (1958) abgeleitet und experimentell bestätigt. Eine Anordnung mit Natriumjodidkristall wurde von JONES und NITKA (1956) auch zur Steigerung der Empfindlichkeit von Auskopieremulsionen empfohlen.

Aber auch organische Szintillatoren erlauben erhebliche Empfindlichkeitssteigerungen: Mit einem Ilford-Dosimeterfilm PM 1 und zylinderförmigen p-Terphenyl-Polystyrol-Preßkörpern von je 3 cm Dicke wurden Dosen von weniger als 1 mr nachgewiesen und Dosen von 5 mr mit einer Genauigkeit von $\pm 25\%$ gemessen (BARNABY 1956). EHRLICH und McLAUGHLIN (1959) konnten mit einer höchstempfindlichen (allerdings auch recht instabilen) Spezialemulsion und großen, diphenylstilbenhaltigen Szintillatoren bei Einstrahlung von 0,5 mr noch eine Schwärzung von 0,5 erhalten. Die Anordnung hat eine Größe von 10×5 cm. Wegen der zunehmenden Absorption des Fluoreszenzlichtes auf dem Wege zur registrierenden Schicht ist es nicht sinnvoll, die Fluoreszenzkörper zu groß zu dimensionieren.

Als Vorzüge solcher Anordnungen sind vor allem die einfachere, schnellere und genauere Auswertbarkeit der energieunabhängigen gegenüber den energieabhängigen Anordnungen (vgl. S. 76ff.) und die erhöhte Empfindlichkeit zu nennen. Hinzu kommt die ausgezeichnete Richtungsabhängigkeit der Dosisanzeige. Dieser Gesichtspunkt muß bei der Beurteilung von Filmdosimetern stets beachtet werden, weil die Wahrscheinlichkeit, daß die Strahlung nicht exakt senkrecht auf das Filmdosimeter fällt, in der Praxis recht groß ist. Nach GREENING (1951) wird die Richtungsabhängigkeit für Quantenstrahlung – unter Vernachlässigung der unterschiedlichen Primärstrahlungsschwächung im Film bei wechselndem Einfallswinkel, die nur bei energiearmer Röntgenstrahlung von Einfluß ist – durch die unterschiedliche Absorption der vorzugsweise in der Quanten-Einfallsrichtung emittierten Compton-Elektronen in der photographischen Schicht gegeben und ist damit proportional $1 - \cos \Theta$, wenn Θ der Quanten-Einstrahlungswinkel ist. Er fand, daß die Richtungsabhängigkeit mit zunehmender Quantenenergie zunächst zunimmt, um später dann wieder abzunehmen. Experimente verschiedener anderer Autoren (TOCHILIN 1952, WILSEY 1956, FASSBENDER, HEINZEL und

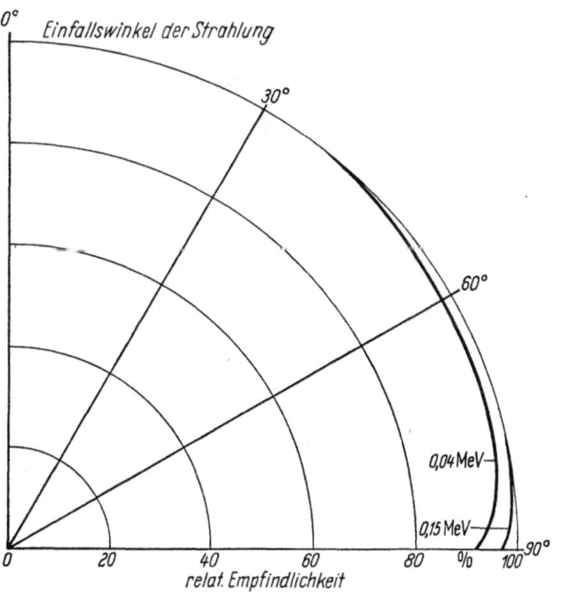

Abb. 42. Richtungsabhängigkeit der Dosisregistrierung bei verschiedenen Quantenenergien der Anordnung nach C. F. BARNABY (AWRE O-28/56, 1956)

MOHR 1957, HEARD, COOK und HOLT 1960, BECKER 1961 u.a.) zeigen ebenfalls, daß besonders bei niedrigen Quantenenergien und Schrägeinstrahlung die Dosisschwärzung stark abnimmt und u.U. auf weniger als die Hälfte des ursprünglichen

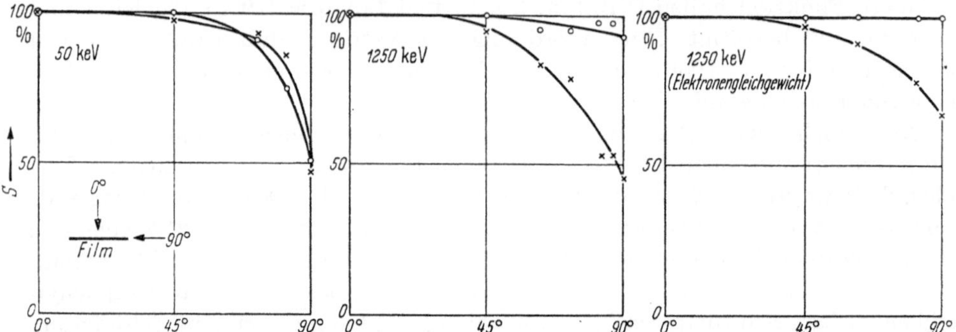

Abb. 43. Abhängigkeit der Schwärzung bei gleicher Dosis vom Einfallswinkel der Strahlung bei 50 und bei 1250 keV mit einem Agfa-Sino-Film ohne (×) und mit (○) Terphenylzusatz gemessen

Wertes absinkt. Die Richtungsabhängigkeit kann besonders bei Metallfilter-Film-Kombinationen (vgl. S. 73ff.) zu beträchtlichen Meßfehlern führen. Im Gegensatz zu der Streuung und Rückstreuung ausgelöster Elektronen, die hierfür verant-

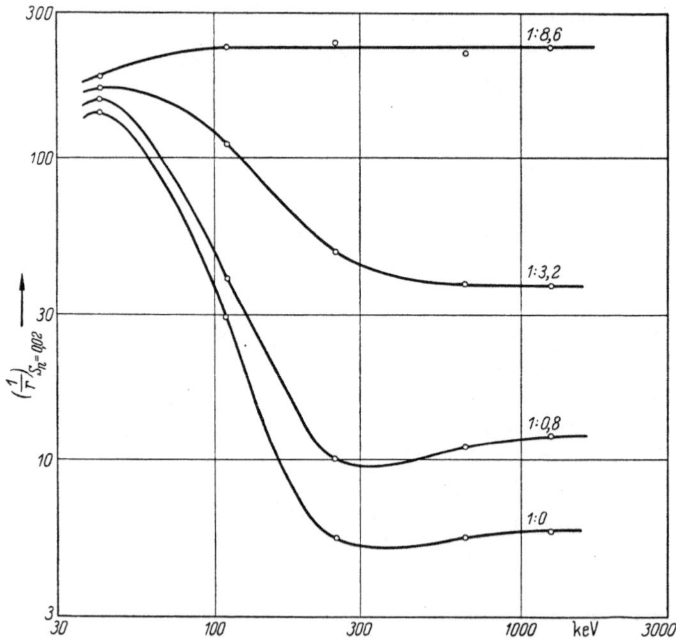

Abb. 44. Energieabhängigkeit der Empfindlichkeit verschiedener Agfa-Sino-Versuchsfilme mit wechselndem Verhältnis Silberbromid zu Terphenyl

wortlich zu machen sind, ist nun die Lichtemission eines bestrahlten Szintillators völlig unabhängig von der Richtung der einfallenden Strahlung. Tatsächlich ist die Richtungsabhängigkeit von Fluoreszenzanordnungen erstaunlich gering (HOERLIN und Mitarb. 1953, BARNABY 1956 – vgl. Abb. 42). Diese Verbesserung der

Richtungsabhängigkeit erstreckt sich natürlich auch auf Spezialfilme, die Leuchtstoffe in ihrer Emulsionsschicht enthalten (BECKER 1961 – vgl. Abb. 43).

Als Nachteile der beschriebenen Anordnungen sind vor allem ihre zum Teil beträchtlichen Volumina, der Reziprozitätsfehler und die Tatsache zu nennen, daß die Filme nur im Dunkeln bzw. bei geeigneter Dunkelkammerbeleuchtung gewechselt werden können. Dadurch wird der Dosismeßfilmaustausch erschwert. Es wurde deshalb vorgeschlagen, den Fluoreszenzkörper direkt in die Emulsionsschicht einzubringen, um auf diese Weise einen konventionell verpackten Film mit den Vorzügen einer Film-Szintillator-Kombination zu erhalten (BECKER, KLEIN und ZEITLER 1957). Zunächst erschien es fraglich, ob es möglich sein würde, ausreichende Mengen Fluoreszenzkörper in die Schicht einzubringen, ohne daß deren mechanische und photographische Eigenschaften dadurch nachteilig beeinflußt werden. Tatsächlich ist dies aber möglich, da durch den Inkorporationsvorgang die photographische Fluoreszenzlichtausnutzung gegenüber den vorher genannten Kombinationen wesentlich erhöht wird (BECKER, KLEIN und ZEITLER 1960, BECKER 1961): Abb. 44 zeigt die

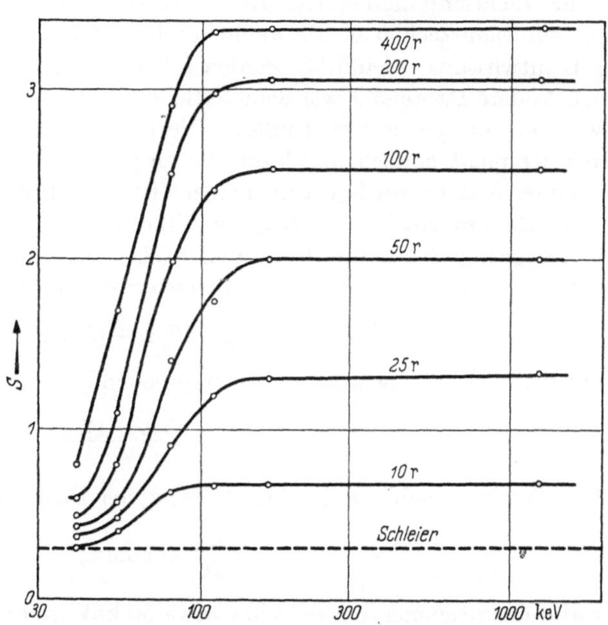

Abb. 45. Energieabhängigkeit der Dosisschwärzung einer Kombination von 1 mm Kupferfilter und einem abgestimmten terphenylhaltigen Agfa-Agepe-Film bei verschiedenen Strahlendosen (nach Messungen von R. MATEJEC aus dem Wiss. Phot. Labor der Agfa)

Ergebnisse einer Bestrahlungsreihe eines Agfa-Sino-Filmes ohne und mit steigendem Zusatz von Terphenyl zur Schicht. Es zeigte sich weiterhin, daß der durch Lichtstreuung bedingte *Terphenylschleier* des resultierenden milchglasartigen Filmes die praktische Anwendbarkeit nicht beeinträchtigt, wie auch der photographische Schleier erst bei sehr hohem Terphenylgehalt deutlich beeinflußt wird.

Für die praktische Emulsionsherstellung ist es besonders bei unempfindlichen Emulsionen, deren höherer Härtefaktor einen höheren Terphenylzusatz zur vollständigen Kompensation erfordert, wünschenswert, den Terphenylzusatz niedriger zu halten. Es lag deshalb der Gedanke nahe, die erwünschte Kompensation der Energieabhängigkeit teilweise durch Vorschalten von Metallfiltern zu erwirken, durch welche energiearme Strahlen stärker absorbiert werden als energiereiche. Mit steigender Filterdicke nimmt im Bereich energiearmer Röntgenstrahlung die Absorption stark zu, während die Absorberdicke im γ-Bereich von viel geringerem Einfluß ist (vgl. auch die folgenden Abschnitte). Für ein praktisch vorgeschlagenes Dosimeter zur Messung höherer Strahlendosen für Zwecke

des zivilen und militärischen Luftschutzes wurde ein 1 mm dickes Kupferfilter
ausgewählt, das bei Kombination mit einer exakt abgestimmten Agfa-Agepe-
Emulsion, der p-Terphenyl zugesetzt wurde, ab etwa 110 keV Energieunabhängigkeit ergibt (Abb. 45). Durch günstigere Filterkombinationen läßt sich die
Energieunabhängigkeit natürlich weiter verbessern, andererseits wird die Richtungsabhängigkeit bei solchen Film-Filter-Kombinationen wieder ungünstiger.

Das jeweilig erforderliche Silberbromid/Terphenyl-Verhältnis ist vorwiegend
eine Funktion des Härtefaktors der Schicht und der Relation der Röntgen- und
γ- zur Lichtempfindlichkeit. Diese Relation kann in gewissen Grenzen sowohl emulsionstechnisch wie auch durch eine spezielle Entwicklung zugunsten
der Lichtwirkung beeinflußt werden (HOERLIN 1956, TOMODA und OHTSU 1960
u. a.). Andere Parameter wie Schichtdicke, Größe der p-Terphenyl-Mikrokristalle
usw. sind von geringerem Einfluß. Die theoretische Erfassung der Zusammen-
hänge ist nicht einfach und kann die empirische Messung noch nicht ersetzen.
Folgender Ansatz wurde vorgeschlagen (BECKER 1961):

Die Gesamtschwärzung $(S_n)_g$ der Silberbromid-Terphenyl-Kombination setzt
sich bei geringen Absolutschwärzungen ($S_n < 0{,}2$) aus den Anteilen für die direkte
Quantenwirkung $(S_n)_d$ und der *Fluoreszenzschwärzung* $(S_n)_f$ zusammen

$$(S_n)_g = (S_n)_d + (S_n)_f \,,$$

und für die Dosisschwärzung gilt entsprechend

$$\frac{(S_n)_g}{D} = \frac{(S_n)_d + (S_n)_f}{D} \,.$$

Für die energieunabhängige Registrierung der Dosis in r soll

$$\frac{(S_n)_g}{D} = \text{const}\,,$$

für alle Quantenenergien zwischen etwa 50 keV und 5 MeV (zunehmender Anteil
der Paarbildung) werden. Die Kompensationsbedingung lautet dann

$$(S_n)_d + (S_n)_f = A \left[a_E\, b_E\, c\, d_E \left(\frac{\mu_E}{\varrho}\right)_{\text{AgBr}} + e + \alpha\,\beta\,\gamma\,\delta \left(\frac{\mu_E}{\varrho}\right)_T + \varepsilon \right] = B \left(\frac{\mu_E}{\varrho}\right)_L \,,$$

oder aber

$$x = \frac{A\,[\cdots]}{[(\sigma_v + \tau)/\varrho]_L} = \text{const}\,,$$

für alle Quantenenergien von 50–5000 keV, d. h. $\mathrm{d}x/\mathrm{d}E = 0$ im angegebenen
Energiebereich. In Worten heißt das, daß die Summe der Teile der im Silberbromid und Terphenyl absorbierten Gesamtenergie, die tatsächlich zum Aufbau
eines latenten Bildes beiträgt, der Energieabsorption in Luft im Quantenenergiebereich von etwa 50–5000 keV proportional sein soll.

Hinsichtlich der Bedeutung der Symbole vgl. S. 44ff. Weiter ist

α die Fluoreszenzausbeute des p-Terphenyls ($< 0{,}1$).

β berücksichtigt die Eigenabsorption des Fluoreszenzlichtes im Terphenyl-
Mikrokristall und der Gelatine,

γ ist der Teil des Fluoreszenzlichtes, der wirklich in der Schicht verbleibt und
nicht nach außen verlorengeht. Wird durch reflektierende Medien zu beiden Sei-

ten der Schicht dieses Licht zum großen Teil ebenfalls ausgenutzt, ist γ größer als bei der Verpackung des Filmes in schwarzes Papier.

δ gibt an, wie die photographische Wirksamkeit des im Silberbromid absorbierten Fluoreszenzlichtes relativ zu der gleichen absorbierten Elektronenenergie ist: Die Kornempfindlichkeit gegenüber Licht ist etwa 8–35fach größer als bei Elektronen- bzw. energiereicher Quantenstrahlung. Der Grund hierfür liegt hauptsächlich in der ungünstigeren Energieausnutzung für den Ionisationsakt und die höhere Dispersion der erzeugten Silberatome beim Elektronendurchgang.

Die Indices T und L charakterisieren die Absorptionskoeffizienten für Terphenyl und Luft.

Da die Relation $(S_n)_d/(S_n)_f$ energieabhängig ist, würde durch das Auftreten des Reziprozitätsfehlers für $(S_n)_f$ die exakte Erfüllbarkeit der Kompensationsbedingung ausgeschlossen, d.h. der Anteil der Fluoreszenzschwärzung von der Dosisleistung abhängen. Eigenartigerweise scheint aber nach unveröffentlichten Versuchen von MATEJEC kein Langzeitfehler bei terphenylhaltigen Emulsionen aufzutreten, wenn die Filme bald nach der Exposition entwickelt werden. Erst mit zunehmender Lagerung stellt sich ein *intensitätsabhängiges Fading* ein. Das Fading einer Emulsion kann aber unschwer beeinflußt werden, was bei dem Reziprozitätsfehler zwar auch möglich, aber unter Umständen etwas schwieriger ist.

4. Film-Filter-Kombinationen

Ein Dosismeßfilm wird – sieht man von dem Sonderfall von Versuchsbestrahlungen unverpackter Filme ab – stets von mehr oder weniger dicken Festkörperschichten wechselnder Zusammensetzung umgeben sein. Im einfachsten Fall ist der Film lediglich in schwarzes Papier oder Kunststoff verpackt. Im allgemeinen liegen aber die Verhältnisse komplizierter: Der verpackte Film befindet sich in einer Kunststoff- oder Metallplakette, die sehr verschieden konstruiert sein kann, und die Plakettenumgebung enthält streuende Medien, zu denen natürlich auch der Körper des Plakettenträgers zu rechnen ist.

Diese Festkörper in der näheren und ferneren Umgebung der Schicht verändern die Zusammensetzung und Wirkung der Strahlung auf die Schicht in mannigfacher Form. Auch wenn wir im folgenden die Einflüsse von schichtferneren Objekten zunächst vernachlässigen und uns ausschließlich dem Einfluß schichtnaher Materie – also der Filmverpackung und dem Plakettenmaterial – zuwenden, bleibt eine Anzahl verschiedener sich überlagernder, teils erwünschter, teils unerwünschter Effekte, die in drei Gruppen zusammengefaßt werden können:

1. Strahlungsabsorption. Besonders Korpuskularstrahlen werden schon durch geringe Materialschichten sehr stark absorbiert, was die Messung schwerer geladener Teilchen mit normal verpackten Filmen praktisch ganz und die Filmdosimetrie von β-Strahlen unterhalb einer Mindestenergie (vgl. S. 106) unmöglich macht. Quantenstrahlung wird im interessierenden Bereich durch organisches Material nur wenig, wohl aber durch Metallfilter absorbiert, wobei der Grad der Strahlenschwächung stark von der Quantenenergie sowie der Dicke und der atomaren Zusammensetzung der verwendeten Filter abhängt.

2. Strahlungstransformation (meist mit einer Verstärkung der Strahlungswirkung auf die Schicht verknüpft). Hier sind z. B. die im vorigen Abschnitt besprochenen Fluoreszenzschichten zu nennen, welche energiereiche Quanten in sichtbare bzw. ultraviolette Quanten umwandeln, weiter die sogenannten *Verstärkerschichten*, welche die photographische Wirkung energiereicher Quanten durch eigene Elektronenemission verstärken, und Neutronenabsorber, welche bei Neutroneneinstrahlung photographisch aktivere β- und γ-Strahlung emittieren (vgl. S. 84ff.).

3. Indirekte Strahlungsbeeinflussung. Hierzu gehören z. B. die Reflektorschichten zu beiden Seiten eines Fluoreszenzfilmes sowie Schichten aus organischem etwa luftäquivalentem Material, die, ohne Strahlung merklich zu absorbieren oder im obengenannten Sinne zu verändern, lediglich durch Einstellung des Elektronengleichgewichtes eine physikalisch sinnvolle Messung garantieren sollen (vgl. S. 12).

Im folgenden sei hauptsächlich die Strahlenschwächung durch Metallfilter diskutiert, die freilich nicht ganz von gewissen unter 2. genannten Erscheinungen zu trennen ist: Stets wird ein absorbierendes Metallfilter auch Elektronen emittieren, die bei ausreichend hoher Energie die Schicht erreichen. Damit überlagert sich der Strahlenschwächung eine Strahlenverstärkung. Die Anzahl der in der photographischen Schicht entstehenden Sekundärelektronen kann bei energiereicher Strahlung durchaus klein sein gegenüber der Zahl der in der Schichtnähe entstehenden Elektronen. So sind nach Messungen von HARRINGTON und Mitarb. (1948) bei Radium-γ-Bestrahlung eines Filmes hinter einer Bleifolie, wie sie in der zerstörungsfreien Materialprüfung als Verstärkerfolie angewendet wird, nur etwa 4% der Schwärzung auf die in der Schicht entstandenen Elektronen zurückzuführen. Da bei höheren Quantenenergien die Elektronenemission nicht so sehr vom Atomgewicht als von der Flächenbelegung abhängt, gilt dies entsprechend auch für organische Stoffe.

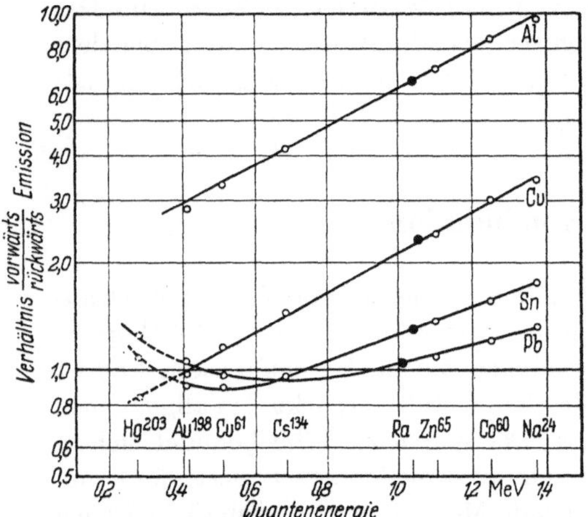

Abb. 46. Verhältnis der vorwärts zu den rückwärts emittierten Sekundärelektronen für verschiedene Absorber (Absorberdicke entsprechend der maximalen Elektronenreichweite) als Funktion der Quantenenergie [nach G. J. HINE, Am. J. Roentgenol. 72 (1954) 293]

Die bevorzugte Richtung der vom Material auf beiden Seiten der Emulsion emittierten Elektronen hängt in starkem Maße vom Einfallswinkel der Quanten ab (vgl. HINE 1954). Bei hochenergetischen Quanten werden sie vorwiegend in Einfallsrichtung emittiert, wie man das bei Stoffen mit niedrigem Atomgewicht auch beobachten kann. So verläßt z. B. bei Kohlenstoff kein meßbarer Anteil der Sekundärelektronen die Schicht in Gegenrichtung der einfallenden Primärstrahlung. Mit steigendem Atomgewicht werden die Elektronen jedoch immer stärker im Material richtungsunabhängig gestreut, so daß beim Blei schließlich je die Hälfte der Elektronen nach jeder Seite emittiert wird (vgl. Abb. 46). Deshalb ist Blei als Verstärkermaterial besonders für die Schichtrückseite, bezogen auf die Einfallsrichtung der Primärstrahlung, geeignet.

Die erste Plakette, bei der die Absorption der Sekundärelektronen in zwischen Filter und Film gebrachtem niederatomigem Material zur Qualitätsunterscheidung (im Energiebereich von 45 keV bis 24 MeV) benutzt wird, beschrieb SPIEGLER (1950, 1951 – vgl. auch SPIEGLER und DAVIS 1959). Auch SOOLE (1956) hat eine Plakette beschrieben, die auf diesem Prinzip basiert: Vor dem Film liegt eine organische, hinter dem Film eine Bleischicht. Zwischen Blei und Emulsion befindet sich verschieden dickes organisches Material, welches die rückgestreuten Elektronen verschieden stark schwächt und dadurch die Ermittlung der effektiven Quantenenergie gestattet. Die vereinfachte, von SPIEGLER 1959 beschriebene Plakette beruht auf einem ähnlichen Prinzip. Wie BÖHLER (1958) zeigte, tritt für den Fall, daß der Film zwischen Schichten des gleichen Materials liegt (z.B. symmetrische Metallfilter an Vorder- und Rückseite der Plakette), folgendes ein: Der mit dem Atomgewicht steigende Anteil der rückgestreuten Elektronen und der fallende Anteil der vorwärts gestreuten Elektronen überlagert sich zu einer Summenkurve, die ein Minimum bei mittleren Atomgewichten (etwa um 30) zeigt.

a) Ausgleichsfilter

Der Gedanke, den photographischen Filmen zur Verminderung der Energieabhängigkeit geeignet dimensionierte Metallfilter vorzuschalten, war naheliegend – absorbiert doch das Filter die energiearme, photographisch stark wirksame Strahlung wesentlich stärker als die photographisch wenig wirksame energiereiche

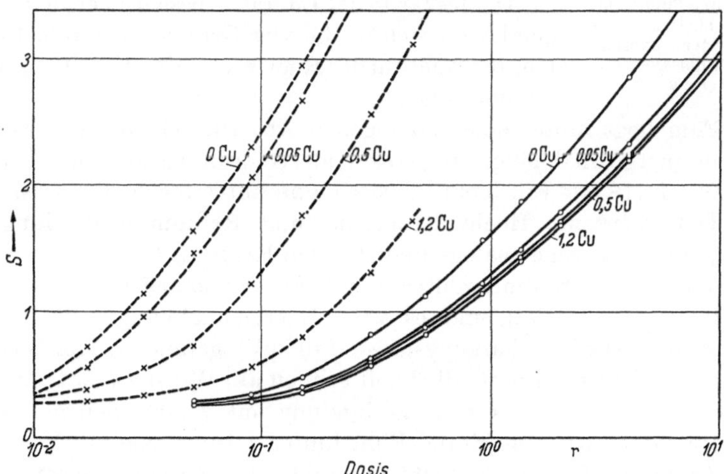

Abb. 47. Schwärzungskurven des Kodak Radiation Monitoring Filmes im Bereich maximaler × – – – und minimaler ○ —— Filmempfindlichkeit ohne und mit Vorschalten verschieden dicker Kupferfilter (Zahlenangaben in Millimeter)

Strahlung (Abb. 47), deren Wirkung durch die im Filter ausgelösten Elektronen sogar noch verstärkt werden kann, wenn diese Elektronen die Filmverpackung zu durchdringen vermögen. Es sollte also möglich sein, für einen mehr oder weniger breiten Energiebereich eine Film-Filter-Kombination zu finden, deren

Strahlenabsorptions- und Verstärkungswirkung die Energieabhängigkeit eines Filmes gerade kompensiert. Da die Energieabhängigkeit verschiedener photographischer Materialien unterschiedlich ist, kann eine solche Abstimmung natürlich jeweils nur für eine bestimmte Emulsion gelten. An deren Konstanz von Fertigung zu Fertigung sind dann bestimmte Mindestanforderungen zu stellen, wenn vermieden werden soll, daß die Abstimmung für jede neue Emulsionsnummer wiederholt werden muß.

Auf Experimente mit Film-Filter-Kombinationen ist viel Mühe verwandt worden, ohne daß eine vollkommen befriedigende Lösung gelungen wäre. Es konnte vielmehr gezeigt werden, daß es kein Filter und keine Filterkombination gibt, durch welche Quantenstrahlung jeder Energie jeweils so verändert wird, daß der Härtefaktor gleich eins wird. Alle beschriebenen Anordnungen stellen vielmehr eine mehr oder weniger gute Annäherung an die ideale Kompensation im Energiebereich von etwa 40 keV bis 2–3 MeV dar. Eine Kompensation unterhalb von etwa 40 keV ist grundsätzlich ausgeschlossen, da von hier ab sowohl die Filterdurchlässigkeit als auch die Filmempfindlichkeit mit abnehmender Quantenenergie kleiner werden. Die obere Grenze dagegen liegt infolge der stärkeren Paarbildung in den relativ hochatomigen Filtermaterialien niedriger als beispielsweise bei der Fluoreszenzkompensation).

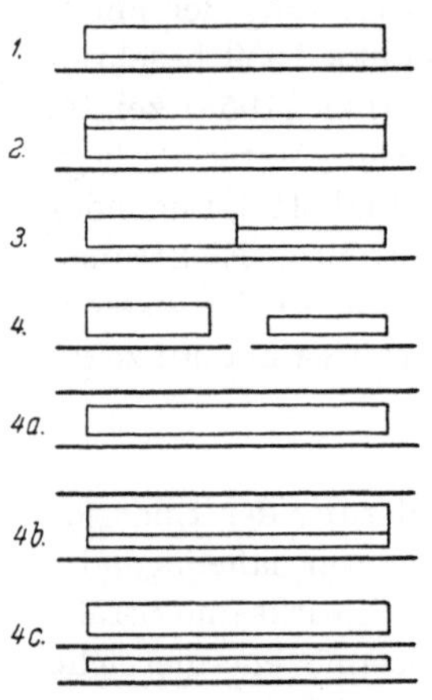

Abb. 48. Schematische Darstellung der Filter-Film-Kombinationsmöglichkeiten zur Verminderung der Energieabhängigkeit der Dosisregistrierung

Die bisher in der Literatur beschriebenen Anordnungen lassen sich in die vier Gruppen der Abb. 48 einteilen, die auch in der Reihenfolge der Abb. 48 besprochen werden sollen:

1. Der Film liegt hinter einer homogenen Absorberschicht. Die wohl erste einigermaßen energieunabhängig registrierende Anordnung auf dieser Basis beschreibt Haschè (1939): Ein 3 mm dickes Kupferfilter macht die Dosisschwärzung für Tiefentherapie, Hochvolttherapie und Radium-γ-Strahlung innerhalb $\pm$ 15% konstant. Eine analoge Plakette von Pardue, Goldstein und Wollan (1944) enthält ein Kadmiumfilter von 1 mm (zuzüglich noch etwa 0,5 mm Eisen als Plakettenmaterial), und es wird Energieunabhängigkeit der Dosisregistrierung ab 200 kV (schätzungsweise 140 keV) gefunden. Bei niedrigeren Quantenenergien fällt die Empfindlichkeit schnell ab. Wilsey (1951) prüfte verschiedene Kadmium-Filterdicken in Verbindung mit verschiedenen Kodak-Filmen und fand, daß der Blue-Brand-Film hinter 1,1 mm Kadmium ab 75 keV eine *ungefähr gleiche Filmempfindlichkeit* ergibt (dieser Befund deckt sich allerdings nicht mit den Messungen anderer Autoren). Stephenson (1953) empfahl, das Kadmium durch eine entsprechend dicke Zinnschicht zu ersetzen. Seine Plakette enthält den Ilford-PM-1-Film hinter 0,95 mm Zinn. Modine und O'Connor (1953) empfehlen 1,25 mm Blei.

Die günstigsten Resultate ließ ein aus Silberbromid bestehendes Filter erwarten, dessen Energie-Absorptionsgang der Schicht-Energieabhängigkeit zumindest qualitativ entgegengesetzt ist. Mauderli (1957) zeigte jedoch, daß dies nicht der Fall ist: mit steigender Dicke der Silberbromid-Filterschicht verschiebt sich die maximale Empfindlichkeit zu immer höheren Energien, um bei 10 g/cm² Silberbromid bei 200 keV zu liegen, ohne daß damit die erwünschte Energieunabhängigkeit erreicht wäre. Diese Verschiebung des Empfindlichkeitsmaximums zu höheren Quantenenergien mit einem steilen Empfindlichkeitsabfall zu den niedrigeren Energien hin ist ein genereller Effekt sowohl steigender Materialdicke als auch der steigenden Atomnummer des Filtermetalles bei gleicher Filterdicke (Abb. 49).

Leichte Metalle sind weniger geeignet, da ihre Absorption erst bei zu geringen Quantenenergien stärker einsetzt. Andererseits nimmt die Absorption von Blei mit fallender Quantenenergie zu schnell zu. Außerdem macht sich auch die starke Elektronenpaarbildung bei Quantenenergien, die größer als etwa 2 MeV sind, störend bemerkbar, die sich freilich durch eine Schicht Material mit niedriger Ordnungszahl wie z. B. Plastik oder Aluminium zwischen Filter und Film wieder ausschalten läßt. Es sind also zwei Möglichkeiten denkbar: Entweder man verwendet ein Filtermetall mit mittlerer Atomnummer, wobei nach HEARD, COOK und HOLT (1960) diejenigen mit $Z = 47\text{--}50$ (Silber, Kadmium und Zinn) besonders geeignet sind. Da Silber und Kadmium wegen ihrer Rolle in der Dosimetrie thermischer Neutronen (vgl. S. 84ff.) ausscheiden, bleibt nur Zinn übrig, das freilich als 1 mm dickes Filter unterhalb etwa 100 keV einen starken Empfindlichkeitsabfall zeigt. Oder aber man verwendet Filterkombinationen gemäß Nr. 2 der Abb. 48.

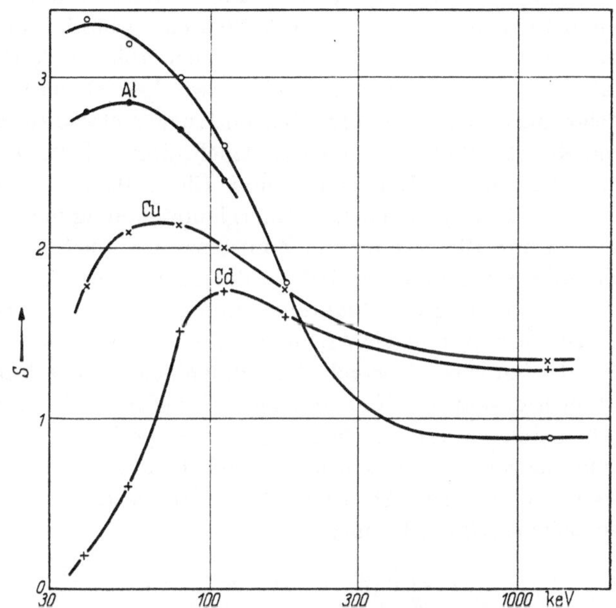

Abb. 49. Energieabhängigkeit der Dosisschwärzung eines Agfa-Agepe-Filmes ohne und mit verschiedenen Metallfiltern von jeweils 1 mm Dicke (nach Messungen von R. MATEJEC aus dem Wiss. Phot. Labor der Agfa)

2. Auch bei Verwendung mehrerer Metallfilter ist es grundsätzlich ausgeschlossen, auch nur im Photo- und Comptongebiet Energieunabhängigkeit zu erreichen. Die optimale Näherung dürfte eine Kombination nach EHRLICH und FITCH (1951) sein: 1,07 mm Zinn und 0,3 mm Blei werden in Kombination mit einem DuPont-605-Film vorgeschlagen, das Ganze liegt hinter einer ausreichend dicken Elektronengleichgewichtsschicht. Die Durchlässigkeit des Bleis unterhalb seiner K-Absorptionskante bei 88 keV wird dann durch das Zinn reduziert, und es resultiert eine Anordnung, die im Energiebereich von 115 keV bis 10 MeV eine durch Energieabhängigkeit bedingte Abweichung von nur ± 21% aufweist. Offensichtlich ist bei solchen Filterkombinationen also auch die Reihenfolge der Filter wich-

tig und damit auch eine Legierung hintereinandergeschalteten Filtern nicht gleichwertig (vgl. auch S. 55).

Nicht ganz so günstig sind analoge Anordnungen anderer Autoren: GUPTON (1956) gibt eine Filterung von 0,25 mm Wolfram und 0,76 mm Kadmium in Verbindung mit einem DuPont-502-Film an, die ab 200 keV energieunabhängig ist (bei auf 70 keV abnehmender Quantenenergie nimmt die Schwärzung allerdings noch um 70% zu). NIKITIN und FROLOW (1957) finden für eine Kombination von 0,75–0,80 mm Blei zuzüglich 0,5 mm Aluminium mit dem Film *Röntgen X* ab etwa 150 keV ausreichende Energieunabhängigkeit (die Angabe der Autoren, daß der Energieabhängigkeitsfehler zwischen 90 und 1250 keV 10–20% nicht übersteigt, dürfte nach den mitgeteilten Kurven etwas zu optimistisch sein). AMADESI und Mitarb. (1959) empfehlen in Anlehnung an EHRLICH und FITCH (1951) für eine Ferrania-Simplex-Emulsion 1 mm Blei + 0,5 mm Zinn und erhalten damit ab etwa 130 keV ausreichende Energieunabhängigkeit, und PORETTI (1960) findet mit 0,4 mm Blei + 0,65 mm Zinn bzw. 0,5 mm Blei + 0,3 mm Rhodium in Verbindung mit dem Ilford-PM-1-Film eine innerhalb von etwa $\pm 15\%$ konstante Dosisschwärzung bei Quantenenergien oberhalb von 140 keV.

Die Berechnung der Wirkung von Filterkombinationen ist an sich nicht schwierig, aber an vereinfachende Annahmen geknüpft (schmales Strahlenbündel, keine Absorptionskanten, Elektronengleichgewicht), die in der Praxis nicht immer gegeben sind, so daß letztlich doch das Experiment über die Eignung einer Filterkombination entscheiden muß. Nach EHRLICH und FITCH (1951) gilt für die Dosis D hinter einem Absorber (Abs.) der Dicke x und dem linearen Absorptionskoeffizient (E) die Formel

$$D \sim \int_E J(E)\,[\mu(E) - \mu_s(E)]_{\text{Luft}}\; e^{-[\mu(E) - \mu_{\text{sf}}(E)]_{\text{Abs}}\, x_{\text{Abs}}}\, \mathrm{d}E\,.$$

Dabei ist $J(E)\,\mathrm{d}E$ die spektrale Energieverteilung der Röntgenstrahlung im Quantenenergiebereich $\mathrm{d}E$, $\mu(E)$ der innere Absorptionskoeffizient und $\mu_s(E)$ der Streukoeffizient bzw. $\mu_{sf}(E)$ der Anteil der vorwärts gestreuten Comptonquanten, von denen aber angenommen wird, daß sie nicht merklich auf die Schicht wirken. Zu ähnlichen Beziehungen gelangten MAUDERLI (1957) und NIKITIN und FROLOW (1957). Allgemein könnte man das Verhältnis der Filmempfindlichkeiten $(1/D)_{S_n \,=\, \text{const} \,<\, 0,2}$ (vgl. S. 50) bei verschiedenen Quantenenergien E_1 und E_2 hinter den Absorbern Abs 1,2 ... unter den obengenannten vereinfachenden Bedingungen etwa so beschreiben:

$$\frac{\left[\left(\dfrac{1}{D}\right)_{S_n \,=\, \text{const} \,<\, 0,2}\right]_{E_1}}{\left[\left(\dfrac{1}{D}\right)_{S_n \,=\, \text{const} \,<\, 0,2}\right]_{E_2}} \sim \frac{[(\mu_a)_s]_{E_1}\cdot[(\mu_a)_{\text{Luft}}]_{F_2}}{[(\mu_a)_s]_{E_2}\cdot[(\mu_a)_{\text{Luft}}]_{E_1}}\; e^{-\,x_{\text{Abs}\,1}\,[(\mu_{\text{Abs}\,1})_{E_1} - (\mu_{\text{Abs}\,2})_{F_2}]} \times e^{-\,x_{\text{Abs}\,2}}$$

$$\times\; e^{-\,x_{\text{Abs}\,2}\,[(\mu_{\text{Abs}\,2})_{E_1} - (\mu_{\text{Abs}\,2})_{E_2}]}\cdot e^{-\,x_{\text{Abs}\,3}\,[\cdots]}\cdots$$

$(\mu_a)_S$ sei dabei die in der Schicht photographisch wirksam absorbierte Energie (vgl. auch S. 44ff.), $(\mu_a)_{\text{Luft}}$ die Absorption in Luft. Diese Gleichung berücksichtigt natürlich nicht die von den Filtern emittierten Elektronen und die photographische Wirkung der Compton-Streustrahlung. Die Rechnungen für verschiedene Absorber ergeben, daß für jede Quantenenergie eine andere Filterdicke notwendig wäre, d.h. aber, daß eine wirklich exakte Kompensation auch im Photoeffekt- und Comptonbereich nicht möglich ist.

3. Eine weitere Möglichkeit besteht darin, vor dem Film verschiedene Absorberschichten unterschiedlicher Dicke, Fläche und verschiedenen Materials nebeneinander anzubringen, aber die Schwärzung dieser Flächen gemeinsam zu photometrieren. Grundsätzlich ist zu dieser Methode zu sagen, daß die erhaltene Kompensation dosisabhängig sein wird (MAUDERLI 1957): Hinter einem relativ schwachen Absorber kann z. B. längst die maximale Schwärzung erreicht sein, während sich hinter einem stärkeren Absorber die Schwärzung noch stark mit der Dosis ändert. Analog sind die Verhältnisse bei geringen Dosen bzw. Schwärzungen. Eine solche Anordnung ist von STADELMANN (1960) und WACHSMANN und STADELMANN (1961) untersucht worden mit dem Ergebnis, daß die günstigsten Resultate mit folgender Kombination erzielt werden: In ein 1,7 mm dickes Bleifilter wurde eine konische Öffnung von 2,6 mm Durchmesser gebohrt, die mit einer 0,01 mm dicken

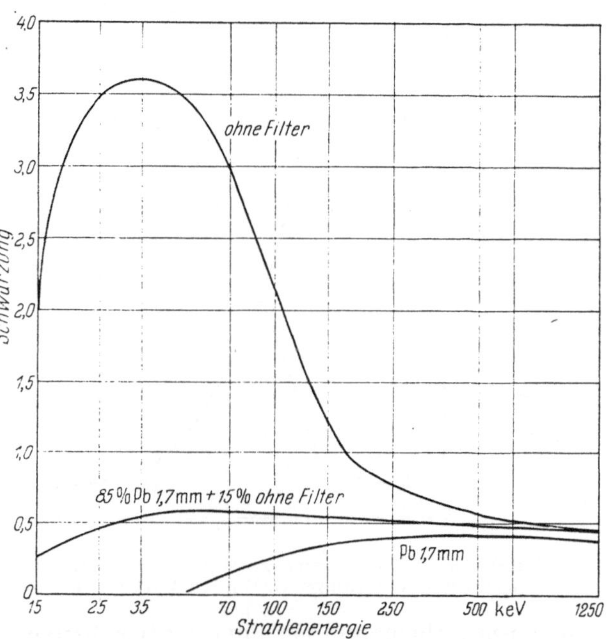

Abb. 50. Schwärzung eines unempfindlichen Adox-Dosismeßfilmes als Funktion der Quantenenergie bei Einstrahlung von 10 r ohne Filter, mit 1,7 mm Bleifilter und die berechnete Durchschnittsschwärzung für den Fall, daß 85% der photometrierten Fläche mit 1,7 mm Blei abgedeckt waren (nach H. STADELMANN, Diss. Erlangen 1960)
In dieser wie auch anderen im folgenden zitierten deutschen Meßresultaten wurden die Energieangaben, soweit sie in „kV Normalstrahlung" erfolgten, nach kV/2 = keV in keV ausgedrückt

Kupferfolie abgedeckt ist (eine konische Bohrung ist aus Gründen der Richtungsabhängigkeit einer zylindrischen Bohrung vorzuziehen). Die erhaltene Schwärzung wird hinter einer kreisförmigen Blende von 5 mm Durchmesser photometriert. Der maximale durch die Dosisabhängigkeit zwischen 0,1 und 300 r und durch die Energieabhängigkeit oberhalb von etwa 30–40 keV bedingte Fehler beträgt z.B. für einen empfindlichen Adox-Dosisfilm ± 35%. Das Prinzip dieser Art von Kompensation wird in Abb. 50 deutlich.

4. Schließlich kann man hinter verschiedenen Filtern Filme verschiedener Empfindlichkeit exponieren (die Anordnungen 4a bis 4c der Abb. 48 sind Beispiele für Sonderfälle von 4). Man kann sowohl die Filmempfindlichkeit den Filtern anpassen (hochempfindlicher Film hinter starken, wenig empfindlicher Film hinter schwachen Filtern) und die Filme zusammen photometrieren als auch den Schwärzungen der verschiedenen Filme bei der Auswertung ein unterschiedliches Gewicht beilegen. Durch dieses Verfahren mit seinen diversen Modifikationen ist eine gute

Kompensation über einen ziemlich weiten Energiebereich der Photoeffekt- und Comptoneffektabsorption möglich.

Die erste Anordnung dieser Art hat ALLISY (1955) beschrieben. Eine der angegebenen Kombinationen besteht z. B. (in der Reihenfolge ihrer Durchstrahlung) aus 1. einem verpackten Film, 2. 0,2 mm Blei, 3. 2,07 mm Kupfer, 4. 0,1 mm Tan-

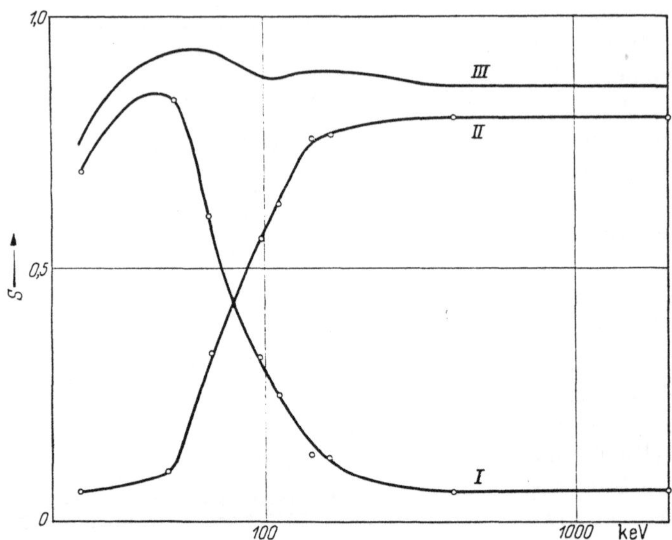

Abb. 51. Direktschwärzung des Filmes (*I*), Schwärzung des Filmes hinter der Filterkombination (*II*) und Summe dieser Schwärzungen (*III*) [nach A. ALLISY, J. Radiol. Electrolog. 37 (1955) 249]

tal, 5. einem nicht umhüllten Film mit der dreifachen Empfindlichkeit des Filmes 1 (die Abstimmung ist natürlich an die exakte Einhaltung des Empfindlichkeitsverhältnisses gebunden) und 6. einer Bleischicht, die eine Durchstrahlung der Anordnung von hinten verhindert. Abb. 51 zeigt das Resultat, wie es mit einer Anordnung dieser Art erhalten wurde. Die Strahlenenergie kann durch getrenntes Photometrieren der Filme ermittelt werden.

EHRLICH hat 1957 eine ähnliche Anordnung beschrieben. Ihr *Stack Dosimeter* besteht aus folgender Schichtenfolge, die im Gegensatz zu derjenigen von ALLISY symmetrisch zu beiden Seiten des mittleren Filmes angeordnet ist und damit bei Durchstrahlung von beiden Seiten richtige Ergebnisse liefert: 1. 6,5 mm Polyäthylen, 2. Du Pont-502-Film, 3. 1,07 mm Zinn, 4. 0,3 mm Blei, 5. DuPont-606-Film, 6. 0,3 mm Blei usw. Die gesamte Anordnung ist mit den Maßen 4,6 · 6,1 · 2,5 cm relativ voluminös, zeigt aber ebenfalls eine sehr günstige Energieunabhängigkeit (Abb. 52): In einem Bereich von 30–1000 keV können unter Elektronengleichgewichtsbedingungen Dosen von 0,25–3 r mit ± 20% und von 3–6 r mit ± 30% Genauigkeit gemessen werden.

Die Anordnung von VAN STEKELENBURG (1958, 1959) ist wesentlich einfacher aufgebaut: 1. Ilford-PM-1-Film, 2. 2 mm Zinn, 3. Ilford-PM-1-Film, 4. 2 mm Zinn. Es wird im Bereich von etwa 35–1250 keV ein Fehler von ± 20% gefunden, wenn man die Schwärzung der Filme unterschiedlich bewertet. Bezeichnet man die Schwärzung des gefilterten Filmes mit D_s und des ungefilterten Filmes mit D_u, dann wird die angegebene optimale Energieunabhängigkeit durch die Schwärzungskombination $D = D_u + 3 D_s$ erreicht. Eine zweite Anordnung, die VAN STEKELENBURG beschreibt, enthält anstelle 1. den Gevaert-Structurix-D-4-Film und anstelle 3. den Gevaert-Osray-Film. In diesem Fall können die Filme zusammen gemessen werden ($D = D_u + D_s$), allerdings sind Energieabhängigkeit und Empfindlichkeit etwas ungünstiger.

Für die Filterkompensation spricht vor allem die gute Energieunabhängigkeit über einen weiten Bereich von etwa 30–2000 keV. Dagegen sprechen die Dosisabhängigkeit der Kompensation, die relativ geringe Empfindlichkeit der Plaketten (durch die Filterung wird die Filmempfindlichkeit im ganzen Energiespektrum praktisch auf seine geringe Empfindlichkeit für Strahlen hoher Energie reduziert), beim Mehrfilmverfahren der größere Aufwand und schließlich die starke Richtungsabhängigkeit der Messung.

Der Grund für die Richtungsabhängigkeit liegt auf der Hand: Die von der Strahlung durchsetzte Filterdicke steigt mit kleiner werdendem Einfallswinkel stark an. Auch die hauptsächlich in Strahlungsrichtung emittierten Elektronen werden weniger registriert, da die effektive Dicke

Abb. 53 (rechts). Richtungsabhängigkeit der Dosisanzeige bei verschiedenen Quantenenergien für die Anordnung nach M. EHRLICH (NBS Handbook 57, 1954)

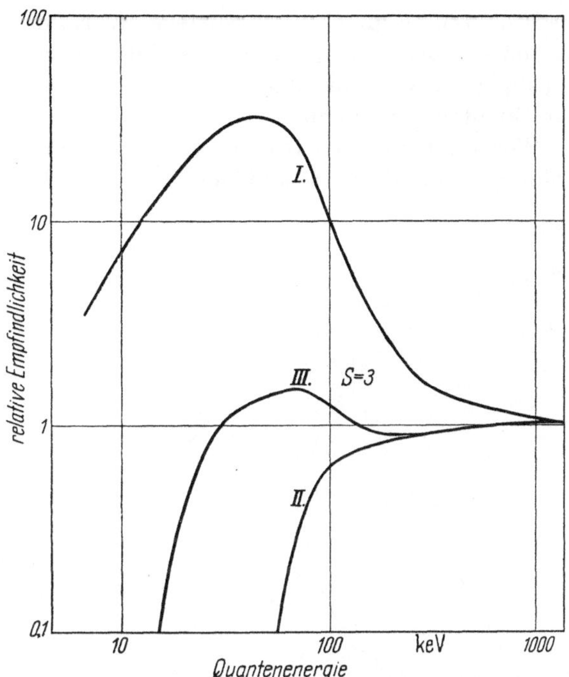

Abb. 52. Energieabhängigkeit der relativen Empfindlichkeit eines DuPont-502-Filmes ohne Zusatzfilter (*I*), bei optimaler Filterung mit 0,3 mm Blei und 1,07 mm Zinn (*II*) und bei der Kombination von zwei Filmen ohne Metallfilter mit einem Film hinter der Filterkombination in einem Polyäthylenbehälter (*III*) [nach M. EHRLICH, Radiology 68 (1957) 548]

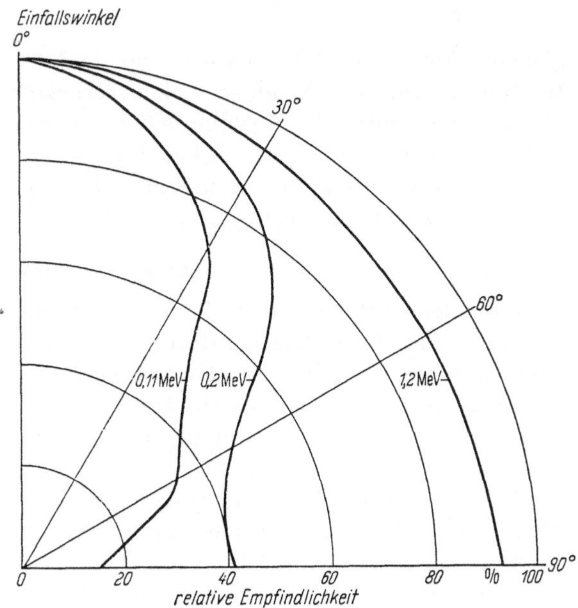

der Filmverpackung ebenfalls ansteigt. Es resultiert eine Richtungsabhängigkeit, die um so stärker ist, je stärker die Filteranordnung absorbiert. Die Richtungsabhängigkeit wird also stark von Zusammensetzung und Dicke der Filter sowie der Quantenenergie abhängen.

Wegen ihrer großen Bedeutung für die praktische Verwendbarkeit einer Anordnung ist die Richtungsabhängigkeit von zahlreichen Autoren für verschiedene Anordnungen gemessen worden. So gibt EHRLICH (1954) für die NBS-Plakette die Energieabhängigkeit der Abb. 53 an, und ALLISY (1955) fand für seine Anordnung die Resultate der Abb. 54 (ohne Angabe der Quantenenergie, bei der gemessen wurde). HEARD, COOK und HOLT (1960) messen bei 280 keV noch einen Abfall der Filmempfindlichkeit auf weniger als die Hälfte, wenn der Film hinter 1 mm Zinn unter einem Winkel von 80° bestrahlt wird (der Film ohne vorgeschaltetes Filter zeigt unter diesen Bedingungen noch seine volle Schwärzung). Weitere Messungen vgl. LITTLE (1960). STADELMANN (1960) konnte in seiner Lochfilteranordnung die ursprüngliche Richtungsabhängigkeit (Abfall auf 50% bei etwa 20° und 15 keV, durch Anbringen konischer Bohrungen mit 45° Neigungswinkel verbessern (Abfall auf etwa 63% unter gleichen Bedingungen). Anstelle einer einzelnen konischen Bohrung kann natürlich auch eine Vielzahl solcher Bohrungen, ein Raster, treten. Auch durch eine konzentrische wellblechähnliche Strukturierung des Filters sind Verbesserungen der Richtungsabhängigkeit möglich.

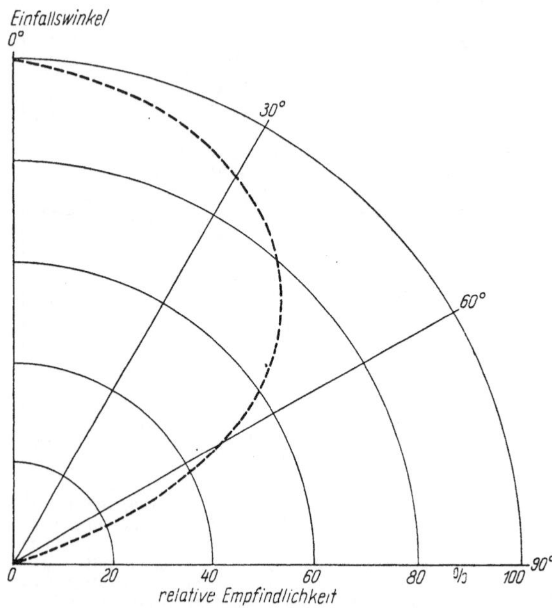

Abb. 54. Richtungsabhängigkeit der Dosisanzeige der Film-Filter-Kombination nach A. ALLISY [J. Radiolog. Electrolog. 37 (1955) 249]

b) Filteranalyse

Trotz der geschilderten Methoden zur energieunabhängigen Dosisregistrierung sind in der filmdosimetrischen Praxis heute noch Verfahren in der Überzahl, bei denen auf eine Beeinflussung der Energieabhängigkeit verzichtet wird. Es wird vielmehr neben der Direktschwärzung noch mehr oder weniger genau die Strahlenenergie gemessen und die Dosis unter Berücksichtigung des Einflusses der Quantenenergie bestimmt.

Ansätze, um Unterschiede in der Schichtbeschaffenheit zur Bestimmung der Quantenenergie heranzuziehen, waren nicht sehr erfolgreich. Obwohl der Dispersionsgrad des latenten Bildes und damit auch die Struktur der entwickelten Schicht von der Quantenenergie abhängt und obwohl auch die Form der

Schwärzungskurven und die Maximalschwärzungen bei Röntgen- und γ-Belichtung nicht identisch sind, reichen diese Unterschiede doch nicht aus, um eine ausreichend einfache und genaue Bestimmung der effektiven Quantenenergie aus der Schichtbeschaffenheit zu ermöglichen. Man kann schließlich auch in Farbfilmen die unterschiedlichen Reichweiten der Sekundärelektronen in Farbunterschiede umsetzen und dann aus der Farbe auf die Quantenenergie schließen. Solche Methoden sind besonders für energiearme Quanten bzw. Elektronen, also z.B. in der Kristallstrukturanalyse und der Autoradiographie, von Interesse (BUCKALOO und COHN 1956, BLUM 1958, CLARK und UZNANSKI 1959). Es ist auch vorgeschlagen worden, zwei Emulsionen unterschiedlicher Empfindlichkeit mit verschiedenen diffusionsechten Farbstoffen zu versetzen und dann zu mischen, um auf diese Weise Unterschiede der Ionisationsdichte als Farbunterschiede sichtbar und (hinter Farbfiltern) meßbar zu machen (BLUM 1958). Diese Verfahren haben jedoch bisher noch keinen Eingang in die praktische Filmdosimetrie gefunden.

Heute werden zwei Verfahren in größerem Umfang angewendet, um Angaben über die Energieverteilung der einwirkenden Strahlung zu erhalten:

1. Es wird der bereits auf S. 67 erwähnte Effekt ausgenutzt, daß das Durchdringungsvermögen von Elektronen, die von einer Metallschicht emittiert werden, stark von deren Energie bzw. der Quantenenergie abhängt. Niederatomige Materialschichten zwischen einem hinter dem Film angebrachten und vorzugsweise rückstreuenden Metallfilter (Blei) und dem Film gestatten dann eine Bestimmung der Quantenenergie nach empirischen Eichkurven (vgl. SPIEGLER 1950, SPIEGLER 1951, WENGER und RENARD 1958, SOOLE 1956, SPIEGLER und DAVIS 1959).

2. Gebräuchlicher ist das zur Zeit auch in Deutschland angewendete Verfahren, vor dem Film verschieden stark absorbierende Metallfilter anzubringen, durch welche die einfallende Strahlung dann je nach ihrer Energie verschieden stark geschwächt wird. Aus dem Kontrast, d.h. dem photometrierbaren Schwärzungsverhältnis hinter den Filtern, kann dann auf die effektive Energie und Homogenität der Strahlung geschlossen werden. Aus der so ermittelten Effektivenergie und der Absolutschwärzung ergibt sich nach Eichwerten dann die Dosis. Das Verfahren war zwar in seinen Grundzügen schon lange bekannt (vgl. EGGERT und LUFT 1929, BOUWERS und VAN DER TUUK 1930, DORNEICH und SCHAEFER 1942), wurde aber erst in den vierziger Jahren in größerem Umfang praktisch eingesetzt. DIMSDALE und CLARKE (1943) empfehlen u.a. als Filtermetalle 0,05 mm Kupfer und 0,1 mm Blei bzw. Treppen aus diesen Metallen, z.B. im Verhältnis 1 : 2 : 4. Bleitreppen empfiehlt auch KIEFFER (1947) für seine Plakette. LANGENDORFF und DRESEL (1950) schlagen allgemein Metallbleche mit verschiedenen Filterwerten vor. Ausgehend von einer Filterplakette, die BRAESTRUP (1942) beschrieben hat, benutzen HUNTER, MERRILL, TRUMP und ROBBINS (1949) eine Plakette, die neben dem Leerfeld folgende Filter enthält: 1,015 mm Kadmium, 0,254 mm Eisen + 0,762 mm Aluminium und 1,015 mm Aluminium. TOCHILIN, DAVIS und CLIFFORD (1949) beschreiben eine Plakette, die aus einem freien Feld und ebenfalls drei Filtern besteht, welche je ein Viertel der Filmfläche abdecken (0,5 mm Aluminium, 0,5 mm Aluminium + 0,2 mm Kupfer und 0,5 mm Aluminium + 0,58 mm Kupfer. Sie enthielt einen unempfindlichen (DuPont-552) und einen empfindlichen Film (Eastman-DF-7) und genaue Auswertungstabellen werden angegeben. Grund-

sätzlich würde zwar in solchen Anordnungen auch ein einziges Filter neben dem Leerfeld bzw. ein Filterpaar eine Effektivenergie-Bestimmung zulassen, jedoch wäre diese Angabe nur bei nahezu monoenergetischer Strahlung ausreichend genau. Eine solche Einfilterplakette (Leerfeld und Silberfilter, DuPont-552-Filmpäckchen) und die Auswertungstechnik ist von LARSON und ROESCH (1954) für die Hanford-Anlagen beschrieben worden. Je inhomogener die Strahlung zusammengesetzt ist, um so genauer muß naturgemäß die Filteranalyse durchgeführt werden, d. h. um so mehr Filter sind notwendig, um die gleiche Genauigkeit zu erreichen. Da die Zahl der Filter aber durch praktische Gegebenheiten begrenzt ist, wird die Filteranalyse bei inhomogener Strahlung zunehmend ungenau. Gegen die Verwendung zu vieler Filter spricht, daß sie besonders für den wenig geübten Beobachter verwirrend wirken und mit der notwendigerweise kleineren Filterfläche die Densitometrie ungenauer und die Randfehler ausgeprägter werden.

Zahl, Art, Dicke und Anordnung der Filter vor dem Film kann in ziemlich weiten Grenzen willkürlich variiert werden, solange einige Voraussetzungen (ausreichende Absorptionswirkung und Absorptionsunterschiede zwischen den Filtern, geringer Preis und nicht zu großes Volumen) erfüllt sind. So beschreiben z. B. BAKER und SILVERMANN 1950 eine Plakette, die über einem Filter aus 0,5 mm dickem Silber ein 0,52 mm dickes Bleikreuz aufweist. LANGENDORFF, SPIEGLER und WACHSMANN (1952) (vgl. auch KLEEMANN 1951 und KÖLLNER (1952[2]). schlagen eine Plakette vor, die neben dem Leerfeld in symmetrischer Anordnung vor und hinter dem Film drei Metallfilter (1,5 mm Aluminium, 1,5 mm Kupfer und 0,5 mm Blei) zur Messung sehr harter Strahlen enthält. Diese Filterkombination wurde in einer in der DDR eingeführten Plakette übernommen – vgl. MENKE 1955. Die Anordnung wurde bald geändert (DRESEL 1954), um weiche Strahlen besser differenzieren zu können (1 mm Aluminium, 1 mm Kupfer und 0,5 mm Blei + 0,5 mm Aluminium). Später hat DRESEL (1956) gezeigt, daß für eine genaue Auswertung gefordert werden muß, daß sich die relativen Absorptionsverhältnisse der Filter zueinander nicht mit der Strahlenenergie ändern. Das trifft aber praktisch nur für Treppen aus dem gleichen Metall zu; die in der Bundesrepublik jetzt eingeführten Plaketten enthalten nur Kupferfilter von 0,05, 0,5 und 1,2 mm Dicke. (Kupfer ist für Halbwertsschicht-Messungen im mittleren Energiebereich gut geeignet). Diese Filter wurden auch von der DDR (KIESEWETTER 1960/61) und von Ungarn (BÉKÉS und MAKRA 1961) übernommen. In der deutschen Universalplakette, die DRESEL 1960 beschrieben hat, konnte wegen der Notwendigkeit, zur Messung thermischer Neutronen auch Zinn- und Kadmium-Filter einzubringen, an der Einheitlichkeit des Filtermetalles nicht festgehalten werden (die Plakette enthält neben dem filterfreien Leerfeld folgende Metallfilter: 0,05 mm Kupfer, 0,5 mm Kupfer, 0,6 mm Zinn, 1,0 mm Zinn, 1,2 mm Kadmium und 0,5 mm Blei).

Die Auswertung einer Plakette, die beispielsweise wie die zur Zeit in der Bundesrepublik gebräuchliche drei Kupferfilter von 0,05, 0,5 und 1,2 mm Dicke enthält, geht wie folgt vor sich (DRESEL 1956, FASSBENDER, HEINZEL und MOHR 1957, WACHSMANN 1960):

1. Sowohl im Bereich maximaler als auch bei minimaler Filmempfindlichkeit (etwa 40 keV Röntgenstrahlung und γ-Strahlung des Cs 137 oder Co 60) werden Reihenbestrahlungen durchgeführt, die eine möglichst genaue und vollständige Ermittlung der Schwärzungskurven zulassen (das Solarisationsgebiet ist normaler-

weise nicht von Interesse). Es werden dabei Kurven nach Art der Abb. 75–77 erhalten.

2. Dosimeterplaketten mit eingelegten Filmen werden bei verschiedenen Quantenenergien so bestrahlt, daß alle vier Felder im Bereich exakter Densitometrierbarkeit liegen. Die Erfüllung dieser Bedingung kann durch Vorversuche geprüft werden, da es besonders bei sehr weicher Strahlung unter Umständen nicht leicht ist, die richtige Dosis zu treffen. Die verwendete Röntgenstrahlung sollte dabei extrem hart gefiltert sein (die Grenze der Filterung ist durch die erforderliche Mindestintensität der Strahlung gegeben), damit man eine möglichst monoenergetische Strahlung erhält. Besonders im Bereich starker Empfindlichkeits- und Kontraständerung mit der Energie müssen die Meßpunkte relativ dicht beieinanderliegen, etwa wie folgt: 7,5 – 10 – 15 – 20 – 30 – 40 – 50 – 60 – 80 – 100 – 120 – 150 – 180 – 250 – 660 – 1250 keV.

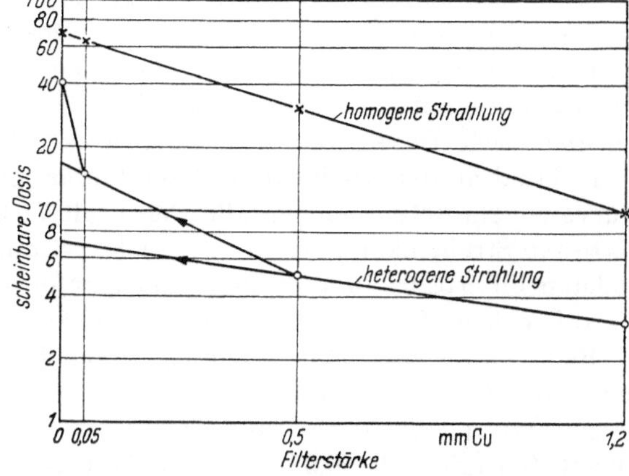

Abb. 55. Scheinbare Dosiswerte als Funktion der Absorberdicke für homogene und heterogene Quantenstrahlung (nach F. WACHSMANN, IAEA-Symp. on Dosimetry, Wien 1960)

3. Die nach 1. und 2. bestrahlten Filme werden zusammen mit den Filmen, die unbekannte Dosen unbekannter Energie erhalten haben, entwickelt und photometriert. Die Eichkurven werden auf folgende Weise erhalten:

a) Die Nettoschwärzungen der Bestrahlungsreihe 1. werden als Funktion des Logarithmus der Dosis graphisch aufgetragen,

b) die Nettoschwärzungen der Bestrahlungsreihe 2. werden nach einer der beiden Kurven a) (prinzipiell ist es ohne Bedeutung, ob die Kurve maximaler oder minimaler Filmempfindlichkeit hierfür benutzt wird) in *scheinbare Dosen* umgerechnet und der Logarithmus dieser scheinbaren Dosen als Funktion der Kupfer-Filterdicke aufgetragen. Dabei erhält man bei homogener Strahlung im Idealfall eine annähernde Gerade, deren Neigungswinkel um so größer ist, je geringer die Quantenenergie ist (Abb. 55),

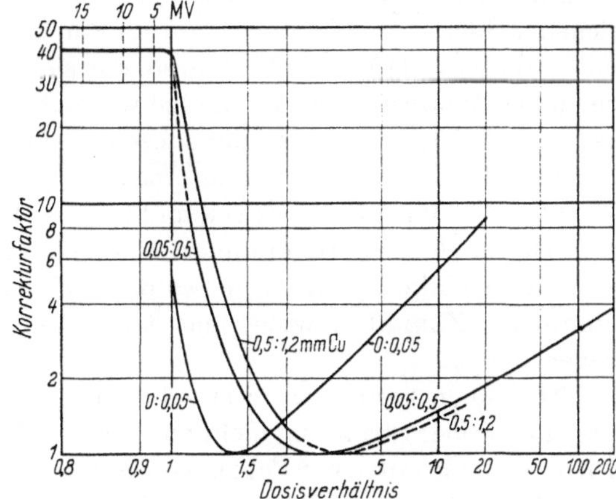

Abb. 56. Korrekturfaktor für verschiedene Filterkombinationen als Funktion des Verhältnisses der scheinbaren Dosen hinter diesen Filtern zueinander (nach F. WACHSMANN, IAEA-Symp. on Dosimetry, Wien 1960)

c) wird die scheinbare Dosis hinter 0,5 und 1,2 mm Kupfer in einer solchen

Darstellung auf 0 mm Kupfer extrapoliert, so erhält man einen Dosiswert, der um einen bestimmten Betrag von der tatsächlichen Dosis abweicht. Wird die wahre (ionometrisch gemessene) Dosis durch diesen Dosiswert dividiert, so erhält man einen Korrekturfaktor. Der Logarithmus dieses Faktors wird als Funktion der scheinbaren Dosen hinter den Filtern nach Art der Abb. 56 aufgetragen.

4. Die unbekannte Dosis eines getragenen Filmes kann nun wie folgt ermittelt werden: Der Logarithmus der scheinbaren Dosen hinter den Filtern wird wieder als Funktion der Filterdicke aufgetragen. Von den scheinbaren Dosen hinter 0,5 und 1,2 mm Kupfer wird nun gemäß Abb. 55 auf 0 mm Kupfer extrapoliert und der abgelesene Dosiswert mit einem Korrekturfaktor multipliziert, der sich aus dem Verhältnis der scheinbaren Dosen hinter den Filtern aus der entsprechenden Kurve der Abb. 56 entnehmen läßt. Der erhaltene Dosiswert, welcher dem Anteil der härtesten Strahlenkomponente entspricht, wird nun zu den Werten für die beiden anderen Filterpaare (0,5 und 0,05 mm Kupfer, 0,05 und 0 mm Kupfer) addiert, die auf analoge Weise erhalten wurden. Die Summe ist dann die gesuchte Dosis.

Beim Vorliegen von γ-Strahlung ist die Elektronengleichgewichtsbedingung unter dem Fenster-Leerfeld natürlich nicht erfüllt, d.h. dieses Feld ist zu wenig geschwärzt und würde eine zu geringe Dosis vortäuschen. Es wird dann – je nach Quantenenergie – das 0,05-mm- oder das 0,5-mm-Kupferfilter zur Grundlage der Dosisberechnung genommen. Wenn das Verhältnis der scheinbaren Dosen zwischen dem Leerfenster und dem dünnsten Kupferfilter größer als etwa 3 wird (der Wert hängt u. a. etwas von der Dicke der Filmverpackung ab), so kann auf die Anwesenheit sehr weicher Röntgenstrahlung oder auf β-Strahlung geschlossen werden. Eine schlüssige Unterscheidung dieser beiden Strahlenarten ist schwierig (vgl. S. 110 ff.).

Der geschilderte Auswertungsgang kann zwar durch geeignete Maßnahmen etwas vereinfacht werden (so kann z. B. die Densitometerskala direkt in scheinbaren Dosen geeicht werden), aber das Verfahren bleibt kompliziert und mit zahlreichen Fehlermöglichkeiten behaftet. Für mittelgroße Auswertungsstellen empfiehlt BIERMANN (1961) ein Verfahren, das sich in Israel bewährt hat und mit Hilfe geeigneter Auswertungstabellen eine wesentlich schnellere und einfachere Ermittlung von Röntgen- und Gammadosen gestattet. Grundsätzlich kann die Auswertung allerdings auch vollautomatisch vorgenommen werden. So beschreiben WILHELMSEN, PARKER, COULTER und BOREN (1959, 1960) eine Anlage, in der elektronisch aus den einprogrammierten Eichkurven die Dosis ermittelt wird (die verwendete Plakette enthält neben dem offenen Fenster je ein Aluminium-, Kadmium- und Zinnfilter, wobei das Kadmiumfilter der Messung langsamer Neutronen dient).

Tatsächlich kann nur unter sehr günstigen Bedingungen (frontale Einstrahlung homogener Strahlung nicht zu extremer Energie zu einem in etwa bekannten Zeitpunkt) ein mittlerer Fehler von etwa $\pm\,20\%$ erreicht werden (WACHSMANN 1958, WACHSMANN und SCHUBERT 1959, WACHSMANN 1960). Unter praxisnahen Bedingungen können die Auswertungsergebnisse wesentlich ungünstiger ausfallen. EGELHAAF, HEINEMANN und SEIDLER (1960 – vgl. auch die Entgegnung WACHSMANN 1960 und HEINEMANN und SEIDLER 1960) fanden beispielsweise, daß besonders bei Schrägeinstrahlung und bei Anwesenheit von β-Strahlung die filmdosimetrisch gefundenen Ergebnisse stark von den ionometrisch gemessenen Dosen abweichen. Nach diesen und eigenen Versuchen kann gesagt werden, daß bei der filteranalytischen Auswertung nach dem derzeit in Deutschland eingeführten Verfahren nur bei frontaler oder nahezu frontaler Einstrahlung einer nicht zu inhomogenen Quantenstrahlung zwischen etwa 20 keV und 5 MeV vorausgesetzt werden kann, daß sich die filmdosimetrisch und die ionometrisch gemessene Dosis um weniger als den Faktor 1,5 unterscheiden. Die Abweichung kann – nach unten und nach oben – sehr viel größer werden und den Faktor 3 übersteigen, wenn

1. neben der Quantenstrahlung noch β-Strahlung einwirkt,

2. γ-Dosen von weniger als etwa 150 mr vorliegen (γ-Dosen von weniger als 80–100 mr werden normalerweise nicht mehr gefunden),

3. die Zusammensetzung der Quantenstrahlung sehr inhomogen ist (z. B. bei Vorliegen von viel γ- neben wenig weicher Röntgenstrahlung) und

4. die Einstrahlung sehr schräg erfolgt.

Als Vorteil des filteranalytischen Verfahrens kann gelten, daß es im Gegensatz zu den meisten energieunabhängigen Verfahren auch weiche Röntgenstrahlen noch zu erfassen gestattet. Ein großer Teil der etwa 50 verschiedenen filmdosimetrischen Verfahren, die zur Zeit in größerem Umfang angewendet werden, basieren auf der Filteranalyse, und es werden ständig neue Plaketten mit anderen Filtern beschrieben. So enthält z. B. eine von KOCHER (1957) angegebene Plakette zwei verschieden dicke Silberfilter neben dem ungefilterten Gebiet. Eine japanische Plakette für den klinischen Gebrauch enthält außer dem Leerfeld 1 mm Aluminium, 0,8 mm Aluminium + 0,2 mm Kupfer und 0,6 mm Aluminium + 0,4 mm Kupfer (KITABATAKE, WATANABE und YATO 1959). PAIC beschreibt 1960 eine Plakette mit je 1 mm Aluminium, Zinn und Kadmium und HURST und RITCHIE (1960) die Oak-Ridge-Plakette, die an der Vorderseite folgende Filter enthält: 1. 0,5 mm Plastik + 0,375 mm Kadmium + 0,125 mm Gold + 0,375 mm Kadmium + 0,3 mm Plastik, 2. 0,5 mm Plastik + 1 mm Aluminium + 0,3 mm Plastik, 3. 2,05 mm Plastik und 4. 0,4 mm Plastik. Die Rückseite enthält Filter aus 1,55 mm Plastik + 0,25 mm Blei und aus 1,55 mm Plastik. (Die beiden letztgenannten Plaketten gestatten auch die Messung thermischer Neutronen). KOCHER (1958) hat auch ein System von Gleichungen aufgestellt, die es gestatten, für eine inhomogene Strahlung die Schwärzung, die hinter beliebigen Filtern erhalten wird, zu beschreiben. Das KOCHERsche Verfahren wurde durch SWANBERG (1959) auch auf Neutronenmessungen ausgedehnt.

Es ist verschiedentlich darauf hingewiesen worden, daß die zusätzliche Information über die Strahlungszusammensetzung, die bei der filteranalytischen Auswertung erhalten wird, für die Beurteilung eines Falles von Wert sein kann. Solche Fälle sind jedoch normalerweise selten und rechtfertigen kaum den beträchtlichen Mehraufwand der Auswertung und die größere Ungenauigkeit im Vergleich zu guten energieunabhängigen Verfahren. Überdies ist es natürlich möglich, auch bei energieunabhängigen Verfahren ein oder mehrere zusätzliche Filter anzubringen, die im seltenen Bedarfsfall eine zusätzliche Ermittlung der Strahlenenergie gestatten. Ein solches Zusatzfilter gestattet dann auch hier Aussagen über die Einfallsrichtung der Strahlung. Weiter kann aus der Schärfe der Filterabbildung auf dem Film auf die Art der Strahleneinwirkung geschlossen werden. Von der Möglichkeit, normalerweise hinter einer geeigneten Filterkombination energieunabhängig zu messen und nur dann, wenn auf Grund des Kontrastes zu einem Zusatzfilter auf die Anwesenheit energiearmer Röntgen- oder β-Strahlung geschlossen werden kann, eine Filteranalyse durchzuführen, wird z.B. in einer von MODINE (1954) angegebenen Plakette Gebrauch gemacht: Normalerweise wird hinter einem 1,27 mm dicken Bleifilter energieunabhängig gemessen (MODINE und O'CONNOR 1953). Aus dem Kontrast zwischen dem ungefilterten Bereich, diesem Bleifilter sowie drei oder vier Zusatzfiltern aus 0,025, 0,1, 0,4 und 0,8 mm Blei kann mit ausreichender Genauigkeit die Quantenenergie sowohl visuell als auch photometrisch ermittelt werden. Auch eine neue englische Plakette benutzt dieses System: Sie enthält neben einem offenen Feld verschieden dicke Nylonschichten (150 mg/cm^2 und 350 mg/cm^2) zur Unterscheidung verschiedener β-Energien, ein Filter aus 0,9 mm Duraluminium und 0,9 mm Nylon und eine (gut energieunabhängige) Kombination aus 0,7 mm Zinn, 0,3 mm Blei und 0,9 mm Nylon in Verbindung mit einem doppelschichtigen Kodak-Radiation-Monitoring-Film.

IV. Neutronen-Filmdosimetrie

In der Umgebung eines tätigen Reaktors können Neutronen mit außerordentlich verschiedenen kinetischen Energien zwischen etwa 0,01 eV und 20 MeV auftreten. Ihre biologische Wirkung hängt stark von ihrer Energie ab. Mit der zunehmenden Zahl von Forschungs- und Leistungsreaktoren auf der Welt und der zunehmenden Bedeutung der experimentellen Neutronenforschung mit ihrer Vielzahl verschiedenartiger Neutronenquellen nimmt auch die Bedeutung der Neutronen-Filmdosimetrie zu – besonders, da die physikalischen Neutronenmeßgeräte, die für Überwachungszwecke geeignet wären, ungewöhnlich aufwendig, kostspielig oder ungenau sind. Analog den Verfahren der Quantendosimetrie ist es auch hier notwendig, die Neutronen entweder unabhängig von ihrer Energie äquivalent ihrer biologischen Wirksamkeit in rem zu registrieren oder aber zusätzlich zur gemessenen Neutronenzahl auch noch ihre Energieverteilung bzw. zumindest ihre mittlere Energie zu bestimmen. Beiden Möglichkeiten sind bis heute enge Grenzen gezogen. Die Neutronen-Filmdosimetrie stellt damit ein zwar schwieriges, aber auch aussichtsreiches Teilgebiet der Filmdosimetrie dar.

Ebenso wie Quantenstrahlen wirken auch Neutronen auf photographische Schichten in einer Weise ein, die von ihrer Wirkung auf das Körpergewebe, wozu sie in Beziehung gesetzt werden soll, verschieden ist. In diesem Fall ist dafür nicht nur die unterschiedliche chemische Zusammensetzung, sondern vor allem auch der Unterschied zwischen integraler und differentieller Dosismessung verantwortlich. In noch höherem Maße als bei der Quantenstrahlung wird nämlich die spektrale Energieverteilung von Neutronen beim Durchgang durch Materie – besonders durch wasserstoffhaltige organische Stoffe – verändert: Die schnellen Neutronen beispielsweise werden schnell gebremst und ändern dadurch sehr stark ihre biologische Wirksamkeit. Der menschliche Körper verändert deshalb nicht nur durch Rückstreuung quantitativ die filmdosimetrisch registrierte Neutronenzahl, sondern auch die qualitative Zusammensetzung der Neutronenstrahlung je nach Einfallswinkel, Energie usw. Solchen Gesichtspunkten ist bei der Neutronen-Filmdosimetrie besondere Beachtung zu schenken.

Hauptsächlich meßtechnische Gründe machen es empfehlenswert, die Neutronen in drei größere Energiegruppen einzuteilen:

1. thermische und langsame Neutronen mit einer Energie von weniger als etwa 0,4 eV mit einem Maximum der Maxwell-Verteilung bei Normaltemperatur bei etwa 0,025 eV,

2. mittelschnelle Neutronen, in ihrem unteren Bereich auch epithermische Neutronen genannt, mit einer Energie zwischen etwa 0,4 eV und etwa 0,4 MeV und

3. schnelle Neutronen ab etwa 0,4 MeV.

Es sei vorweggenommen, daß für den Bereich der mittelschnellen Neutronen heute noch kaum brauchbare filmdosimetrische Methoden existieren. Dies ist um so bedauerlicher, als gerade in dieses Gebiet in der Praxis ein großer Teil der wirksamen Neutronen fallen kann – immer dann nämlich, wenn zunächst schnelle Neutronen (alle Neutronen entstehen als schnelle Neutronen) wenig wirksame Bremsschichten durchsetzt haben.

1. Neutronenwirkung auf konventionelle Emulsionen

Die Wirkung von Neutronen auf photographische Schichten hängt wesentlich von der Schichtzusammensetzung, der Schichtumgebung, der Neutronenenergie und der Neutroneneinfallsrichtung ab. Wenn wir zunächst einen konventionell verpackten Röntgenfilm, wie er zur Quantendosimetrie verwendet wird, senkrecht zur Filmoberfläche mit Neutronenstrahlung exponieren, so wird die photographische Wirkung relativ gering sein, da die Neutronen als elektrisch ungeladene Partikel nur mit dem sehr kleinen Atomkern, nicht aber wie geladene Teilchen mit der ausgedehnten Elektronenhülle in Wechselwirkung treten. Dabei können zwei Reaktionsarten unterschieden werden: Entweder die Neutronen übertragen nach den Gesetzen des elastischen Stoßes einem getroffenen Atomkern einen Teil ihrer kinetischen Energie (im Grenzfall des zentralen Stoßes auf ein gleichschweres Teilchen die Gesamtenergie), oder aber sie werden durch eine Kernreaktion absorbiert bzw. *eingefangen.*

Die Energieübertragung beim erstgenannten Vorgang ist um so größer, je ähnlicher die Massen des stoßenden Neutrons und des gestoßenen Atomkernes sind – der Grenzfall der optimalen Energieübertragung (100%) ist für den zentralen Stoß mit dem Wasserstoff-Atomkern, dem Proton, gegeben. Allgemein gilt, daß die dem Kern übertragene Energie E_K durch

$$E_K = \frac{4\,M_n M_K}{(M_n + M_K)^2}\,E_n,$$

gegeben ist, wobei E_n die Neutronenenergie, M_n die Neutronenmasse und M_K die Kernmasse ist. Die Energieübertragung wird also um so kleiner, je größer M_K wird, d.h. es werden vor allem Wasserstoffkerne der Gelatine bzw. des Schichtträgers oder der Filmverpackung in *Rückstoßprotonen* verwandelt. Für Kohlenstoff-, Stickstoff- und Sauerstoffkerne ist dieser Prozeß schon viel weniger wirksam und kann für Silber, Brom usw. vernachlässigt werden.

Beim nichtzentralen elastischen Stoß wird dem Proton nur ein Teil der kinetischen Neutronenenergie E_p übertragen, der vom Winkel Θ zwischen dem stoßenden Neutron und den gestoßenen Proton in einfacher Weise abhängt:

$$E_p = E_n \cos^2 \Theta.$$

Dieser Fall ist weitaus häufiger als der zentrale Stoß, so daß ein energiereiches Neutron mehrere Rückstoßprotonen erzeugen kann, bis seine kinetische Energie derjenigen von Wasserstoffatomen bei Zimmertemperatur entspricht, d. h. aus dem schnellen ein thermisches Neutron geworden ist. Überdies hängt die Wahrscheinlichkeit für den Streuvorgang auch von der Neutronenenergie ab und wird um so geringer, je höher die Neutronenenergie ist; bei 0,1 MeV ist der Wirkungsquerschnitt $\sigma = 13$ barn (1 barn $= 10^{-23}$ cm²) bei 1 MeV 4 barn und bei 10 MeV etwa 1 barn. Da die Reichweite der Protonen sehr schnell mit ihrer Energie ansteigt, treten mit steigender Neutronenenergie in zunehmendem Maße Effekte auf, die denen bei Quanteneinstrahlung analog sind: Es geht ein zunehmender Anteil Protonenenergie für den photographischen Prozeß verloren, da die Protonen die Schicht verlassen. Gleichzeitig trägt aber die Schichtumgebung zunehmend als *Radiator* zur photographischen Wirkung bei – vorausgesetzt, sie enthält Wasserstoff.

Die Energieübertragung durch Erzeugung von Rückstoßprotonen entspricht der Hauptwirkung schneller Neutronen auf das Körpergewebe (bei einer Neutronenenergie von 10 MeV ist etwa 70% der biologischen Neutronenwirkung auf Rückstoßprotonen zurückzuführen). Die Rückstoßprotonen sind mit ihrer hohen spezifischen Ionisation jedoch nicht nur von großer biologischer, sondern auch von starker photographischer Wirksamkeit. Man begeht sicher keinen großen Fehler, wenn man annimmt, daß in einer empfindlichen Emulsion ein Rückstoßproton nicht zu hoher Energie jedes getroffene Korn entwickelbar macht.

Mit abnehmender Neutronenenergie wächst sowohl im Organismus wie auch in der photographischen Schicht die Wahrscheinlichkeit von Kernreaktionen (grob gesprochen etwa proportional $1/E_n$). Diese sind aber in der Emulsion nur zu einem geringen Prozentsatz mit denen im Organismus identisch, wie z. B. die Reaktion

$$N^{14}\,(n,p)\,C^{14}$$

des Gelatine-Stickstoffs. Vielmehr überwiegt, besonders bei den silberreichen Kernspuremulsionen, ein andere Prozeß: Die natürlichen Silberisotope Ag^{107} (51,4%) und Ag^{109} (48,6%) werden zu Ag^{108} (Halbwertszeit 2,3 m) und zu den zwei isomeren Zuständen des Ag^{110} (Halbwertszeiten 24 s und 253 d) aktiviert. In etwas geringerem Maße entstehen daneben zwei Isomere des Br^{80} und Br^{82}. Die C^{14}-Bildung kann normalerweise ganz vernachlässigt werden. Diese Isotope sind β- und γ-Strahler mit einem komplexen Zerfallsspektrum. Der größte Teil der emittierten γ-Energie sowie ein beträchtlicher Prozentsatz der β-Energie (die maximalen β-Energien liegen oberhalb 2 MeV) geht allerdings dem photographischen Prozeß außerhalb der Schicht verloren.

Absolute Angaben über die Schwärzung, die durch Neutronen verschiedener Energie bewirkt wird, sind sehr schwer zu erhalten, da Neutronenstrahlung stets von einer mehr oder weniger intensiven γ-Strahlung begleitet ist, deren wesentlich stärkere photographische Wirkung die Neutronenwirkung maskiert. Andererseits kann die Wirkung schneller Neutronen aus der bekannten gemessenen Protonenempfindlichkeit und die der thermischen Neutronen aus dem Silbergehalt der Schicht und der ebenfalls gemessenen β- und γ-Wirkung näherungsweise berechnet werden. Nach Messungen von KALMON (1949) gilt für die Bestrahlung eines

DuPont-552-Filmes (ohne Plakette) mit der ungefilterten Strahlung einer Po-Be-Neutronenquelle, daß die Schwärzung über dem Schleier $S_G - S_S = 0{,}000537 \cdot N$ $+ 0{,}028$ (N ist der Neutronenfluß in n/cm$^2 \cdot 10^6$) ist im Bereich von $2 \cdot 10^7 - 3 \cdot 10^8$ n/cm^2. RAUSA (1953) fand für den Kodak-Typ-K-Film unter gleichen Bedingungen die rund doppelte Empfindlichkeit. TOCHILIN, SHUMWAY und KOHLER (1956) haben drei andere kommerzielle Emulsionen mit schnellen Neutronen verschiedener Energie (relativ breite Energiespektren mit Maxima bei kleiner als 1 MeV, 3–5 MeV und 8 MeV) bei erfüllter Rückstoßprotonengleichgewichts-Bedingung (analog der Elektronengleichgewichtsbedingung) mit 1,5 mm Karton über dem Film exponiert. Sie fanden, daß in Übereinstimmung mit den Schwärzungen, die sich auch aus der Wirkung der ausgelösten Rückstoßprotonen errechnen ließen, die erhaltene Schwärzung für eine bestimmte Neutronendosis in rem etwa 1–7% derjenigen Schwärzung ist, die man mit einer entsprechenden Co-60-Dosis erhalten hätte. Die direkt photometrierbare Wirkung schneller Neutronen ist also um einen Faktor von etwa 15–100 zu niedrig für eine rem-äquivalente Anzeige.

Neuerdings hat EHRLICH (1960) in einer gründlichen Untersuchung die Wirkung nahezu monoergetischer Neutronen von 3 MeV Energie und von thermischen Neutronen auf die Filme DuPont 502, 510 und 606 untersucht und gleichzeitig zu berechnen versucht. Angesichts der zahlreichen notwendigen Vereinfachungen war die Übereinstimmung zwischen berechneten und gemessenen Werten befriedigend: Je nach Filmart erzeugten $2{,}4$–$28 \cdot 10^9$ schnelle Neutronen und $3{,}6$–$5 \cdot 10^9$ thermische Neutronen je cm^2 (frontale Einstrahlung) dieselbe Schwärzung wie 1 r γ-Strahlung. Dieses Verhältnis der photographischen Empfindlichkeit für schnelle Neutronen zu der γ-Empfindlichkeit änderte sich bei den untersuchten Emulsionen etwa mit dem reziproken mittleren Korndurchmesser. Offensichtlich gelten die Überlegungen über die maximale Energieausnutzung (vgl. S. 45ff.) auch für Protonen, nur ist infolge der höheren spezifischen Ionisation die Wahrscheinlichkeit der *Überbelichtung* schon bei wesentlich kleineren Körnern gegeben als bei Elektronen- bzw. Quanteneinwirkung. MERCER und GOLDEN (1960) errechneten aus der Dosisverteilung um punktförmige Ag 108- und Ag 110-Quellen, daß sich die Dosis (in rad), die thermische Neutronen in einer photographischen Schicht mit einem Silbergehalt t (in mg/cm^2) erzeugen, wie folgt ausdrücken läßt:

$$D = 0{,}46 \, \frac{n\,t}{\text{cm}^2} .$$

Die Kenntnis der photometrierbaren Schwärzung, die durch Neutronenwirkung auf konventionell verpackte, herkömmliche Emulsionen erzeugt wird, ist allenfalls für die Korrektur möglicher Fehler in gemischten Strahlungsfeldern von Interesse. Für die praktische Neutronen-Filmdosimetrie ist der Effekt auf jeden Fall zu klein. Es wurden deshalb andere Möglichkeiten gesucht und gefunden. Man kann entweder die Wahrscheinlichkeit von Kernreaktionen in der Schicht oder der Schichtumgebung durch geeignete Transformatoren, welche Neutronen absorbieren und photographisch wirksamere γ-und/oder β-Strahlung emittieren, so stark erhöhen, daß die Dosisschwärzung der γ-Dosisschwärzung vergleichbar wird – oder aber auf die globale Schwärzungsmessung verzichten und unter dem Mikroskop die photographischen Spuren einzelner Kernreaktionen auszählen. Von der erstgenannten Möglichkeit macht man hauptsächlich in der Filmdosimetrie langsamer Neutronen, von der letzteren für die Messung schneller Neutronen Gebrauch.

2. Praktische Dosimetrie langsamer Neutronen

Das erste brauchbare Filmdosimeter für langsame Neutronen wurde von DESSAUER und LENNOX (1944) und DESSAUER und ROUVINA (1945) beschrieben und von HOFFMAN und BACHER (1948) näher untersucht. Es enthielt zunächst je 0,25 mm dicke, später 0,5 mm dicke Kadmium- und Bleistreifen, hinter denen ein konventioneller Film (Kodak Typ K als Zahnfilm verpackt) lag. Da Kadmium einen sehr hohen Einfangquerschnitt für thermischen Neutronen hat (für Cd^{113}, das im natürlichen Kadmium zu 12,3% vorkommt, ist $\sigma = 20000$ barn), genügt diese Schichtdicke, um praktisch alle thermische Neutronen unter γ-Emission zu absorbieren. Aus der Schwärzungsdifferenz hinter Kadmium und Blei, das nicht merklich mit Neutronen reagiert, konnte auf die Neutronendosis in relativen *n-Einheiten* geschlossen werden.

Bei Verwendung der seltenen Erden Gadolinium, Samarium und Europium hätte es wegen des höheren Einfangquerschnittes dieser Elemente geringerer Schichtdicken bedurft, aber diese Elemente schieden wegen ihres hohen Preises von vornherein aus. Dagegen erwiesen sich Rhodium und Indium als geeignet, wobei die Verstärkungswirkung des Rhodiums größer ist als die des Indiums. YAGODA (1949) wies außerdem auf die Eignung des Silbers hin. Die Verwendung von Gold verbietet sich vor allem aus psychologischen Gründen (die Gefahr mißbräuchlicher Eingriffe in die ausgegebenen Plaketten wird zu groß). Voraussetzung für die Eignung eines Elementes als Verstärkerschicht ist allgemein:

1. hoher Einfangquerschnitt,
2. kurze Halbwertszeit der entstehenden Radionuklide und
3. leichte Zugänglichkeit bzw. geringer Preis.

Dabei hängt ihre Wirksamkeit nicht nur von der mehr oder weniger vollständigen Neutronenabsorption, sondern auch von sekundären Einflüssen ab. So vermögen z. B. energiearme β-Strahlen möglicherweise die Filmverpackung nicht zu durchdringen. Auch wirkt die Metallfolie je nach Atomgewicht mehr oder weniger stark durch Sekundärelektronenemission als *Verstärker* für die primär emittierte γ-Strahlung.

RAUSA (1953) verglich die Wirkung von Kadmium- und Rhodiumfolien. Dabei erwies sich die photographische Wirkung der Rhodiumfolie als etwa 5fach größer als diejenige des Kadmiums. Es ist unter Vernachlässigung einiger Parameter mit geringerem Einfluß möglich, die an der Folienoberfläche auftretende Dosis abzuschätzen. Man erhält dann für eine 0,3 mm dicke Rhodiumfolie, die etwa 30% der einfallenden thermischen Neutronen absorbiert, ungefähr $4 \cdot 10^{-9}$ rad je einfallendes Neutron pro cm² und für Kadmium $2 \cdot 10^{-9}$ rad. Nun geben allerdings diese Werte noch keinen Aufschluß über die photographische Wirkung der verschiedenen emittierten Strahlenarten. Das Experiment zeigte, daß der Kodak-Typ-K-Film, mit 30 mg/cm² Papier verpackt und zwischen zwei Rhodiumfolien von je 0,3 mm Dicke liegend, bei $2 \cdot 10^8$ n/cm² dieselbe Schwärzung ergab wie bei 1 r Radium-γ-Strahlung. Da aber $2 \cdot 10^8$ thermische Neutronen/cm² in weichem Gewebe durch die Reaktion $N^{14}(n, p)C^{14}$ eine Dosis von etwa 0,17 rem erzeugen, ist der Film unter diesen Bedingungen um das 6fache zu empfindlich (DUDLEY 1956). Es ist selbstverständlich möglich, die Dicke des Rhodiumbleches so herabzusetzen, daß es etwa 6mal weniger Neutronen absorbiert. Dabei hat Rhodium als β-Emitter gegenüber Kadmium den Vorzug einer schärferen Begrenzung der resultierenden Schwärzung. Andererseits ist Rhodium jedoch für die praktische Massendosimetrie recht teuer.

Nach RAUSAS Messungen ist Kadmium aber ohnehin nur etwa ein Viertel so wirksam wie Rhodium, so daß nach diesen Werten hinter einem Kadmiumfilter eine dosisäquivalente Neutronen- und γ-Schwärzung zu erwarten wäre. Dies ist aber nach den Ergebnissen anderer Autoren nicht der Fall: Man kann ausrechnen, daß 1 rem thermische Neutronen $(9,6 \cdot 10^8 \text{ n/cm}^2)$ hinter 0,5 mm Kadmium die gleiche Schwärzung ergeben wie 2,1 r γ-Strahlung. Dieser Wert deckt sich mit dem experimentellen Befund von KALIL (1955), daß der Faktor 2,19 ist, sehr gut. Die Differenz zu dem Wert RAUSAS erklärt KALIL damit, daß auch Blei im Gegensatz zu dessen Annahme eine merkliche Verstärkung der photographischen Neutronenwirkung ergibt. In weitgehender Übereinstimmung mit KALIL fanden HEARD, COOK und HOLT (1960) experimentell den Faktor $2,5 \pm 0,2$, der auch von DRESEL (1960) für die deutsche Auswertung übernommen wurde. SWANBERG bestimmte den Faktor 1959 zu $1,94 \pm 0,31$.

Als Vergleichsfilter eignet sich ein Metall um so besser, je ähnlicher es in seinen Quantenabsorptionseigenschaften dem Kadmium ist. Unterschiede im Absorptionsverhalten bei verschiedenen Quantenenergien würden sonst zu unterschiedlichen Schwärzungen hinter den Filtern führen und die Eindeutigkeit der Aussage beeinträchtigen. Das von DESSAUER und Mitarb. (1944, 1945) und RAUSA (1953) verwendete Blei ist deshalb sicher weniger gut geeignet. Günstiger ist bereits die von KALIL (1955) verwendete Zink-Kupfer-Legierung (Messing). Am ähnlichsten sind jedoch die Absorptionseigenschaften der Elemente, deren Ordnungszahl von Kadmium möglichst wenig verschieden ist. Da sich die nächsten Elemente Silber und Indium wegen ihres hohen Einfangquerschnittes verbieten, bleibt Zinn (Ordnungszahl 50, Kadmium 48). Tatsächlich unterscheiden sich gleich dicke Kadmium- und Zinnfilter bei verschiedenen Quantenenergien nicht merklich in der Schwärzung, die hinter ihnen entsteht. Moderne Plaketten (SWANBERG 1959, HEARD, COOK und HOLT 1960, DRESEL 1960) enthalten deshalb gleich dicke Kadmium- und Zinnfilter. Die Mehrschwärzung hinter dem Kadmium zeigt dann thermische Neutronen an, deren Dosis sich als die scheinbare Kadmium-Mehrdosis, dividiert durch etwa 2,5, ergibt.

Von der Möglichkeit, einem Teil der Kadmiumfilters einen zusätzlichen Neutronenabsorber vorzuschalten, der unter diesen Bedingungen keine photographisch wirksame Sekundärstrahlung emittiert (dazu käme z.B. Bor in Frage), ist meines Wissens kein Gebrauch gemacht worden. Natürlich ist es auch möglich, auf die für die Dosisermittlung letztlich unwichtige Unterscheidung zwischen den Dosisanteilen der Quantenstrahlung und der thermischen Neutronen zu verzichten und hinter einem sorgfältig abgestimmten Mischfilter die Dosissumme zu messen. Nach einer persönlichen Mitteilung von DEALLER und HEARD soll eine neue englische Universalplakette ein Zinnfilter enthalten, das mit etwa 3% Kadmium legiert wurde und thermische Neutronen rem-äquivalent anzeigt.

Zwei Hauptnachteile der Verstärkerschichten für thermische Neutronen sind zu nennen:

1. Die Richtungsabhängigkeit. Unabhängig von der eingangs erwähnten qualitativen und quantitativen Änderung des Neutronenspektrums durch Moderatoren in der Plakettennähe wird noch eine erhebliche unmittelbare Richtungsabhängigkeit auftreten. Nur für den Grenzfall nämlich, daß nur ein sehr geringer Bruch-

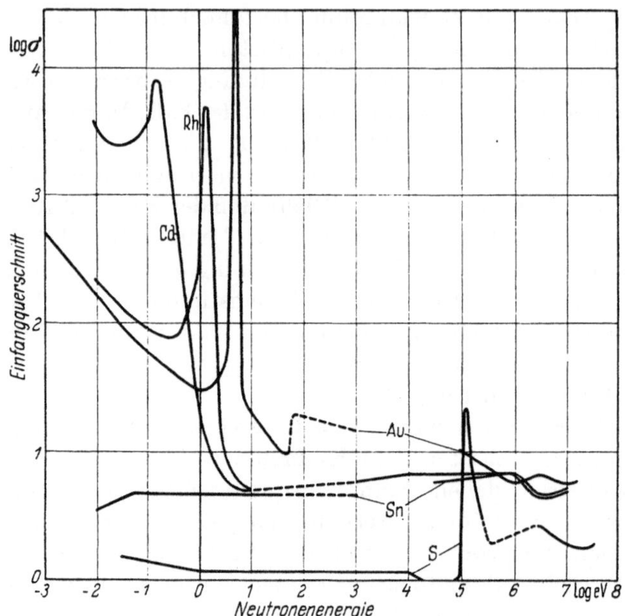

Abb. 57. Einfangquerschnitt einiger Elemente als Funktion der Neutronenenergie

teil der abgestrahlten Neutronen im Folienmaterial absorbiert wird, ist der Aktivierungsgrad unabhängig von der Einfallsrichtung (die Elektronen- bzw. Quantenemission des erzeugten Radionuklides ist selbstverständlich ohnehin unabhängig von der Richtung des aktivierenden Neutrons). Da aber bei den hier diskutierten Filtern ein erheblicher Prozentsatz, bei Kadmiumfiltern sogar fast alle aufgestrahlten Neutronen absorbiert werden, sinkt die Zahl der Einfangsakte bei konstantem Neutronenfluß mit abnehmender Projektionsfläche des Filters. Andererseits sind thermische Neutronen selten streng gerichtet, sondern meist mehr oder weniger *diffus* und kompensieren dadurch diese Richtungsabhängigkeit teilweise wieder. Experimentelle Ergebnisse hierzu liegen meines Wissens nicht vor.

2. Die Begrenzung der Messung auf Neutronen einer Energie von weniger als etwa 0,4 eV. Aus Abb. 57 ist zu entnehmen, daß der Einfangquerschnitt des Kadmiums oberhalb von etwa 0,25 eV schnell abnimmt und ab 0,4 eV das Metall kaum noch absorbiert. Für andere Elemente liegen zwar auch noch bei etwas höheren Neutronenenergien Absorptionsmaxima (Rhodium bei etwa 1,1 eV, Gold bei 1,6 eV), aber die Verbesserung, die durch Verwendung dieser Elemente erreicht wird, ist unwesentlich, wenn man berücksichtigt, daß die Messung der schnellen Neutronen mit Filmdosimetern erst bei 0,3 MeV wieder einsetzt. Für nahezu

6 Zehnerpotenzen der Neutronenenergie fehlen bis heute praktisch die filmdosimetrischen Meß- und Nachweismethoden. In Abb.58 ist zur Veranschaulichung des
Gesagten der bei 40 Wochenstunden höchstzulässige Neutronenflußdichte als Funktion der Neutronenenergie dargestellt. Die Grenzen der verschiedenen Methoden
wurden durch Schraffur angedeutet. Diese Darstellung macht deutlich, daß es
nur bis zu einer Energie von etwa 10^4 eV möglich ist, durch vorgeschaltete Mode-

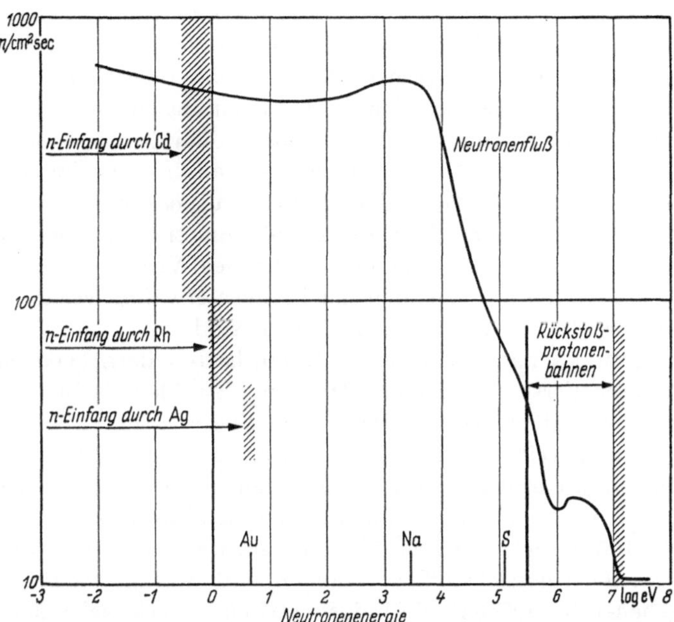

Abb. 58. Schematische Darstellung des maximal zulässigen Neutronenflusses (100 mr in 40 Stunden) als
Funktion der Neutronenenergie und der filmdosimetrisch erfaßbaren Neutronenenergiebereiche

ratorschichten – etwa Paraffin, Polyäthylen, Plexiglas oder andere wasserstoff-
reiche Materialien – die mittelschnellen Neutronen zu bremsen und dann hinter
Absorbern wie thermische Neutronen zu messen. Oberhalb dieser Energie nimmt
der maximal zulässige Neutronenfluß schnell ab, und die Anzeige wird vieldeutig.
Überdies wären dann Moderatordicken notwendig, die nicht mehr mit einer normalen Plakettengröße vereinbar sind. Andererseits wirkt, worauf schon RAUSA
(1953) hinwies, auch der Körper des Plakettenträgers nicht nur als rückstreuendes
Medium bzw. *Neutronenreflektor*, sondern auch als Moderator. Die Ausprägung
dieses Effektes ist aber so stark vom Einfallswinkel abhängig, daß man kaum
mehr von einer *Messung* sprechen kann. Auch der Vorschlag, eine zweite Plakette
auf dem Rücken zu tragen, ist nur bedingt durchführbar. Außerdem verläßt nur
ein kleiner Teil der eingestrahlten Neutronen den menschlichen Körper wieder.

Interessant ist die einfache Plakette, die Ross und TOCHLIN (1958) vorgeschlagen haben, weil sie auch epithermische Neutronen mit erfaßt und die Neutronendosis unter gewissen Voraussetzungen durch einfache Schwärzungsmessung zu
ermitteln gestattet. Sie besteht aus einem 1,25 mm dicken Zinnfilter und einem
zweiten Filter, das aus etwa 0,6 mm Zinn und 0,38 mm Silber zusammengesetzt

ist (diese Silberdicke ergab die maximale Neutronenwirkung auf den Film, und zwar waren 10^7 Neutronen/cm^2 äquivalent 40 mr Co-60-Strahlung). Vor diesen Filtern liegt eine etwa 2 cm dicke Polyäthylenschicht. Diese ist zwar etwa 20% weniger wirksam als die (durch Goldaktivierung mit Polonium-Beryllium-Neutronen) als optimal gefundene Schichtdicke von 5,5 cm, ist aber für den Plakettenträger wesentlich bequemer. Die Anordnung ist auf das Spaltneutronenspektrum bestimmter Reaktortypen ausreichend gut abgestimmt. Rein thermische Neutronenstrahlung wird naturgemäß überbewertet, Neutronenspektren mit einem höheren Anteil energiereicher Neutronen werden unterbewertet. Deshalb enthält die Plakette noch einen Kernspurfilm (vgl. den folgenden Abschnitt).

Neben den bisher besprochenen Film-Folien-Kombinationen zur Messung thermischer Neutronen durch ihre photometrierbare Schwärzung lassen sich aber auch Kernspuremulsionen einsetzen. Diesem Verfahren, einzelne nukleare Ereignisse in sehr silberreichen Spezialemulsionen mikroskopisch sichtbar zu registrieren, ohne daß dabei normalerweise eine photometrierbare Schwärzung austräte, sind im Laufe der letzten Jahrzehnte sehr viele Veröffentlichungen gewidmet worden. Diese sollen im folgenden nur insofern erwähnt werden, als sie von speziellem Interesse für die Neutronendosimetrie sind.

BLAU, RUDERMANN und CZECHOWSKY (1950) hatten daran gedacht, die von den obenerwähnten Verstärkerfolien emittierten β-Strahlen als Elektronenspuren mikroskopisch auszuzählen. Diese Methode hat sich aber nicht eingeführt – vor allem wohl deshalb, weil die stark gekrümmten, kornarmen Elektronenspuren schwer zählbar sind. Günstiger sind Kernreaktionen, die dichtionisierende Teilchen liefern, welche dann gut erkennbare Spuren hinterlassen. CHEKA (1947), LOCQUENEUX (1950) und CÜER (1951) untersuchten besonders die Reaktion $N^{14}(n,p)C^{14}$ des Gelatinestickstoffs und fanden, daß die Zahl der Protonenspuren für einen gegebenen Neutronenfluß für dosimetrische Zwecke sehr klein ist: Kernspuremulsionen enthalten wenig Gelatine, der Einfangquerschnitt des Stickstoffs ist mit 1,7 barn relativ klein, und die kurzen Protonenspuren, die der Reaktionsenergie von 0,6 MeV entsprechen (etwa $6\,\mu$), werden beim Auszählen leicht übersehen. CHEKA fand für die NTA-Emulsion (Kodak) etwa $2,3 \cdot 10^{-5}$ Kernspuren je einfallendes Neutron, was $3 \cdot 10^5$ Spuren je cm^2 Film bei einer Protonendosis von 1 rad entspricht. TITTERTON und HALL (1950) fanden für die Ilford-C2-Emulsion mit 67 mg Stickstoff je cm^3 Emulsion $2,5 \cdot 10^{-5}$ Kernspuren je Neutron.

GAUVIN und SEBAOUN (1957) schlugen vor, die Reaktion $Cl^{35}(n,p)J^{35}$ in einer Silberchloridemulsion auszunutzen. Diese Methode verspricht aber keinen Fortschritt, da zwar die Chlorkonzentration groß ist, andererseits aber die Bahnspurlänge der 0,44-MeV-Protonen noch geringer als die der Stickstoffprotonen ist und vor allem der Einfangquerschnitt des Cl^{35} nur 0,3 barn beträgt. Nach MÖLLER (1960) ist die zu erwartende Protonenzahl weniger als halb so groß wie bei der Stickstoffreaktion.

Wesentlich günstiger hinsichtlich Empfindlichkeit und Bequemlichkeit der Auswertung ist es, der Emulsion besser geeignete Neutronenabsorber beizugeben. SHAPIRO und BARNES (1948) empfahlen hierzu die Reaktionen

$$B^{10}(n,\alpha)Li^7 \quad \text{und}$$

$$Li^6(n,\alpha)T^3 .$$

Schon in den ersten Versuchen mit *beladenen* Kernspuremulsionen wurde eine wesentlich höhere Empfindlichkeit gefunden: In einer lithiumbeladenen Platte beispielsweise war die Spurenzahl 150fach größer, als es der N^{14}-Reaktion entsprochen hätte. Solche mit Lithium- und Borverbindungen beladenen Platten sind dann besonders von TITTERTON (1948, 1949) und TITTERTON und HALL (1950) näher untersucht worden. Es wurden Ilford-C2-Platten verwendet, die 16 mg Lithium bzw. 23 mg Bor je cm³ Emulsion enthielten. Diese Konzentrationen lassen sich unschwer ohne Beeinträchtigung der photographischen Eigenschaften durch Zugabe löslicher Verbindungen in die Emulsion einbringen. Die Lithiumplatte zeigte dabei gegenüber der N^{14}-Reaktion die 18,4fache, die Borplatte sogar die 183fache Kernspurdichte bei gleicher Neutronenzahl. Die Länge der erhaltenen Kernspuren ist allerdings beim Lithium mit $42\,\mu$ günstiger als beim Bor mit mittleren Werten von 7–$8\,\mu$ (die große Bahnlänge beim Lithium ergibt sich als die Summe der Bahnlängen von α-Teilchen mit $6,3\,\mu$ und Triton mit $35,5\,\mu$, wobei der Winkel zwischen den beiden Teilchenspuren bei thermischen Neutronen genau $180°$, bei energiereicheren Neutronen weniger beträgt. Auch beim Bor setzt sich die Spur aus den Anteilen für den Lithiumkern, $2\,\mu$, und das α-Teilchen, $5\,\mu$, zusammen). Bei hohen Neutronenenergien kann außerdem beim Bor eine andere Kernreaktion auftreten: $B^{10}(n,2\alpha)T^3$.

Die Salze können sowohl vor dem Guß der Emulsion zugesetzt werden, als auch durch Baden der fertigen Platte bzw. des Filmes in der Salzlösung und anschließendes Trocknen hergestellt werden. Es erwies sich bei letzterem Verfahren, daß die Reproduzierbarkeit der Beladung nicht immer den Anforderungen entspricht. So fanden z.B. KAPLAN und YAGODA (1952), daß mit Lithiumboratlösung beladene Platten untereinander Abweichungen von über 10% zeigten, und BAKER (1954) stellte fest, daß die Spurendichte am Rand einer borbeladenen Platte etwa 6% größer war als in der Mitte der gleichen Platte. Bei höheren Konzentrationen der Salze kristallisieren dieselben beim Trocknen leicht in und auf der Schicht aus. Dadurch ist eine Grenze der Beladung gegeben, die bei verschiedenen Salzen verschieden hoch liegt. Vergleichversuche, die MÖLLER (1960) durchgeführt hat, ergaben, daß mit Borax maximal 25 mg Bor je cm³ Emulsion, mit Lithiumcitrat maximal 35 mg Lithium eingebracht werden können (bei Mischungen von Lithiumcitrat und Lithiumacetat läßt sich diese Menge noch auf 40 mg/cm³ steigern). Wenn man anstelle der natürlichen Isotopengemische die reinen Isotope Li^6 und B^{10} verwendet, läßt sich die Kernspurdichte noch um den Faktor 13 bei Lithium und 5,3 bei Bor steigern. Diese Methode ist angesichts starker Preissenkungen von Reinisotopen in den letzten Jahren durchaus diskutabel.

Es gibt aber auch noch andere Möglichkeiten, die Bor- und Lithiumkonzentration in der Schicht zu erhöhen. Zunächst erlaubt es das herkömmliche Beladen mit Lithiumborat, bis zu 100 mg Bor und 25 mg Lithium je cm³ einzubringen. Durch Kombination von Lithiumborat- und Lithiumcitratlösung läßt sich die Gesamtbeladung auf 100 mg Bor plus 40 mg Lithium steigern. Weiter kann man Neutronenabsorber auch in fester Form in die Emulsion einbringen. Dazu eignet sich z.B. lithiumhaltiges Silikatglas als feinstes Pulver von 2–3 Korndurchmesser, jedoch sind für diesen Zweck bor- und lithiumreichere Gläser vorzuziehen. MÖLLER (1960) wählte ein sogenanntes Lindemannglas aus 15% Li_2O, 10% BeO und 75% B_2O_3 mit einem mittleren Korndurchmesser von $1\,\mu$. Es konnten

damit 100 mg/cm³ Bor in die Emulsion eingebracht werden. Durch eine Essig-
säure-Magnesiumsulfat-Lösung kann das Glas vor der Auswertung wieder
herausgelöst werden. Rechnerisch lassen sich für eine solche Emulsion bei Bestrahlung mit dem Toleranzfluß an thermischen Neutronen etwa $12 \cdot 10^6$ Spu-
ren/cm² erwarten. Das entspricht bei einer gegebenen Optik (1250fache Vergrößerung) insgesamt 1400 Spuren im Gesichtsfeld und 100–140 gleichzeitig scharf
sichtbaren Spuren.

BEETS und BRENY (1958) zeigten durch Berechnungen und Versuche, daß die
Zahl der Kernspuren im Gesichtsfeld einer POISSON-Verteilung gehorcht, und
wiesen auf die hohe erreichbare Genauigkeit hin. In weiteren, der Dosimetrie thermischer Neutronen mit borbeladenen Kernspurplatten gewidmeten Arbeiten
machten BEETS und Mitarb. ausführliche Angaben über Herstellung, Verarbeitung und Auswertung der Platten sowie spezielle Techniken (BEETS und FOURNAUX
1958, BEETS, BRENY und FOURNAUX 1958, BEETS, FOURNAUX und SOUR 1958).

Gegen die Kernspurmessung thermischer Neutronen sind vor allem zwei Einwände zu machen:

1. Ein höherer γ-Schleier kann die Messungen erheblich erschweren, weil die
Kernspur bei steigender Dichte der statistisch verteilten Schleierkörner immer
schwieriger als solche erkannt wird. Durch eine geeignete Entwicklungstechnik
kann allerdings dieser Effekt reduziert werden. Da nämlich die spezifische Ionisation der schweren Teilchen wesentlich größer ist als die durch Elektronen, sind
von solchen Teilchen getroffene Körner stärker überbelichtet als von Elektronen
getroffene. Eine vorzeitig abgebrochene Entwicklung oder ein hoher Zusatz von
Antischleiermitteln zum Entwickler wird also die Entwickelbarkeit der Schleierkörner stärker beeinflussen als die der Spur. Optimal ist ein Entwickler, der gerade die Korndichte der Kernspur noch nicht zu stark angreift. Das Rezept muß
dabei auf die verwendete Kernspuremulsion abgestimmt sein. (Solche spezielle
Entwicklungsverfahren sind z. B. von BRAUN und CÜER 1956 und BERMOND und
SCHERER 1958 beschrieben worden – vgl. auch MÜLLER 1958.) Man kann aber auch
noch stärker ionisierende Partikel als die genannten erzeugen, indem man die
Schicht mit Uran belädt. Die bei der Spaltung entstehenden Bruchstücke hoher
Energie (Maxima der Energieverteilungskurve bei 62 und 92,5 MeV) können auch
von extrem unempfindlichen Emulsionen registriert werden, die auf gleichzeitige
γ-Belastung und die Eigenstrahlung des Uran kaum ansprechen (GREEN und
LIVESEY 1948, STEVENS 1948, JURIC und Mitarb. 1958). Besonders wirkungsvoll
ist dabei natürlich eine Beladung mit reinem U^{235}, wodurch die Empfindlichkeit
gegenüber dem natürlichen Isotopengemisch um das 140fache gesteigert würde.
Andererseits ist U^{235} als spaltbares Material schwer zugänglich.

2. Die Spurenzahl für einen gegebenen Neutronenfluß hängt stark von der
Neutronenenergie ab, und zwar gilt beim Bor für die Abhängigkeit des Wir-
kungsquerschnittes σ von der Neutronenenergie E (in eV) für Energien bis
0,1 MeV

$$\sigma = \frac{116}{\sqrt{E}}$$

und für Lithium bis zu etwa 5 eV

$$\sigma = \frac{1,15}{\sqrt{E}}.$$

Das heißt aber, daß die Energieabhängigkeit der Registrierung von der Bedingung der rem-Äquivalenz stark abweicht. Zu diesen Fehlern addieren sich dann noch die allgemeinen Fehler von Kernspur-Auswertungsverfahren, die durch den Zählfehler, das Fading usw. gegeben sind (vgl. die folgenden Abschnitte).

3. Praktische Dosimetrie schneller Neutronen

Es gibt zwar Elemente, die Resonanzstellen hoher Neutronenabsorption auch bei höheren Neutronenenergien besitzen (z.B. Schwefel bei 0,1 MeV – vgl. Abb. 57), und auch die genannten Kernspurreaktionen finden bei höheren Neutronenenergien noch in allerdings sehr geringem Maße statt, doch genügen solche Kernreaktionen den wesentlich höheren Empfindlichkeitsansprüchen bei der Dosimetrie schneller Neutronen nicht (bei 1 MeV liegt der maximal zulässige Neutronenfluß für die 40stündige Arbeitswoche und 100 mr/Woche bei 20 Neutronen je cm² und Sekunde, d.h. er ist 35mal kleiner als für thermische Neutronen). Es wird deshalb für die Filmdosimetrie schneller Neutronen praktisch ausschließlich die Erzeugung von Rückstoßprotonen in Schicht und Schichtumgebung ausgenutzt. Verschiedene Autoren haben die Einwirkung schneller Neutronen auf Kernspuremulsionen untersucht. So prüften CHEKA (1944, 1947, 1950) die Eignung einer speziellen feinkörnigen α-Emulsion für die Dosimetrie schneller Neutronen, BLOCK und HUGHES (1958) die Wirkung schneller Neutronen auf den DuPont-1290-Film und LEHMAN (1960) auf die Kodak-NTA-Emulsion, wobei er eine teils theoretisch, teils empirisch erhaltene Empfindlichkeitskurve dieser Emulsion über einen Neutronen-Energiebereich von 0,025 eV bis 100 MeV angeben kann.

Für eine gegebene Neutronenenergie und -richtung ist die Zahl der erzeugten Rückstoßprotonenbahnen proportional der Neutronenzahl. Mit Änderung der Schichtumgebung – besonders hinsichtlich der Wasserstoffkonzentration –, des Einfallswinkels und der Neutronenenergie ändert sich die Zahl der Spuren, und zwar nimmt der Wirkungsquerschnitt der $n\text{-}p$-Reaktion σ mit zunehmender Neutronenenergie nach einer von WLASSOW angegebenen Beziehung mit steigender Neutronenenergie E wie folgt ab:

$$\sigma = 1,3 \frac{3}{(1.22 - 0,06\,E)^2 + E/2} + \frac{1}{(0,27 + 0,06)^2 + E/2}.$$

Damit nimmt also auch die Protonenzahl mit steigender Neutronenenergie ab, während der abnehmende maximal zulässige Fluß im Gegenteil eine zunehmende Spurendichte wünschenswert erscheinen läßt. Es müßte demnach zur Dosisbestimmung entweder die Neutronenenergie bzw. das Neutronenspektrum bekannt sein, was nur selten der Fall ist, oder aber die Neutronenenergieverteilung muß erst bestimmt werden.

Dies ist grundsätzlich aus der Länge der Protonenbahnen möglich, da ja die Neutronenenergie E_n durch die einfache Beziehung $E_p = E_n \cos^2 \Theta$ mit der Protonenenergie E_p verknüpft ist (Θ = Stoßwinkel) und deshalb aus der Kernspurlängenverteilung auf die Neutronenenergieverteilung geschlossen werden kann. Diese Methoden gehören tatsächlich zu den besten Verfahren zur Bestimmung von Neutronenspektren, jedoch wird bei solchen Messungen durch eine spezielle Versuchsanordnung Vorsorge getroffen, daß die Protonenbahnen nicht nur parallel zueinander, sondern auch nahezu parallel zur Schichtoberfläche verlaufen. Trotzdem sind die Messungen noch ungewöhnlich zeitraubend. Bei der praktischen Personenüberwachung liegen die Verhältnisse aber ungleich komplizierter: Die Kernspuremulsion ist in wasserstoffhaltiges Material verpackt, und es ist bei Protonen aus der Schichtumgebung nicht zu entscheiden, in welchem Abstand von der Schichtoberfläche sie entstanden sind. Weiter ist die Richtungsabhängigkeit der einfallenden Neutronen unbekannt, und schließlich ist die Wahrscheinlichkeit relativ groß, daß ein Proton nahezu senkrecht in die Schicht einfällt. Dadurch wird nicht nur die Auffindung der Bahn sehr erschwert, sondern es kann sich auch durch Verlassen der Schicht der Längenmessung entziehen. Damit wird die Messung der Neutronenenergie zwar nicht grundsätzlich unmöglich (SIMONS hat 1951 in einer Ilford-C2-Platte von $400\,\mu$ Schichtdicke eine solche Bestimmung durchgeführt), aber für den praktischen Gebrauch viel zu kompliziert und zu langwierig.

Überdies versagt die Methode grundsätzlich, wenn die Neutronenenergie auf einen Wert zwischen 0,2 und 0,4 MeV sinkt. Wie aus der Energie-Reichweite-Beziehung der Abb. 59 zu entnehmen ist, betrüge dann die maximale Länge der Protonenspur etwa $3\,\mu$, d. h. selbst bei feinkörnigeren Kernspuremulsionen be-

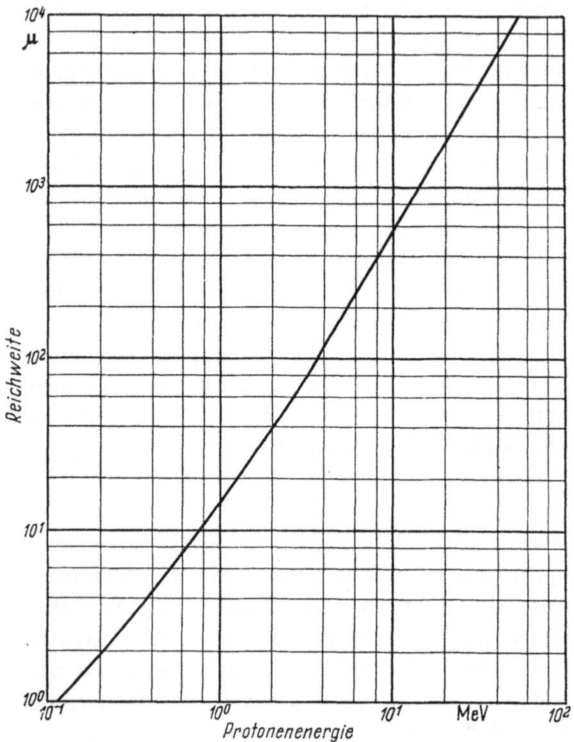

Abb. 59. Reichweite der Rückstoßprotonen in der trockenen Ilford-C2-Emulsion (bei 50–60% relativer Luftfeuchtigkeit ist die Reichweite 3–4% größer, die Reichweite in anderen Kernspuremulsionen weicht maximal einige Prozent von diesen Werten ab) [nach L. VIGNERON, J. Phys. Rad. 14 (1953) 145]

stünde sie nur noch aus einigen wenigen Körnern. Damit ist die Grenze ihrer Erkennbarkeit und die Grenze des Verfahrens erreicht (im allgemeinen rechnet man damit, daß eine aus drei Körnern bestehende Spur schon nicht mehr als solche erkennbar ist; der subjektive Fehler bei der Auszählung wird um so größer, je kürzer die Spur ist). Es läßt sich berechnen, daß bei 2 MeV Neutronen der Anteil nicht mehr erkennbarer Spuren nur etwa 5% ausmacht, um dann bei etwa 0,3 MeV (dieser Wert hängt etwas von der Packungsdichte und Korngröße der verwendeten Emulsion sowie vom γ-Schleier ab) 100% zu erreichen.

Folgende allgemeine Schwierigkeiten bei der Auswertung von Kernspuraufnahmen seien in diesem Zusammenhang erwähnt:

1. Die ursprüngliche Länge der Kernspur, die zu ermitteln ist, ist keineswegs mit der mikroskopisch gemessenen Länge identisch (das ist nur näherungsweise bei Kernspuren parallel zur Schichtoberfläche der Fall): Da eine Kernspuremulsion sehr viel Silberhalogenid enthält, das durch den Fixierprozeß entfernt wird, ist die entwickelte und fixierte Schicht gegenüber der ursprünglich exponierten Schicht erheblich dünner geworden, d.h. die Kernspur ist verkürzt und hat dabei auch ihren Neigungswinkel gegenüber der Schichtoberfläche verändert. Dieser *Schrumpfungsfaktor* kann aus der Änderung des Neigungswinkels von Spuren

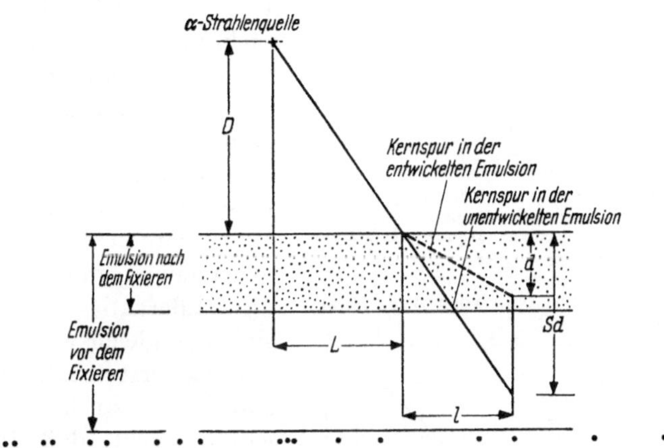

Abb. 60. Schema zur Bestimmung des Schrumpfungsfaktors einer Kernspuremulsion für die Kernspur-Längenmessung (nach R. A. DUDLEY in HINE/BROWNELL, Radiation Dosimetry, New York 1956, S. 346)

unter definiertem Einfallswinkel eingefallener Partikel gemessen werden. Die aus Abb. 60 zu entnehmenden Größen hängen dann wie folgt miteinander zusammen:

$$\frac{l}{S\,d} = \frac{L}{D} \quad \text{oder} \quad \frac{l}{d} = S\,\frac{L}{D},$$

und der Schrumpfungsfaktor S ist der Neigungswinkel von l/d, der für verschiedene Spuren gegen L/D aufgetragen wurde.

2. Auf der anderen Seite kann die Schicht auch unter Wasseraufnahme quellen, und zwar hängt dieser Quellungsgrad stark von der Luftfeuchtigkeit ab (bei 50% relativer Luftfeuchtigkeit enthält Gelatine etwa 20%, bei 90% relativer Luftfeuchte 40% Wasser. Da die Kernspuremulsion verhältnismäßig wenig Gelatine enthält, ist der Einfluß entsprechend geringer: Für verschiedene Handelsemulsionen wurden bei 30% relativer Luftfeuchte 1,3–2,2%, bei 70% etwa 3,5–4% Wasser gemessen). Die relative Luftfeuchtigkeit müßte deshalb bei Exposition und Auswertung identisch sein – eine in der Praxis nicht leicht realisierbare Bedingung. Der unterschiedliche Wassergehalt beeinflußt auch die Protonenspurdichte (der Wasserstoffgehalt wasserfreier Emulsionen liegt bei etwa 40–50 mg je cm³ Emulsion).

3. Auch das Fading hängt stark vom Wassergehalt der Schicht ab (vgl. auch 39ff. u. 95ff.). Dabei kann besonders die Korndichte ohnehin kornarmer Spuren so gering werden, daß die Spur nicht mehr erkennbar ist.

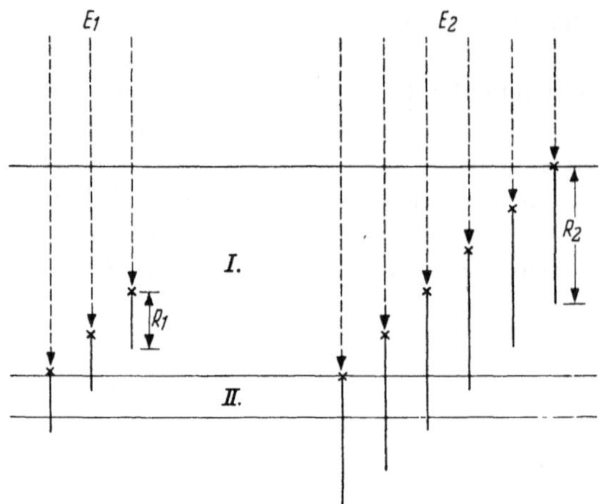

Abb. 61. Schematische Darstellung der Rückstoßprotonen-
erzeugung in einer wasserstoffhaltigen Schicht (*I*) über einer
Kernspuremulsion (*II*): Die Neutronenenergie E_1 ist kleiner
als E_2, die maximale Reichweite der erzeugten Protonen
R_1 deshalb auch kleiner als R_2 (nach R. A. DUDLEY in HINE/
BROWNELL, Radiation Dosimetry, New York 1956, S. 314)

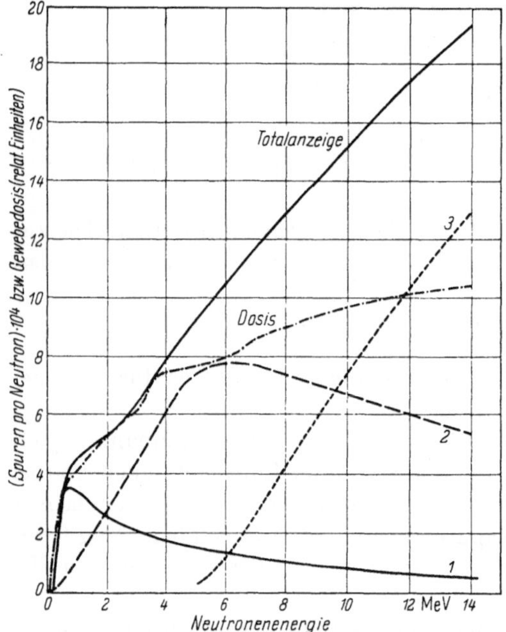

Abb. 62. Nach der HURST-Methode berechnete Spurenzahl
je Neutron als Funktion der Neutronenenergie für eine 30 μ
dicke Emulsionsschicht (*1*), Spuren je Neutron, die aus dem
Schichtträger herrühren (*2*) und Spuren/Neutron, die durch
227 mg/cm² organisches Plakettenmaterial bedingt wird (*3*).
Die Totalspurenzahl als Summe dieser Kurven weicht von
der Gewebedosis, die für den 1. Neutronenstoß berechnet
wurde, stark ab [nach J. S. CHEKA, Nucleonics 12, No. 6 (1954)
40]. Die Abweichung für höhere Neutronenenergien wird noch
größer, wenn mit den Dosiswerten für den Vielfachstoß verglichen wird

4. Schließlich wäre es besonders bei höheren Neutronenenergien notwendig, extrem dicke
Schichten zu verwenden, um
auch die längsten Spuren aus-
messen zu können (schon bei
10 MeV Neutronenenergie können
Protonenbahnen bis zu 550 μ
Länge auftreten). Dies würde
aber die Schwierigkeiten in Ent-
wicklungs- und Auswertungstechnik wesentlich erhöhen.

Um die Längenmessung und
damit auch die unter 1., 2. und
4. genannten Schwierigkeiten zu
vermeiden, hat CHEKA (1953,
1954) vorgeschlagen, die Proto-
nenerzeugung möglichst vollständig außerhalb der Schicht in
einem vergleichsweise ausgedehnten wasserstoffhaltigen Material
stattfinden zu lassen. Dadurch
wird erreicht, daß die Zahl der
erhaltenen Protonenspuren mit
der Neutronenenergie ansteigt,
wie es die zunehmende biologische Wirksamkeit solcher Neutronen erfordert. Abb. 61 erläu-
tert das Prinzip dieses Verfahrens:

Neutronen geringerer Energie
E_1 erzeugen Protonen der maximalen Reichweite R_1, die innerhalb dieser Reichweite die Schicht
erreichen. Neutronen höherer
Energie E_2 erzeugen Protonen,
die innerhalb R_2 die Schicht
erreichen. Damit würde innerhalb eines Bereiches, dessen
untere Grenze durch die Erkennbarkeit der Kernspuren und
dessen obere Grenze durch die
Dicke der wasserstoffhaltigen
Schicht gegeben ist, die Zahl der
Bahnspuren unabhängig von ihrer
Länge proportional der Dosis,
wenn die Reichweitezunahme
proportional ihrer biologischen

Wirksamkeitszunahme wäre. Da aber die Reichweite der Protonen schneller ansteigt als die biologische Wirksamkeit der sie erzeugenden Protonen, muß die Zahl der schnelleren Protonen im Verhältnis zu den langsameren reduziert werden. Durch Zwischenlagen von Aluminium in der wasserstoffhaltigen Schicht läßt sich deren Wasserstoffkonzentration als Funktion der Entfernung von der photographischen Emulsion den Bedürfnissen anpassen. Es resultiert eine Anordnung, bei welcher über der Kernspuremulsion auf jeder Seite folgende Schichtenfolge liegt: 76 mg/cm² Zellulose, 85 mg/cm² Aluminium, 34,5 mg/cm² Zellulose, 27 mg/cm² Aluminium, 28,5 mg/cm² Azetylzellulose, Emulsion.

Abb. 62 veranschaulicht, wie nach Berechnungen von CHEKA (1954) in der zunächst verwendeten Verpackung des Kodak-NTA-Filmes mit 227 mg/cm² organischer Substanz die drei Anteile der gebildeten Protonen zur Gesamtprotonenzahl beitragen. Diese steigt stärker an als die Dosis, so daß nur bis etwa 5 MeV eine dosisproportionale Anzeige möglich ist, obwohl die Dicke der organischen Schicht der Reichweite von 14-MeV-Protonen entspricht. In der CHEKA-Anordnung wird Dosis- und Totalanzeigekurve dann identisch. Im Gegensatz zu diesen Rechnungen fand DRESEL (1961) jedoch, daß sich der herkömmlich und der nach CHEKA verpackte Kernspurfilm in ihrer Empfindlichkeit gegenüber 14-MeV-Neutronen nicht wesentlich unterscheiden. LITTLEJOHN (1961) findet, daß die CHEKA-Anordnung zwischen 1 und 20 MeV innerhalb +100 und −50% energieunabhängig ist (die Empfindlichkeit nimmt mit zunehmender Neutronenenergie zu).

Die Genauigkeit des Verfahrens ist verschiedentlich näher untersucht worden. CHEKA (1954) prüfte die Richtungsabhängigkeit seiner Anordnung und den Einfluß eines Paraffinphantoms von 16 cm Durchmesser in der Nähe der Plakette auf die Messungen. Es ergab sich, daß bei einer Film-Phantom-Entfernung von 1,5 cm bei frontaler Bestrahlung eine um 30% höhere Dosis als bei Abwesenheit des Phantoms gemessen wurde (dieser Betrag würde sich bei geringerem Abstand und höherer Neutronenenergie noch erheblich erhöhen). Bei seitlicher Bestrahlung zeigte der Film – weitgehend unabhängig von der Anwesenheit des Phantoms – etwa 60–70% seiner Frontalanzeige und im Schatten des Phantoms je nach Neutronenenergie 7–27% seiner ursprünglichen Anzeige. Nur ein geringer Teil der Neutronen kann also das Phantom durchdringen. Ein Teil der Anzeige läßt sich außerdem auf die Rückstreuung zurückführen. HART und HALE (1956) fanden bei Schrägbestrahlung 47% der Frontalanzeige. Diese Autoren eichten den Film mit Hilfe eines während der Bestrahlung rotierenden Paraffinphantoms, um den Bedingungen der Praxis möglichst nahe zu kommen. Der Film zeigte dann zwei Drittel der Spurendichte, die er bei Frontalbestrahlung ohne Phantom aufwies (Polonium-Beryllium-Neutronenquelle). MATOUSKOVÁ und HOLANOVÁ (1961) geben einen Abfall der Spurenzahl auf 92% des Wertes bei frontaler Bestrahlung bei einem Einfallswinkel von 45°, auf 64% bei 20° an.

Der Fadingfehler kann bei diesen feinkörnigen Emulsionen beträchtlich sein: CHEKA (1947, 1954) fand, daß die Spurendichte bei *normaler* Luftfeuchtigkeit in 20 Tagen auf die Hälfte abnahm und bei 50% relativer Luftfeuchtigkeit dazu etwa 70 Tage benötigte (die Korndichte der einzelnen entwickelten Kernspur wird im Verlauf des Fadingvorganges immer geringer, bis sie sich schließlich nicht mehr vom Grundschleier unterscheiden läßt). COOK (1958) stellte mit der Ilford-E1-Emulsion fest, daß nach 70 Tagen Lagerung bei einer mittleren relativen Luftfeuchte von 50% überhaupt keine Spuren mehr vorhanden waren (auch im Exsikkator waren bei dieser Emulsion nach zwei Monaten über die Hälfte der Spuren verschwunden), während die Ilford-C2-Emulsion auch unter Normalbedingungen innerhalb 12 Wochen kein nachweisbares Fading aufwies (weitere Angaben bezüglich der Stabilität von Kernspuremulsionen vgl. z. B. CHEKA 1958, AMADESI et al. 1960, DRESEL 1961).

COOK (1958) und MERINGDAL (1960) untersuchten eine andere Art Kombination zwischen Kernspuremulsion und Protonenspender bzw. Radiator. Wäh-

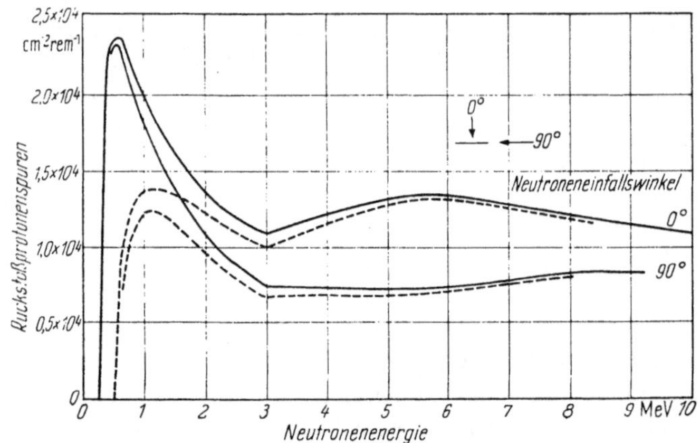

Abb. 63. Zahl der Rückstoßprotonenspuren je cm² und rem als Funktion der Neutronenenergie für die in Harwell benutzte Anordnung 250 μ Polyäthylen-Radiator zwischen zwei 50 μ dicken Kernspuremulsionen, berechnet unter Berücksichtigung aller Rückstoßprotonen mit einer Energie von mehr als 0,25 MeV ——— und von mehr als 0,5 MeV – – – – (nach J. E. COOK, AERE HP/R 2744, 1958)

rend in der CHEKA-Anordnung die Emulsion zwischen den Radiatorschichten lag, liegt bei diesen Autoren der Radiator zwischen zwei Emulsionsschichten, die in diesem Fall auf Glas vergossen sind. COOK verwendet als Radiator eine 250 μ dicke Polyäthylenschicht, MERINGDAL Polystyrol gleicher Dicke. Beide Autoren haben – mit erwartungsgemäß weitgehend übereinstimmenden Resultaten – die Zahl der zu erwartenden Kernspuren als Funktion der Neutronenenergie, bezogen auf die gleiche Neutronendosis in rem, ausgerechnet. Dabei ergab sich der Verlauf der Abb. 63, aus dem hervorgeht, daß die Energieabhängigkeit wesentlich besser wird, wenn nur Protonenspuren einer Energie von mehr als 0,5 MeV anstatt 0,25 MeV berücksichtigt werden, d. h. kurze Spuren nicht mit gezählt werden. Allerdings setzt dann die einigermaßen energieunabhängige Registrierung erst bei etwa 0,6 MeV ein. Der maximal zu erwartende Energieabhängigkeitsfehler beträgt nach dieser Rechnung bei senkrechter Einstrahlung etwa ± 17%, bei unbekannter Einfallsrichtung ± 28%. In praxi wird der Fehler, der bei der Rechnung unter Einschluß der Neutronen zwischen 0,25 und 0,5 MeV erhalten wird, sich diesen Werten nähern: einmal werden so kurze Spuren ohnehin leicht übersehen, zum anderen aber lange Spuren, die mehrere Gesichtsfelder berühren, leicht mehrfach gezählt. Experimentell werden von COOK (1958) bei verschiedenen Einfallswinkeln und Neutronenenergien zwischen 0,5 MeV und *gehärteter* Reaktor-Neutronenstrahlung zwischen 6000 und 21 400 Spuren je cm² und rem gefunden, was einer maximalen Abweichung vom Mittelwert von ± 56% entspricht. Durch eine spezielle Auswertetechnik (vgl. S. 98) läßt sich dieser Fehler ein wenig vermindern.

Zu diesem Fehler, der immerhin um den Faktor 3 abweichende Werte liefern kann, addieren sich noch die Rückstreu- und Absorptions- bzw. Moderationsfehler, die je nach Neutronenenergie und Einfallswinkel einen Fehlerfaktor von weniger als 2 bis über 10 bedingen können. Wird die Plakette mit der Kernspuremulsion dann noch einen Monat bei normaler Luftfeuchtigkeit getragen, überlagert sich der mehr oder weniger starke Fadingfehler, der leicht ebenfalls mit einem Faktor 2 zum Gesamtfehler beitragen kann. Diese Betrachtung enthält noch nicht den Zählfehler: Außer dem statistischen Fehler, der bei Zählung von mehr als etwa 100 Spuren im allgemeinen klein wird gegenüber den genannten anderen Fehlern, kommen nämlich je nach Zählmethode auch noch grundsätzliche Zählfehler mit ins Spiel. Bei der visuellen Zählung können diese z. B. durch die subjektive Beurteilung kleiner Spuren oder solcher Spuren, die sich kaum vom γ-Schleier abheben, aber auch durch Ermüdungserscheinungen sich in Unterschieden zwischen den Zählergebnissen verschiedener Beobachter niederschlagen. Auch bei der automatischen Auswertung können – je nach Methodik – beträchtliche Fehler auftreten, sei es, daß echte Spuren nicht gezählt oder zufällige Kornanhäufungen als Spuren gewertet werden.

Alles Gesagte gilt für die Neutronen in dem verhältnismäßig engen Energiebereich zwischen etwa 0,5 und 15 MeV. Oberhalb 15 MeV – für Neutronenenergien bis 50 und mehr MeV – kann man mit geeignet dimensionierten Radiator-Protonenabsorber-Kernspurfilm-Kombinationen ebenfalls noch mit allerdings erheblich verminderter Empfindlichkeit eine etwa gewebeäquivalente Neutronendosimetrie durchführen. Für den Energiebereich zwischen etwa 0,4 eV und 0,5 MeV fehlen dagegen Nachweismethoden praktisch vollständig. Es ist vorgeschlagen worden, in die Plaketten zusätzliche Neutronen-Schwellenenergie-Detektoren einzubringen. Das sind Elemente, die wie beispielsweise Schwefel bei einer bestimmten Neutronenenergie aktiviert werden und eine ausreichend lange Halbwertszeit haben, so daß bei ausreichender Aktivität aus der Zerfallsrate nicht nur qualitativ auf die Einwirkung von Neutronen der fraglichen Energie, sondern bei bekannter Expositionszeit auch quantitativ auf die Stärke der Neutronenbelastung geschlossen werden kann. So ist z. B. vorgeschlagen worden, die Aktivierung des Natriums im menschlichen Blut zur nachträglichen Dosisbestimmung bei Unglücksfällen zu benutzen. Natürlich ist es günstiger, die Schwellenenergie-Detektoren als Tabletten oder Folien in die Filmplakette einzubringen. In Oak Ridge sind beispielsweise auf einer Plastikeinlage Folien aus Gold, kadmiumbeschichtetem Gold, Indium und Schwefel angebracht (MORGAN 1960). In Harwell trägt jede neutronengefährdete Person außer einer obligaten Indiumfolie eine in Polyäthylen eingeschweißte Schwefeltablette. Allerdings sprechen diese Schwellenenergie-Detektoren nur bei verhältnismäßig hohen Neutronendosen, also bei Unglücksfällen, in nennenswertem Umfang an. Auf die nähere Diskussion dieser Verfahren muß hier verzichtet werden (Einzelheiten vgl. DAVIS 1960). Fortschritte sind allerdings auch auf anderem Wege möglich. So hat RINDI (1961) die Kombination von photographischen Filmen mit neutronenempfindlichen anorganischen und organischen Szintillationskörpern untersucht und gefunden, daß eine Dosimetrie schneller Neutronen mit organischen Szintillationskörpern grundsätzlich möglich ist. z. B. durch zwei Szintillatoren. von denen der eine nur γ-empfindlich, der andere γ- und neutronenempfindlich ist. Auch die Anwendung neutronenempfindlicher Phosphatglasdosimeter scheint aussichtsreich zu sein.

4. Methoden der Bahnspurzählung

Sowohl für die Filmdosimetrie langsamer Neutronen mit bor- und/oder lithiumbeladenen Kernspuremulsionen als auch für die schneller Neutronen ist es unerläßlich, die Zahl der je Flächeneinheit Emulsion entstandenen Kernspuren mit ausreichender Genauigkeit zu ermitteln. Die Genauigkeitsanforderungen an die Zählung sind dabei naturgemäß verschieden. je nach der geforderten Gesamtgenauigkeit und der Größe von Fehlern anderer Art. Da letztere bei der filmdosimetrischen Personenüberwachung beträchtlich sind, genügt für die Routineüberwachung normalerweise die Auszählung von größenordnungsmäßig etwa hundert Spuren, um den Zählfehler gegenüber den anderen Fehlern klein genug werden zu lassen.

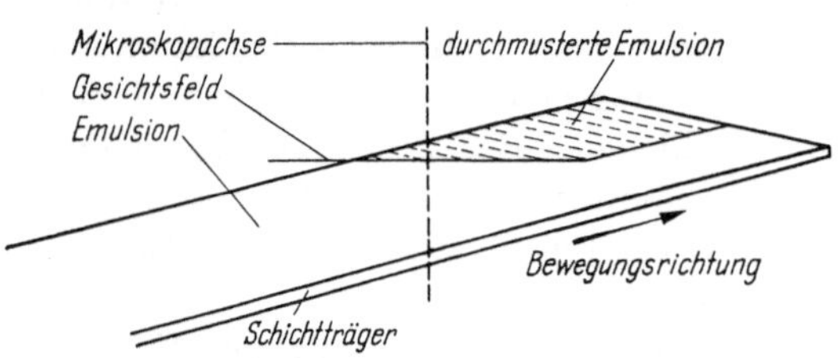

Abb. 64. Schematische Darstellung der Auswertetechnik nach J. E. COOK (AERE HP/R 2744, 1958)

Neben den statistischen Fehlern spielen systematische Zählfehler eine große Rolle, die sich nur zum Teil aufheben, wenn für Eichung und Messung identische Methoden angewendet werden. Kratzer der Schichtoberfläche können meist mikroskopisch als solche erkannt werden, desgleichen (seltene) organische Fasern oder ähnliche Fremdkörper in der Gelatine. Der Prozentsatz der Spuren, die senkrecht, d.h. in Blickrichtung des Zählers in die Schicht hineinlaufen und die nur als Einzelkorn gesehen werden (de facto gilt das für alle Spuren innerhalb eines bestimmten Raumwinkels, dessen Größe von der Auswertungsmethodik abhängt), wird bei vergleichbarer Neutronen-Einfallsrichtung etwa konstant sein und deshalb die Auswertung nicht stören. Man kann solche Spuren, die bei frontaler Bestrahlung besonders häufig sind, ebenfalls zählen, wenn man, wie COOK (1958) es beschrieben hat. die auszuzählende Platte schräg am Objektiv vorbeiführt (vgl. Abb. 64).

Der Prozentsatz der zählbaren Spuren nimmt mit zunehmendem γ-Schleier ab – dies gilt ebenso für die visuelle Auswertung wie für automatische Methoden, wobei die Empfindlichkeit gegen zunehmenden γ-Schleier von Verfahren zu Verfahren wechselt. Abb. 66 zeigt als Beispiel Zählresultate, die mit einem speziellen automatischen Gerät erhalten worden sind. Für die visuelle Auszählung kann man bei etwa 5 r γ- bzw. entsprechend weniger Röntgenstrahlung mit einer Beeinträchtigung der Zählung rechnen, die bei etwa 10 r γ-Strahlung dann ganz unmöglich wird, wenn der γ-Schleier nicht durch spezielle Entwicklungsmethoden unterdrückt wird.

Die einfachste Methode ist die visuelle Auszählung. Dafür kann grundsätzlich jedes Mikroskop ausreichender Vergrößerung (ab etwa 800fach) verwendet werden, jedoch sind Spezialgeräte unter Umständen vorteilhaft. Die angewandte

Vergrößerung hängt von der Spurenzahl ab: Während für niedrige Spurenzahlen und Übersichtsbetrachtungen eine etwa 400fache Vergrößerung angebracht ist.

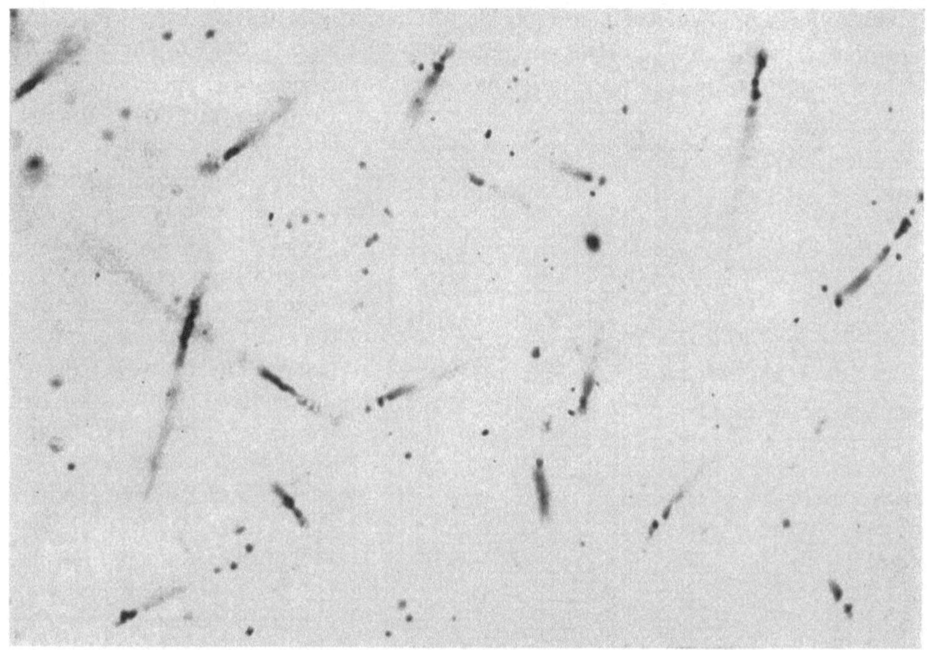

Abb. 65. Rückstoßprotonen-Kernspuren bei frontaler Bestrahlung eines Kodak-NTA-Filmes mit 10 rem Po/Be-Neutronen (100 × Ölimmersion, 8 × Planokular)

bieten bei höheren Spurendichten (Abb. 65) Vergrößerungen von etwa 800–1000-fach (Ölimmersion) Vorzüge. Bei schräger Neutronenbestrahlung liegen die Spuren, die im Beispiel der Abb. 65 z.T. erst durch Heben und Senken des Tubus deutlich zu erkennen sind, in einem günstigeren Neigungswinkel und sind dadurch leichter zu zählen. Die Industrie hat spezielle, zum Teil recht komplizierte und teure Kernspurmeßmikroskope entwickelt (Fratelli Koristka, Italien, und Carl Zeiss, Jena).

Diese Geräte mit ihrer aufwendigen Ausrüstung zur genauen Längen- und Winkelmessung von Kernspuren bieten jedoch allenfalls für Spezialarbeiten Vorzüge, während für

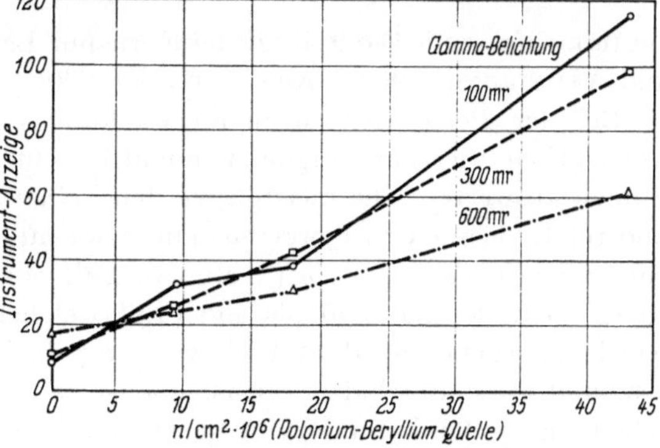

Abb. 66. Einfluß des steigenden γ-Schleiers auf die Ergebnisse der automatischen Bahnspurzählung (nach S. BECKER, Health Physics 4 (1960) 164]

die Bedürfnisse der Routineauswertung einfachere Geräte völlig ausreichen. Normalerweise dürften Mikroskope wie das Modell M 4005 von Cooke. Trough

& Simms. England, und das Ortholux-Kernspurmikroskop von E. Leitz,
Wetzlar. auch für anspruchsvollere Meßaufgaben durchaus genügen. Letzt-
genanntes Mikroskop besitzt eine Spezialeinrichtung, mit deren Hilfe die Tei-
lung eines optisch ebenen Glaslineals durch das Pendelobjektiv ins Gesichtsfeld projiziert wird (Abb. 67). Die eingeblendete Skala ist dabei rot auf grünem
Grunde sichtbar (grünes Licht ermüdet das Auge am wenigsten schnell). Mehrere
Produzenten von Mikro-
skopoptiken stellen spe-
zielle Kernspurobjektive
her. die sich durch einen
besonders großen Arbeits-
abstand auszeichnen. Das
ist notwendig, wenn besonders dicke Kernspuremul-
sionen durchmustert wer-
den sollen. Auch auf eine
möglichst geringe Wölbung
des Gesichtsfeldes und geringe Tiefenschärfe wird
Wert gelegt. Für die ein-
facheAuszählung der Bahn-
spuren sind jedoch im allgemeinen normale Mikro-
skope mit üblicher Optik
und Netzokular – eventuell
in Verbindung mit einem
Projektionsaufsatz, wie ihn
z. B. die Fa. Carl Zeiss liefert – solchen Kernspur-
mikroskopen und -objekti-
ven vorzuziehen. Eine gute

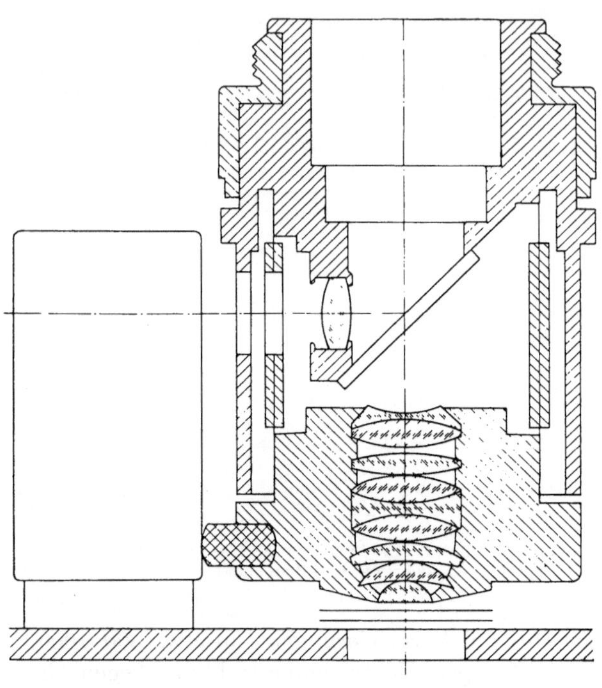

Abb. 67. Querschnitt durch das Objektiv des Ortholux-Kernspur-
mikroskopes von E. Leitz, Wetzlar

zusammenfassende Darstellung der Kernspur-Labortechnik findet sich bei ALLRED
und ARMSTRONG (1953) sowie HODGES (1960) (vgl. auch WHITE 1960 u.a.).

Bei der Personen-Routineüberwachung muß üblicherweise eine Meßstelle
wöchentlich, vierzehntägig oder monatlich eine größere Anzahl von Platten oder
Filmen auswerten. Die meisten werden keine merkliche Spurendichte aufweisen
und relativ schnell zu bewerten sein. etwa mit der Angabe *weniger als . . . n cm²*
oder *weniger als . . . mrem* (in diesem Fall muß allerdings noch die Neutronenenergie bzw. der maximalzulässige Fluß, welcher der Umrechnung zugrunde gelegt
wurde. angegeben werden). Viele werden jedoch wirklich ausgezählt werden müssen, und diese Beschäftigung ist ebenso langweilig wie anstrengend, so daß es
schwierig werden kann, hierfür geeignetes Personal zu finden. Bei längerer Tätigkeit am Mikroskop treten leicht Augen- und Kopfschmerzen auf, worunter die
Sorgfalt der Zählung dann leidet. Es können nur etwa 10–50 Filme oder
Platten je Tag von einer Person ausgewertet werden. Man hat deshalb schon bald
an Auswertehilfen gedacht. So kann man beispielsweise das mikroskopische Bild
auf einen Schirm oder auf die Tischfläche projizieren. einige automatische Be-

wegungen automatisieren (vgl. beispielsweise das Gerät von MASKET und WIL-
LIAMS 1951) oder die Protokollierung der Ergebnisse durch Betätigen der
Taste eines Zählwerkes oder Sprechen auf ein Diktiergerät ersetzen. Wesentlich günstiger sind Durchmusterungshilfen, die auf dem Fernsehprinzip be-
ruhen und in denen durch elektronische Maßnahmen der Schleier reduziert und
die Übersichtlichkeit des mikroskopischen Bildes erhöht wird. So gibt PETUKOW

(1957) eine Anordnung an, in welcher der Untergrund um etwa den Faktor 1000 vermindert wird. Eine ähnliche Anordnung beschreiben VORONKOV und GALAKTIONOV (1961).

Eine wirklich prinzipielle Verbesserung wird jedoch erst erreicht, wenn die Auszählung vollautomatisch mit großer Geschwindigkeit und Zuverlässigkeit vorgenommen wird. Diese Aufgabe ist nicht einfach zu lösen, da

1. die Spuren in Länge und Richtung sehr verschieden sind und

2. die Spuren unter Umständen nur schwer von zufälligen Schleierkornanhäufungen unterschieden werden können.

Unter allen bisher beschriebenen Methoden mit sehr unterschiedlichem apparativem Aufwand und unterschiedlicher Leistungsfähigkeit

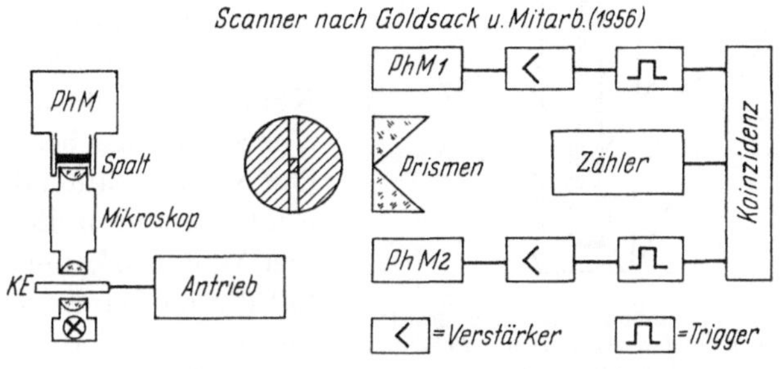

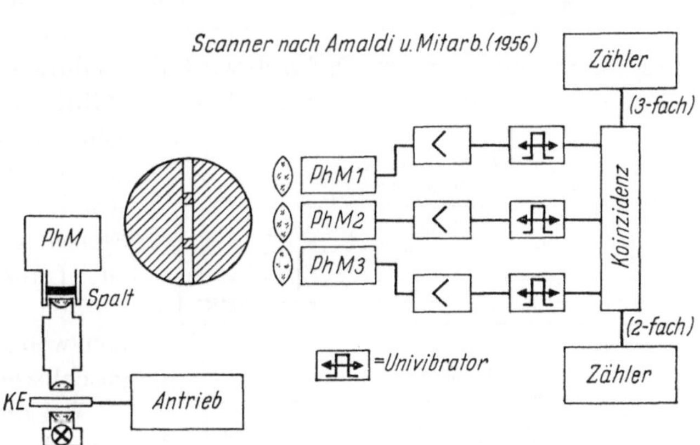

Abb. 68. Schematische Darstellung der Wirkungsweise zweier automatischer Kernspur-Zählgeräte mit mechanischer Abtastung
(nach P. KOEPPE, Dissertation T. U. Berlin 1961)

ist noch keine, die restlos befriedigen würde, und an verschiedenen Orten wird an Verbesserungen gearbeitet. Insbesondere haben die meisten beschriebenen automatischen Zähl-
geräte, auch *Scanner* genannt, den Nachteil, vorzugsweise die in einer bestimmten Richtung liegenden Spuren zu zählen. Im allgemeinen wird das mikroskopische Bild abgetastet, wobei diese Abtastung parallel oder senkrecht zu dieser
Vorzugsrichtung erfolgt. Da die Abtastung selbst sowohl mechanisch als auch
elektronisch (nach dem Fernsehprinzip) und schließlich durch einen Lichtpunkt
nach dem Flying-Spot-Prinzip erfolgen kann, gibt es insgesamt sechs Variations-
möglichkeiten.

Bei der mechanischen Abtastung wird im Prinzip das mikroskopische Bild
der Schicht durch Verschieben derselben auf dem Objekttisch an der Lichteintrittsfläche vorbei bewegt. Eine einzige Lichteintrittsfläche, wie sie z.B. ein
Mikrodensitometer besitzt, kann grundsätzlich nur Schwärzungen messen und

damit eine Kernspur nicht eindeutig als solche erkennen. Dazu sind mindestens zwei getrennte Lichteintrittsflächen und Kanäle notwendig, deren Koinzidenz dann eine Spur anzeigt. In der Anordnung von GOLDSACK und VAN DER RAAY (1956) sind die Lichteintrittsflächen die beiden Hälften eines Spaltes (Abb. 68 oben). In einer ähnlichen Anordnung, die von AMALDI, CASTAGNOLI und FRANZINETTI (1956) (vgl. auch CASTAGNOLI, FERRO-LUZZI und FRANZINETTI 1957) beschrieben wurde, sind es drei Spaltteile und Kanäle (Abb. 68 unten). Kurze Spuren, die nur eine Spalthälfte berühren, sowie nicht parallel zu den Spalten laufende Spuren werden nicht mit erfaßt, wodurch diese Geräte für die vorliegenden Aufgaben kaum geeignet sind. KOEPPE (1961) hat die mechanische Abtastung wesentlich verbessert durch die Benutzung anders geformter Lichteintrittsflächen (Abb. 69): Plexiglas- oder Glas-Lichtleiter führen den Lichtstrom

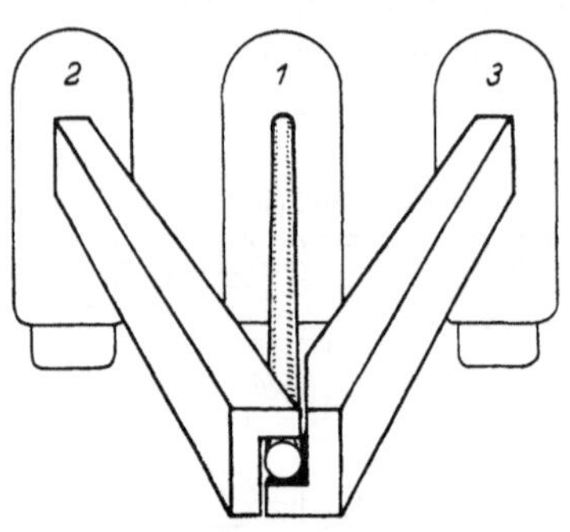

Abb. 69. Anordnung der Lichteintrittsflächen bei der mechanischen Abtastung nach P. KOEPPE (Dissertation T. U. Berlin 1961)

drei Photomultipliern zu. Dadurch wird die Zählung richtungsunabhängig. Durch elektronische Maßnahmen können dann die Zählbedingungen den Erfordernissen weitgehender Unterdrückung zufälliger Ereignisse bei möglichst vollständiger Zählung auch der kurzen Spuren gut angepaßt werden. Nicht zu transparente Verunreinigungen werden durch elektronische Maßnahmen weitgehend von der Zählung ausgeschlossen.

Bei der elektronischen Abtastung wird das mikroskopische Bild durch eine Fernsehröhre in ein sogenanntes Videosignal, d.h. eine dem Bild entsprechende Impulsfolge, verwandelt. Als zu zählendes Ereignis kann dann eine auf der Abtastzeile liegende Spur, d.h. ein besonders breiter Impuls, gewertet werden (Abb. 70 unten). Ein solches Gerät haben S. BECKER und FRANCESCHINI (1957) gebaut und seither in größerem Umfang für die Neutronen-Filmdosimetrie eingesetzt (S. BECKER 1960, COWAN 1960): Es zählt alle Spuren innerhalb ±15–20% der Vorzugsrich

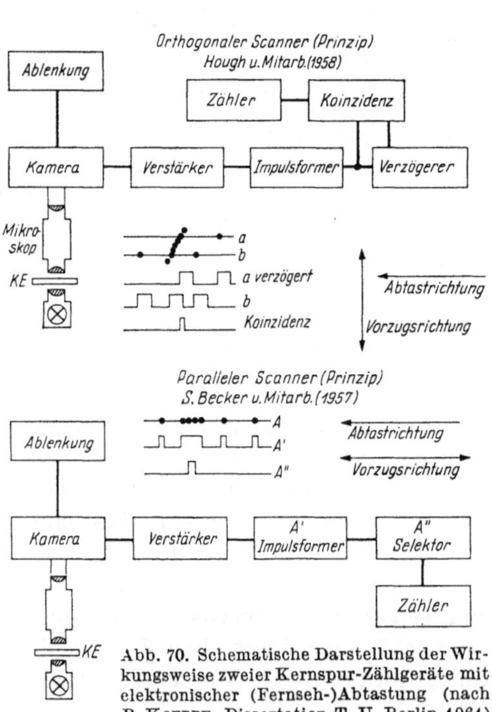

Abb. 70. Schematische Darstellung der Wirkungsweise zweier Kernspur-Zählgeräte mit elektronischer (Fernseh-)Abtastung (nach P. KOEPPE, Dissertation T. U. Berlin 1961)

tung, die aus mehr als vier Körnern bestehen. Der Background macht etwa 20% der maximalzulässigen Neutronendosis aus (vgl. auch SPEH und BECKER 1959 und AIL-2644-H-1 1958). Die Ergebnisse zeigen, daß trotz der ausgeprägten

Vorzugsrichtung rund zwei Drittel aller visuell erkennbaren Spuren gezählt werden (Abb. 71). In der Abhängigkeit der gemessenen Spurenzahl von der Neutronenenergie gehen visuelle und apparative Anzeige parallel, und mit zunenmendem γ-Schleier nimmt die gemessene Spurenzahl natürlich ab (vgl. Abb. 66) (vgl. auch HOUGH 1959 und HOUGH, KOENIG und WILLIAMS 1959). Das Gerät benötigt etwa 2,5 Minuten für einen wenig exponierten und etwa 10 Minuten für einen stark exponierten Film. Ein Nachteil des Verfahrens liegt in dem geringen Signal-Rausch-Abstand der Fernsehaufnahmeröhren und deren relativ geringen Betriebssicherheit. Eine Variante dieses Verfahrens beschrieben HOUGH und WINDER 1956 und HOUGH, WILLIAMS und WINDER 1958 (Abb. 70 oben). Hier werden Spuren, die innerhalb eines gegebenen Toleranzwinkels senkrecht zur Abtastrichtung liegen, durch verzögerte Koinzidenz gezählt.

Schließlich sind auch noch Methoden vorgeschlagen, aber bis jetzt nicht realisiert worden (McEWEN und HEBERT 1959), die auf das

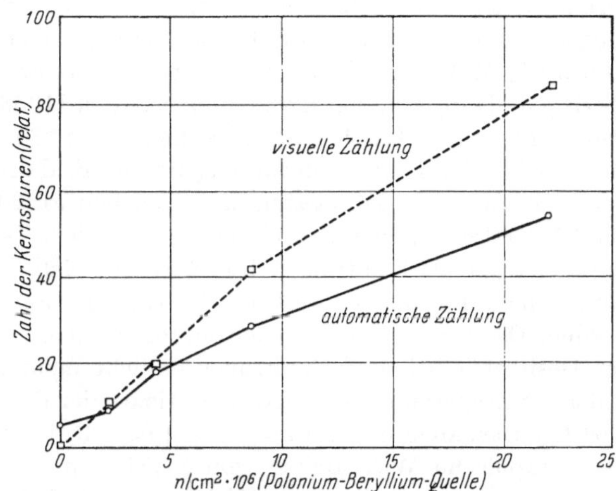

Abb. 71. Vergleich der visuellen und der automatischen Kernspurauszählung der Anordnung [nach S. BECKER, Health Physics 4 (1960) 164]

Flying-Spot-Prinzip von ROBERTS und YOUNG (1951, 1952) zurückgehen: Der Leuchtpunkt auf dem Schirm einer Kathodenstrahlröhre beschreibt ein Linienraster, das entsprechend verkleinert in der Kernspuremulsion abgebildet wird. Ein Photomultiplier registriert den Lichtstrom, und durch geeignete optische oder elektronische Mittel (Polarisation des Lichtes oder Umschaltung) können Spuren auf der vom Lichtpunkt beschriebenen Linie registriert werden. Das Verfahren ist wieder stark auf eine Vorzugsrichtung abgestimmt. Grundsätzlich könnte man dem zwar beispielsweise durch Drehen der Emulsion begegnen, jedoch ginge dadurch dem Verfahren wieder der Vorzug großer Schnelligkeit verloren. Weitere Arbeiten über automatische Kernspurzählung wurden von GLAGOLEV und LEBEDEV (1957), BARKAS (1958, 1960) u. a. (vgl. Bibliographie von WILSON 1961) veröffentlicht.

Allgemein läßt sich sagen, daß alle diese Anordnungen nicht einfach zu bauen, zu bedienen und zu warten sind (die Industrie stellt noch kein derartiges Gerät her) und überdies auch noch mit manchen Unzulänglichkeiten, wie z. B. mangelhafter Reproduzierbarkeit der Werte, behaftet sind, so daß die Frage, ob sich der Bau eines der bereits beschriebenen oder eines neuartigen Gerätes betrieblich lohnt, von Fall zu Fall je nach den vorhandenen Meßaufgaben und Mitteln entschieden werden muß.

V. Filmdosimetrie von β-Strahlen, gemischten Strahlenfeldern und Sonderanwendungen

Von den verschiedenen Korpuskularstrahlen sind praktisch nur Neutronen und Elektronen filmdosimetrisch meßbar. Das Durchdringungsvermögen schwerer geladener Teilchen (Protonen, Deuteronen, α-Teilchen, Kernbruchstücke) ist normalerweise viel zu gering, als daß diese Teilchen die normale Filmverpackung zu durchdringen vermöchten. So ist eine Protonen-Filmdosimetrie durch Schwärzungsmessung – nicht durch Bahnspurzählung – erst für Protonenenergien größer als etwa 10 MeV sinnvoll, dann allerdings anderen Methoden in mancher Hinsicht überlegen. Tochilin, Shumway und Kohler (1956) fanden z. B. für Protonen, Deuteronen und α-Teilchen mit Energien bis zu 380 MeV eine gute Proportionalität zwischen Dosis und Schwärzung für die Kodak-NTB-Emulsion und Proportionalität zwischen Schwärzung und Teilchen-Flußdichte für Eastman-Translit- und 5302-Filme. Wegen ihrer Größe werden solche Teilchen in der Schicht weniger stark gestreut als Elektronen. Die Energie-Reichweite-Beziehungen sind im Zusammenhang mit der Auswertung von Kernspuraufnahmen sorgfältig untersucht worden. Das Gebiet der Kernspurphotographie gehört aber – mit der Ausnahme der Dosimetrie schneller Neutronen – nicht mehr zur Filmdosimetrie. Auf der anderen Seite berührt die Filmdosimetrie bei der Registrierung schwerer geladener Partikel aber auch die Autoradiographie, z. B. in einem Verfahren, die normale photographische Wirksamkeit von α-Teilchen (selbst bei höchstempfindlichen Emulsionen tritt erst bei etwa 10^5 Partikeln/cm² eine meßbare Schwärzung auf – vgl. auch Smith 1949) durch silberaktiviertes Silbersulfid als Leuchtstoff um Zehnerpotenzen zu verbessern (Sun und Szydlik 1955) oder in Studien über die photographische Wirksamkeit weicher β-Strahlung.

1. β-Strahlendosimetrie

Die Einwirkung schneller Elektronen auf photographische Schichten ist von einer großen Anzahl von Autoren ausführlich untersucht worden, wobei zunächst nicht der Gesichtspunkt der β-Dosimetrie als vielmehr ganz andere Fragestellungen im Vordergrund des Interesses standen. So war es möglich, grundsätzliche Erkenntnisse über photographische Prozesse und über den Mechanismus der Wirkung energiereicher Quanten, die doch ebenfalls über ausgelöste Elektronen erfolgt, zu gewinnen. Auch Studien über die Aufzeichnungen von Elektronenbahnen in Kernspuremulsionen sowie Probleme der Elektronenmikroskopie (maximale Empfindlichkeit, maximales Auflösungsvermögen der Schichten) und der Autoradiographie brachten wichtige Ergebnisse. Wir müssen uns jedoch hier auf die Darlegung der β-Dosimetrie im engeren Sinne beschränken, da eine umfassendere Behandlung der Elektronenwirkung auf photographische Schichten nicht nur den Rahmen dieser Darstellung sprengen würde, sondern auch der praktischen Bedeutung der β-Filmdosimetrie nicht angemessen wäre. Die Tatsache nämlich, daß selbst energiereiche β-Strahlen nur eine relative geringe Materieschicht zu durchdringen vermögen (in der Größenordnung von maximal einigen Millimetern Gewebe), stellt den Wert einer praktischen β-Dosimetrie zur Ermittlung der biogisch wirksamen Ganzkörperdosis für viele Fälle sehr in Frage: Schon die Kleidung wird in der Mehrzahl aller Fälle die β-Strahlung fast aller Radionuklide ausreichend abschirmen, die Augenlinse kann durch Tragen einer Brille, die Hand durch Handschuhe geschützt werden. Andererseits entsteht bei der β-Absorption in Materie aber Bremsstrahlung, die gemessen werden sollte, und an Teilchenbeschleunigern, die Elektronen sehr hoher Energie liefern, können β-Dosismessungen sehr wichtig werden.

Der Mechanismus der Elektronenwirkung auf die photographische Schicht wurde bereits auf S. 11 in seinen Grundzügen dargestellt: Nur ein kleiner Teil der Elektronenenergie geht als Röntgen-Bremsstrahlung verloren, der größte Teil wird durch Ionisation und Anregung der Absorberatome abgegeben – ein Vorgang, der durch die BOTHE-BLOCHsche Formel quantitativ beschrieben wird. Das Einzelelektron gibt einen Teil seiner Energie in größeren Ionisationsportionen als δ-Strahlen ab. Deshalb können längs einer Elektronenbahn auch Körner entwickelbar werden, wenn die durchschnittlich je Korn abgegebene Energie an sich zu gering dafür wäre (ein 1-MeV-Elektron gibt beispielsweise in Silberbromid 20% seiner Energie als δ-Strahlen von 1–10 keV Energie ab).

Hinsichtlich der Form der Schwärzungskurve gilt grundsätzlich das bereits für die Quantenstrahlung Gesagte: Solange jedes von einem Elektron getroffene Korn einer Schicht entwickelbar gemacht wird, kann man vereinfachend annehmen, daß die Schwärzung S als Bruchteil der Maximalschwärzung S_m durch eine POISSON-Verteilung dargestellt werden kann

$$\frac{S}{S_m} = 1 - e^{-KE},$$

wobei K der Empfindlichkeitsfaktor und E die Zahl der eingestrahlten Elektronen ist. Für kleine Werte der Schwärzung ($S < 0.2\,S_m$) ist dann der Kurvenanstieg linear und

$$\frac{S}{S_m} \approx KE.$$

Bei hohen Elektronenenergien und/oder geringer Kornempfindlichkeit bzw. Korngröße überlagern sich Mehrtrefferprozesse, und es gilt für r-Trefferprozesse

$$\frac{S}{S_m} = 1 - e^{-KE}\left[1 + KE + \frac{(KE)^2}{2!} + \cdots \frac{(KE)^{r-1}}{(r-1)!}\right]$$

(FRIESER und KLEIN 1958). Später haben FRIESER und KLEIN (1960) diese Beziehung weiter präzisiert. GLOCKER (1960) konnte zeigen, daß – im Gegensatz zur Wirkung von Quantenstrahlung – in den von DUDLEY (1951, 1954) geprüften Schichten die Schwärzung in einem Energiebereich von 0,01–20 MeV der in der Schicht absorbierten Energie proportional ist. Dieser Befund schließt sich an den von PODDAR (1955) an, wonach im Bereich geringer Schwärzungen das Produkt aus der Schwärzung und der Zahl der eingestrahlten β-Teilchen eines bestimmten Radionuklides, dividiert durch die mittlere Energie von dessen β-Spektrum, eine Konstante ist.

Abb. 72 gibt die Verhältnisse in Schichten, die mit monoenergetischen Elektronen verschiedener Energie senkrecht bestrahlt wurden, in übersichtlicher Weise wieder: Mit steigender Energie dringen die Elektronen immer tiefer in die Schicht ein. Bei etwa 0,1 MeV erreichen sie im Mittel (einschließlich der in der Schicht gestreuten) die Schichtdicke von 6 mg/cm². Für den einseitig gegossenen Film nimmt die Empfindlichkeit nun ab bis zur konstanten Weglänge in der Schicht bei nahezu konstanter Ionisationsdichte (vgl. Abb. 26). Bei etwa 180 keV beginnen sie den

26 mg/cm² dicken Schichtträger in steigender Zahl zu verlassen, was sich in einem erneuten Empfindlichkeitsanstieg des doppelseitig begossenen Filmes widerspiegelt. Infolge der Streuwirkung des durchsetzten Absorbers ist das zweite Maximum nicht so scharf wie das erste.

Beim Schrägeinfall von Elektronen in Schichten, deren Dicke klein ist gegenüber der Elektronenreichweite, sollte die Dosisregistrierung unabhängig vom Einfallswinkel sein. Infolge der starken Streuung in der Schicht ist diese Bedingung jedoch zumeist nicht erfüllt, so daß eine Richtungsabhängigkeit existiert dergestalt, daß schräg einfallende Elektronen geringer Energie eine geringere, hochenergetische Elektronen eine größere Dosisschwärzung als bei senkrechter Einstrahlung verursachen (DUDLEY 1951, 1954). Eine sinnvolle β-Dosimetrie ist deshalb nur bei diffuser Einstrahlung als Gleichgewichtsbedingung möglich, d. h. hinter Absorberschichten, die mindestens so dick sind wie ein Zehntel der maximalen Reichweite der Elektronen der betrachteten Energie.

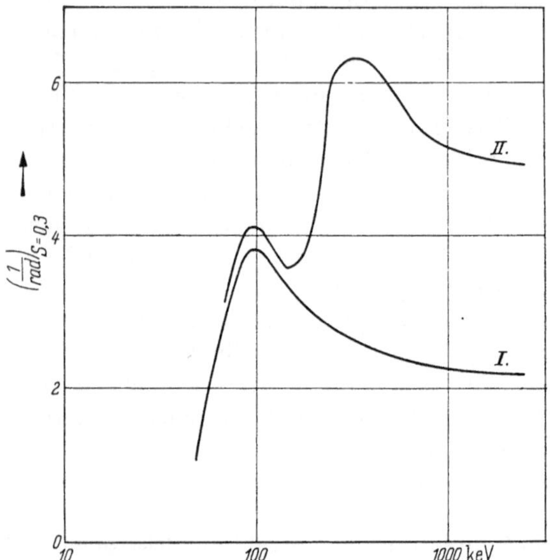

Abb. 72. Empfindlichkeit eines einseitig (I) und eines doppelseitig (II) begossenen Filmes gegenüber senkrecht eingestrahlten Elektronen verschiedener Energie [nach R. A. DUDLEY, Nucleonics 12, No. 5 (1954) 24]

In der Praxis werden aber die Elektronen normalerweise ohnehin weder monoenergetisch noch gerichtet einfallen, sondern als kontinuierliches β-Spektrum eines Radionuklides, die durch die Filmverpackung diffus geworden ist, in der Schicht zur Registrierung kommen. Dadurch vereinfachen sich die Verhältnisse zwar, indem der in Abb. 72 dargestellte Effekt ebenso verschwindet wie der der Richtungsabhängigkeit, andererseits entzieht sich aber ein Teil der β-Strahlung dem Nachweis: Da der Film stets lichtdicht verpackt ist, kann ein Teil der Elektronen nicht die Verpackung durchdringen. Eine Papierverpackung von 30 mg/cm² entspricht etwa der Reichweite von 0,15 MeV-Elektronen, d. h. die β-Strahlung vieler Isotope (z.B. C14, S35) vermag selbst eine dünne Filmverpackung gar nicht zu durchdringen. Deshalb ist eine filmdosimetrische Überwachung von Strahlenbeschäftigten, die mit solchen Radionukliden umgehen nur dann sinnvoll, wenn die Bremsstrahlung stärker in Erscheinung tritt (Aktivitäten größer als ca. 1–10 C). Je dicker die Filmverpackung ist, um so ungünstiger werden natürlich die Verhältnisse. Auch bei der oft empfohlenen Eichung mit einem Uranpräparat (etwa als Uranblech oder – nach HERMAN – Uranoxyd) sollte beachtet werden, daß die wahrscheinlichste Energie des komplexen Uran-β-Spektrums 0,1 MeV beträgt (die mittlere Energie ist 0,45 MeV) und eine Verpackung von 25 mg/cm² 22% der β-Strahlung absorbiert.

Selbst energiereiche β-Strahlen vermögen das Plakettenmaterial bzw. die Metallfilter der Plakette nicht zu durchdringen. Deshalb ist in Plaketten, die für eine β-Dosimetrie vorgesehen sind, ein offenes Fenster in der Vorderseite angebracht. Wenn zwischen Elektronen verschiedener Energie differenziert werden soll, können zusätzlich dünne organische Absorberschichten angebracht werden, wie dies z.B. bei einer englischen Plakette geschehen ist. Als besonders günstig wirkt sich dabei wie überhaupt in der β-Filmdosimetrie der Umstand aus, daß sich das kontinuierliche β-Spektrum eines Radionuklides beim Durchgang seiner Strahlung durch Materie zwar quantitativ, aber kaum qualitativ ändert (Abb. 73). Es ist deshalb möglich, aus der Schwärzungsdifferenz hinter diesen Filtern analog zu den filteranalytischen Verfahren der Quantendosimetrie auf die Energie der einwirkenden β-Strahlung zu schließen. Das Stufenfilter gestattet

es dann auch, z.B. aus den gemessenen β-Dosen hinter den verschiedenen Filtern auf die β-Dosis hinter einer Absorberdicke von 7 mg/cm² zu extrapolieren. Diese Dicke entspricht der toten menschlichen Hornhautschicht. Es kann also die von der obersten Hautschicht empfangene wirksame β-Dosis ermittelt werden (FLEEMAN und FRANTZ 1954).

Die Energieabhängigkeit der Dosisregistrierung verpackter Dosismeßfilme ist von verschiedener Seite untersucht worden. So fan-

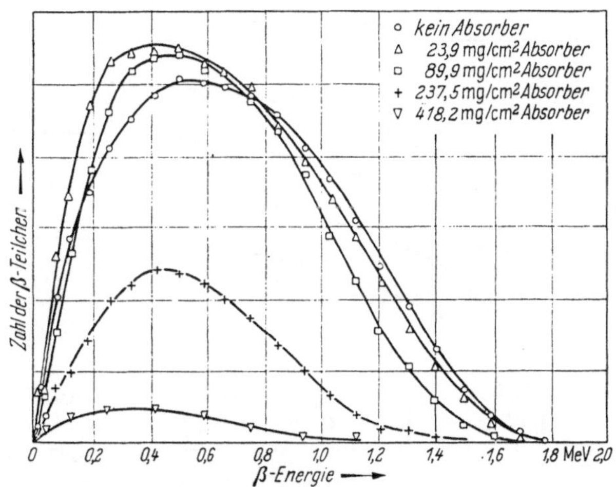

Abb. 73. Einfluß eines Plexiglas-Absorbers steigender Dicke auf die Energieverteilung senkrecht einfallender β-Strahlung des P 32 [nach G. L. BROWNELL, Nucleonics, 10, No. 6 (1952) 30]

den JETTER und BLATZ (1953) durch Bestrahlung eines Minimax-Doppelschichtfilmes und eines DuPont-552-Doppelschichtfilmes mit monoenergetischen Elektronen, daß die Anzeige zwischen 0,5 und 1,4 MeV in beiden Fällen nicht sehr stark von der Elektronenenergie abhängt. Analoge Ergebnisse mit den gleichen Filmen, aber ausführlicherer Schilderung der Versuchsapparatur teilen FLEEMAN und FRANTZ (1952, 1954) mit. Schon früher hatte STORM (1951) die Empfindlichkeit eines normal verpackten DuPont-552-Filmes gegenüber *unendlich ausgedehnten* Präparaten (die photographische Wirkung der β-Strahlung dünner Quellen mit einer isotropen Winkelverteilung der β-Teilchen ist von der *ausgedehnter* Quellen mit einer Winkelverteilung proportional dem Cosinus des Winkels zur Quellenoberfläche verschieden – vgl. NIKITIN 1959) verschiedener β-Strahler (die Lösungen der betreffenden Nuklide wurden mit Gips angerührt und Tabletten geformt, die auf die Filme gelegt wurden) zwischen 0,26 und 3,5 MeV untersucht. Die Ergebnisse sind in Abb. 74 dargestellt: Erwartungsgemäß nimmt die Filmempfindlichkeit bei einer Maximalenergie der β-Strahler kleiner als 0,8 MeV (die häufigste Elektronenenergie ist dann kleiner als 0,3 MeV) stark ab und strebt mit steigender Elektronenenergie der Energieunabhängigkeit ab etwa 2,5 MeV zu. Aber bereits oberhalb 1 MeV übersteigt der Fehler nicht ± 10%. Die in eingehenden Untersuchungen von DUDLEY (1951, 1954) geprüften Schichten (Eastman-No-Screen, Eastman-Type-A, Kodak-Cine-Positive-5302, Kodak-NTB-Stripping-Film und Kodak-SWR-Film) zeigen unverpackt bei diffuser Einstrahlung monoenergetischer Elektronen Energieunabhängigkeit der Dosisschwärzung ab etwa 0,4 MeV. Die Energieabhängigkeit war beim NTB-Stripping-Film am günstigsten. Ähnliche Versuche über die Beziehung zwischen der Schwärzung und der β-Energie führten auch ROZKOS und PETRIZILKA (1956) durch.

Die wichtige Frage nach der Beeinflussung der Dosisschwärzung einer β-Strahlung durch die Absorberdicke zwischen Strahler und Film (Luftschicht, Filmverpackung, eventuell noch dünne Filter) haben vor allem ebenfalls DUDLEY (1951, 1954), JETTER und BLATZ (1952) und TOCHILIN und GOLDEN (1953) bearbeitet, und zwar im Energiebereich zwischen 0,17 und 3,6 MeV. Es zeigte sich dabei für die Isotope, die energiereiche β-Strahlung emittieren, daß selbst mehrere Halbwerts-Schichtdicken Absorber zwischen Präparat und Film die Dosisschwärzung nicht stark beeinflussen, wie dies nach Abb. 73 auch zu erwarten war. Erst unter extremen Bedingungen von Absorberdicke und Winkelverteilung treten stärkere Meßfehler auf.

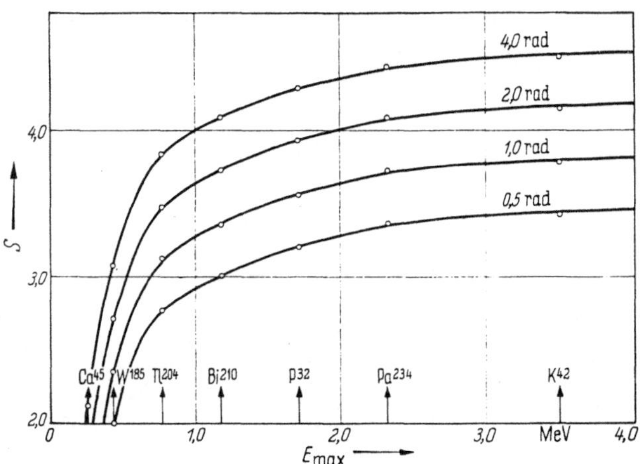

Abb. 74. Schwärzung eines DuPont-552-Filmes als Funktion der maximalen β-Energie für verschiedene Dosen (nach E. STORM, La-1284, 1951)

GOLDEN und TOCHILIN (1959) verglichen die Form der Schwärzungskurven, die mit Strahlen sehr verschiedener spezifischer Ionisation – darunter auch Sr-90/Y-90-β-Strahlung und 1,9-MeV-VAN-DE-GRAFF-Elektronen – in sechs verschiedenen photographischen Emulsionen erzeugt wurden. Dabei ergab sich, daß nur die empfindlichen Emulsionen (Eastman-Type-K und DuPont 555) für alle Strahlenarten identische Kurvenformen lieferten. Für die weniger empfindlichen Schichten (DuPont 606, 510 und 502 sowie Eastman Translit) hing die Form der Schwärzungskurven von der spezifischen Ionisation ab (vgl. Abb. 11), und zwar dergestalt, daß in der gewählten Darstellung des Logarithmus der Nettoschwärzung als Funktion des Logarithmus der relativen Dosis die Kurvenneigung nur für die hochionisierenden Strahlen 1 war, während sie für die wenig ionisierenden Elektronen wie auch für γ-Strahlung größer als 1 wird. Daraus ergibt sich die Möglichkeit, die γ-Strahlenwirkung auf photographische Schichten durch β-Strahler und umgekehrt zu imitieren. Die je in der Schicht deponierter Energieeinheit erzeugte Schwärzung ist dabei für beide Strahlenarten nur wenig verschieden (TOCHILIN und GOLDEN 1961).

Ausführliche Angaben über die absolute Empfindlichkeit verschiedener Emulsionen für β-Strahlen finden sich u. a. bei COBB und SOLOMON (1948), STEINBERG

und Solomon (1949), Angleton, Pettengill und Storm (1951), Jetter und
Blatz (1952), Dudley (1954), Skillern (1955), Poddar (1955) und Tochilin
und Golden (1961). Die Daten von Steinberg und Solomon stimmen allerdings
nicht mit denen von Dudley überein. Messungen der Körnigkeit wurden in
neuerer Zeit u.a. ebenfalls von den letztgenannten Autoren sowie von Frieser
und Klein (1958) veröffentlicht. Hinsichtlich der β-Dosimetrie in gemischten
Strahlenfeldern vgl. den folgenden Abschnitt. Abschließend seien noch einige
spezielle Anwendungen der β-Filmdosimetrie erwähnt:

Markus und Paul (1953) diskutierten die Möglichkeiten, die Dosisverteilung
in betatronbestrahlten Körpern (Elektronenenergie 2 MeV) mit photographischen
Filmen zu messen. Gleichzeitig führten Tochilin und Golden (1953) filmdosimetrisch Tiefendosismessungen mit β-strahlenden Isotopen durch. Mathewson
(1956) untersuchte besonders die Bedeutung des Einfallswinkels bei solchen Messungen. Später hat Dutreix (1958) diese Untersuchungen mit 22,5 MeV Elektronen weitergeführt und Isodosenkurven unter verschiedenen Bedingungen in
Plexiglasphantomen gemessen. Er fand, daß bei Verwendung eines unverpackten
Filmes die Cerenkov-Strahlung unter diesen Umständen einen beträchtlichen
Beitrag zur Schwärzung leisten kann. Weiteres zur Tiefendosismessung energiereicher Elektronen vgl. z. B. Minder, Maurer und Buchheim (1960). Freitag,
Gore, Greenfield und Hartmann (1956) benutzten Filmhalterkästchen, um
medizinische Sr-90-β-Applikatoren zu kalibrieren. Ein Vergleich der Schwärzung
von Filmen durch Sr 90 und durch Co 60 läßt dann Schlüsse auf die β-Ober-
flächen- und Tiefendosen zu.

Skillern (1955) führte Untersuchungen über die autoradiographische Wirkung kleiner Spaltproduktpartikel (50–300 μ Durchmesser) durch, deren β-Aktivi-
tät er auf einfache Weise messen konnte. Es ergab sich für Kodak-Type-K- und
Kodak-Blue-Line-Röntgenfilme eine Beziehung zwischen der Zahl der β-Zerfälle d
und dem Durchmesser der Flecken auf dem Film c:

$$\log d = \log a + b \log c \, .$$

Dabei ist a der Schnittpunkt der d-Achse bei $S = 1$ und b die Neigung der Geraden. Analoge, umfangreiche Versuche zur quantitativen Auswertung von Autoradiographien führte Sisefsky (1960, 1961) unter Verwendung einer empirisch
ermittelten Eichkurve für die Abhängigkeit des Fleckendurchmessers von der
β-Aktivität mit Kernwaffen-Fallout durch. Dickey, Silverman und Griswold
beschreiben einen Filmpackhalter zur Aufnahme von insgesamt 30 Filmblättern
(zwischen zwei Kodak-Translite-Filmen liegen jeweils zwei Kodak-Typ-K-Filme).
Mit dieser Anordnung wurde die β-Hautdosis und das Verhältnis der β- zur γ-
Strahlung bei nuklearen Testexplosionen gemessen. Die Absorberschicht über dem
obersten Film entsprach dabei der toten Hautschicht von 7 mg/cm². Auch geringe
Fallout-Mengen können mit Filmdosimetern unschwer gemessen werden (Paul
1959).

2. Gemischte Strahlungsfelder

Immer dann, wenn verschiedene Strahlungen nebeneinander auftreten können – dies gilt sowohl für eine energetisch inhomogene γ-, β- oder Neutronenstrahlung als auch in besonderem Maße für verschiedene Strahlenarten –, sind

an die filmdosimetrischen Methoden besondere Anforderungen zu stellen. Besonders häufig treten in medizinischen Betrieben, in denen mit Radium, β-Applikatoren und Betatrons gearbeitet wird, β-Strahlen neben Röntgen- und γ-Strahlen auf. β-Strahlung neben γ-Strahlung kommt bei radiochemisch oder kernphysikalisch an Elektronenbeschleunigern Tätigen häufig vor, und mit thermischen sowie schnellen Neutronen neben γ-Strahlung ist beim Reaktorpersonal zu rechnen. Während die Messung schneller Neutronen mit Kernspuremulsionen die gleichzeitige Einstrahlung von Quanten-, β- und thermischer Neutronenstrahlung nur mittelbar beeinflußt wird, ist die Wechselwirkung der durch Schwärzungsmessung bestimmten Strahlenarten komplizierter und soll im folgenden etwas ausführlicher dargestellt werden.

Die wichtige Differenzierung von β- und Röntgen-γ-Dosen wird nach dem in Deutschland zur Zeit angewendeten Verfahren wie folgt durchgeführt: Wenn das Verhältnis der scheinbaren Dosen hinter dem Fenster und dem dünnsten Kupferfilter größer als etwa 3 wird (vgl. S. 78), so deutet das auf die Anwesenheit energiearmer Röntgenstrahlung (Energie kleiner als etwa 50 keV, wie sie vor allem in der medizinischen Diagnostik, der Grenzstrahlentherapie und bei Feinstrukturuntersuchungen angewendet werden) *oder* auf β-Strahlung hin. Eine schlüssige Unterscheidung zwischen diesen beiden Strahlenarten ist zwar nicht möglich, jedoch kann β-Strahlung quantitativ bestimmt werden, wenn energiearme Röntgenstrahlung mit Sicherheit auszuschließen ist. Kupfer ist für den Zweck relativ guter Unterscheidbarkeit von weicher Röntgen- und β-Strahlung besonders gut geeignet, da dieses Metall eine große Dichte mit einer relativ niedrigen Ordnungszahl vereint. Die β-Absorption erfolgt etwa proportional der Dichte bzw. der Flächenbelegung, die Quantenabsorption in diesem Energiebereich aber mit der 3. Potenz der Ordnungszahl. Einen gewissen Anhaltspunkt, ob β- oder weichere Röntgenstrahlung vorlag, gibt der Schwärzungsunterschied zwischen Leerfeld und filterfreiem Plastikmaterial der Plakette: Weiche Röntgenstrahlung vermag das niederatomige Plastik natürlich besser zu durchdringen als β-Strahlung. 250 mg/cm^2 Plastik entspricht beispielsweise der Reichweite von 0,6 MeV Elektronen, schwächt jedoch 15 keV Röntgenstrahlung nur um 17%. Diese Tatsache wird z.B. in den Plaketten des englischen Radiological Protection Service zur Unterscheidung ausgenutzt. Auch dann, wenn die β-Strahlung eindeutig als solche erkannt ist und ihre Energie mit Sicherheit ausreicht, um die Filmverpackung zu durchdringen, bleiben β-Messungen jedoch relativ unsicher, wenn ihre Energieverteilung bzw. das einwirkende Isotop unbekannt sind. Ein russisches β-γ-Filmdosimeter (NIKITIN 1959) mit drei Filtern (0,03 mm Aluminium als β-*Fenster*, 3 mm Aluminium und ein energieunabhängiges Filter aus 0.75 mm Blei + 2,25 mm Aluminium nach NIKITIN und FROLOW 1957) gestattet ebenfalls nur eine hinreichend genaue β-γ-Dosimetrie unter der Voraussetzung, daß das β-Spektrum bekannt und die γ-Energie größer als 200 keV ist.

Eine Verbesserung der Erkennbarkeit von β-Strahlung wurde mit der deutschen Universalplakette eingeführt. Das Leerfenster ist an seiner Rückseite zur Hälfte mit einem Bleifilter versehen (vgl. Abb. 82), das energiereiche Elektronen zu einem erheblichen Teil zurückstreut (S. 66ff.). Die Schwärzung bei Elektroneneinwirkung wird also über dem Bleifilter größer sein als daneben — unter der Voraussetzung, daß die Elektronenenergie zur Durchdringung nicht nur der Filmverpackung, sondern auch einer wesentlich dickeren Materieschicht ausreicht. Ein Elektron muß nämlich Filmverpackung, ein oder zwei Filme, Filmverpackungsrückseite und (gestreut) wiederum Filmverpackungsrückseite und ein oder zwei Filme durchdringen, ehe es zur Zusatzschwärzung beiträgt. Das heißt aber, daß Isotope wie Tl 204 (Maximalenergie 0,77 MeV) schon nicht mehr zu erfassen sind, wohl aber P 32 und Y 90 (DRESEL 1960). Auch bei dieser Anordnung bleibt deshalb die β-Messung mit großen Fehlern behaftet.

Ein anderes Unterscheidungsverfahren geben HEARD, COOK und HOLT (1960) an: Wenn ein Film verwendet wird, der auf beiden Seiten des Emulsionsträgers mit der gleichen Emulsion begossen ist, wird bei β-Bestrahlung der Schwärzungsunterschied Vorderseite/Rückseite infolge des absorbierenden Schichtträgers größer sein als bei Quantenstrahlung. Im Falle des Ilford-PM-1-Filmes fanden die Autoren für Quantenstrahlung zwischen etwa 30 und 1250 keV ein Schwärzungsverhältnis Vorder-/Rückseite zwischen 1,14 und 1,0, für β-Strahlung jedoch zwischen 1,25 und 1,66 (zunehmend mit abnehmender β-Energie).

Wesentlich gröbere Methoden können mit hinreichender Genauigkeit angewendet werden, wenn energiearme Quantenstrahlung mit großer Wahrscheinlichkeit ausgeschlossen werden kann. Das ist oft in kerntechnischen Anlagen der Fall, wo dann die Differenz der Schwärzung hinter dem Metallfilter und dem Leerfeld einfach als β-Anteil bewertet wird (z. B. GASPER 1958). Hierbei können allerdings auch thermische Neutronen stören. Für β-Strahlung verschiedener Energie muß bei diesem Verfahren eine Korrektur angebracht werden. In Harwell wurde z. B. für den Ilford-PM-1-Film gefunden, daß die β-Strahlung des Tl 204 innerhalb $\pm$ 10% die gleiche Schwärzung je rad erzeugt wie 1 r Radium-γ-Strahlung. Der Korrekturfaktor ist deshalb für eine maximale β-Energie von 0,8 MeV $= 1$, bei abnehmender Energie nimmt er zu (0,3 MeV $= 4,1$) und für zunehmende Energie ab (2 MeV $= 0,65$) (HEARD, COOK und HOLT 1960).

Teilweise wurde auf eine solche Korrektur verzichtet und der β-Dosisermittlung nur eine einzige β-Eichung zugrunde gelegt. BASS (1950), BOYER (1955), GUPTON (1956) und O'BRIEN, SOLON und BLATZ (1956) wenden z. B. dieses Verfahren an. BASS subtrahiert dabei die Fensterschwärzung einfach von der Filterschwärzung und rechnet die Restschwärzung über die Uran-Eichkurve in die β-Dosis um, wobei allerdings bei höheren Schwärzungen die Abweichung der Schwärzungskurven von der Linearität berücksichtigt wird. Nach O'BRIEN, SOLON und BLATZ (1956) ist beim DuPont-508-Film die Beziehung bis zu 1 r bzw. rad linear und kann für größere Dosen bzw. Schwärzungen durch eine Arcus-Tangens-Funktion beschrieben werden. SOLON (1953) prüfte über einen weiten Dosisbereich, ob die Reihenfolge der β-γ-Einstrahlung von Einfluß auf die resultierende Schwärzung ist. Er fand keinen derartigen Einfluß. GUPTON (1956), der die ursprüngliche Oak-Ridge-Plakette von DAVIS und HART (1953) modifizierte, benutzt neben einem für Quantenstrahlung gut energieunabhängigen Filter ein Plastikfilter (16 mm Azetylzellulose) und ein Leerfeld mit Minimalfilterung. Er erhält eine β-Dosisangabe, indem die Differenz zwischen Leerfeld und Plastikfilter mit 1,5 multipliziert und auf der Uran-Eichkurve als Dosis abgelesen wird.

Die Verhältnisse komplizieren sich naturgemäß, wenn neben β- und Röntgen-γ-Strahlung noch thermische Neutronen gemessen werden sollen. KALIL (1955) beschreibt ausführlich die Durchführung einer solchen Messung mit der Los-Alamos-Filmplakette, die neben einem Leerfeld 0,5 mm Messing und 0,5 mm Kadmium und den DuPont-502-Zahnfilm enthält. Er findet, daß sich die γ-Dosis A, die thermische Neutronendosis B und die ungefähre β-Dosis C unter der Voraussetzung, daß die γ-Energie zwischen 0,3 und 3 MeV liegt (bei γ-Energien von 0,15–0,3 und 3–10 MeV bleibt zwar die Neutronenmessung noch zuverlässig, nicht dagegen die γ-Messung), mit ausreichender Genauigkeit messen läßt. Dann ist

$$B = 0,78 \, (D - E),$$
$$D = E - 0,90 \, B \text{ und}$$
$$C = F - (E - 0,58 \, B).$$

wobei D die scheinbare γ-Dosis unter dem Kadmiumfilter, E die scheinbare γ-Dosis unter dem Messingfilter und F die scheinbare γ-Dosis im Fensterfeld ist. Hinsichtlich der relativen Neutronen- und γ-Strahlenwirkung hinter Kadmiumfiltern vgl. S. 85. Eine Schweizer Plakette (PORETTI 1960) enthält ein Filter aus 0,4 mm Blei + 0,65 mm Zinn, hinter dem die γ-Dosis ab etwa 140 keV energieunabhängig gemessen wird, ein 0,5 mm Blei + 0,3 mm Rhodiumfilter gibt γ- und thermische Neutronendosis, und die ungefähr halbe β-Dosis wird aus der Schwärzungsdifferenz zwischen einem 1 mm Plexiglasfilter und dem Leerfeld ermittelt. Abschließend sei noch darauf hingewiesen, daß besonders bei der Filteranalyse komplexer Strahlungsgemische Mißdeutungen der Ergebnisse vorkommen können, da es kaum Filterkombinationen gibt, bei denen nicht durch ein ungünstiges Strahlungsgemisch mehrdeutige Schwärzungswerte erhalten werden. Besonders störanfällig ist die β-Dosimetrie: ,,Yet, many experts feel that the information to be gained from film badges about β-ray exposure in mixed radiation fields is, at best, qualitative" (M. EHRLICH).

3. Sonderanwendungen

Unter Sonderanwendungen filmdosimetrischer Meßmethoden sollen Verfahren verstanden werden, die nicht unmittelbar mit der Personendosisüberwachung für Zwecke des Strahlenschutzes zusammenhängen. Auf Sonderanwendungen der β-Filmdosimetrie wurde bereits früher (S. 109) eingegangen. Solche Verfahren, die wir heute Sonderanwendungen nennen, sind freilich lange Zeit Hauptanwendungen der Filmdosimetrie gewesen: In den zwanziger und dreißiger Jahren spielte die Filmdosimetrie eine wichtige Rolle in der Messung von Isodosenkurven in bestrahlten Phantomen, der Radiumdosimetrie und der Ausmessung von Streustrahlungsfeldern (S. 5ff. – vgl. auch GAUWERKY 1950). Im folgenden sollen von der Vielzahl der hierzu erschienenen Arbeiten nur einige wichtigere neueren Datums kurz besprochen werden.

Die filmdosimetrische Ausmessung räumlicher Strahlenfelder – z. B. des Streustrahlenfeldes in medizinischen Röntgenbetrieben – spielt auch in der Gegenwart noch eine große Rolle, weil der Film tragbaren Dosisleistungsmessern in verschiedener Hinsicht überlegen ist: Er ist weniger kostspielig, kann gleichzeitig und ohne zu stören an vielen Stellen einer Apparatur oder eines Raumes angebracht werden, und er integriert zuverlässig über längere Zeiträume, womit er bessere Durchschnittswert liefert als andere Methoden. Schnelle Neutronen können mit

Kernspurfilmen an Orten gemessen werden, an die aus räumlichen oder anderen Gründen kein physikalischer Zähler gebracht werden kann. Auch kurzzeitige hohe Dosisleistungen, für deren Messung die Zeitkonstante eines Dosisleistungsmessers zu groß ist, wird ein Filmdosimeter normalerweise exakt summieren. Außerdem können mit Hilfe des Filmes viel stärkere Intensitätsgradienten noch genau erfaßt werden, als das mit gleich empfindlichen großvolumigen Streustrahlenkammern möglich wäre. Bei solchen Messungen muß selbstverständlich die starke Energieabhängigkeit des Filmes und die Tatsache, daß die spektrale Zusammensetzung der Streustrahlung von der Primärstrahlung stark abweichen kann, ebenso wie die Richtungsabhängigkeit der Filmempfindlichkeit genügend berücksichtigt werden (CLARK und JONES 1943, MORRISON 1948, HUNTER, MERRILL, TRUMP und ROBBINS 1949, LORENS 1951, VAN ALLEN 1951, WILSEY 1951 u. a.). WILSEY, STRANGWAYS und CORNEY (1956) und WILSEY, SPLETTSTOSSER und STRANGWAYS (1956) haben vor allem die vom Körper eines bestrahlten Patienten und von den Wänden des Bestrahlungsraumes ausgehende Streustrahlung unter verschiedenen Bedingungen filmdosimetrisch untersucht. FRIK, BUCHHEIM und HÜRZELER (1958) untersuchten den Einfluß der Durchleuchtungsbedingungen (Feldgröße, Geräteaufstellung) auf das Streustrahlenfeld. Solche Ortsdosismessungen sollten stets die Basis einer wirksamen Personendosisüberwachung in medizinischen Röntgenbetrieben sein. Auch sollten nach Möglichkeit nicht nur die Personendosen des Betriebspersonals, sondern auch die – unter Umständen beträchtlichen – dem Patienten applizierten Dosen erfaßt werden, wobei die Messung der Gonadendosis ein besonderes Interesse beansprucht (vgl. z. B. MELCHING und DRESEL 1957). Auch dazu sind filmdosimetrische Methoden gut geeignet. So prüften FETZER und KELLER (1957) auf diese Weise die Strahlengefährdung von Säuglingen bei der Röntgentiefentherapie.

Auch Dosisverteilungsstudien in röntgen- und γ-bestrahlten Objekten sind noch in neuerer Zeit mit photographischen Filmen durchgeführt worden. So bestimmten LAUGHLIN und DAVIES (1950) die Tiefendosen der Bremsstrahlung eines 25-MeV-Betatrons und GRANKE, WRIGHT, EVANS, NELSON und TRUMP (1954) benutzten gut körperäquivalente Masonit-Preßholz-Phantome, um die Dosisverteilung von 2-MeV-Bremsstrahlung im Körper zu ermitteln. Das alte Problem, auf einfache Weise das Summen-Strahlungsfeld mehrerer benachbarter Strahlenquellen in beliebiger geometrischer Anordnung zu ermitteln (diese Fragestellung ist besonders bei der Applikation mehrerer geschlossener Strahler in der Krebstherapie von Interesse), wurde von TOCHILIN (1952) und LOEVINGER und SPIRA (1957) filmdosimetrisch bearbeitet: Jede Strahlenquelle wird zur Belichtung eines Filmes benutzt und die entwickelten Filme werden dann so aufeinandergelegt, wie es der zu untersuchenden Anordnung der Quellen zueinander entspricht. Es lassen sich auf diese einfache Weise die Isodosenkurven für praktisch unendlich viele Kombinationen ermitteln. Eine andere medizinische Sonderanwendung der Filmdosimetrie stellt die von HEUCK und SCHMIDT seit 1954 entwickelte Methode dar, den Kalksalzgehalt gesunder und kranker menschlicher Knochen durch Photometrie von Röntgenaufnahmen und Vergleich mit Eichkurven zu ermitteln (vgl. z. B. HEUCK und SCHMIDT 1960). STANTON (1960) empfiehlt die Filmmethode zur regelmäßigen Prüfung der Strahlenausbeute von Röntgenanlagen, die sich bekanntlich aus verschiedenen Gründen (Röhrenalterung usw.) im Laufe der Zeit ändert.

Von verschiedenen Autoren sind filmdosimetrische Verfahren beschrieben worden, die auf ein bestimmtes Isotop oder Isotopengemisch abgestimmt sind. So haben WILCOX und MINKLER (1956) die Dosisleistung eines Am-241-Präparates gemessen, und WATSON (1959) beschreibt die Filmdosimetrie der Plutonium-γ-Strahlung, die mit drei Energiegruppen von etwa 17, 60 und 400 keV in je nach der Isotopenzusammensetzung des Plutoniums wechselnden Anteilen der Energiegruppen zu einer erheblichen Ganzkörperbelastung führen kann. Die Plakette, die auch die weiche Komponente zu messen gestattet, enthält neben einem Leerfeld drei Filter (0,13 g/cm² Aluminium, 0,13 g/cm² Silber und 1 g/cm² Silber) und den DuPont-502-Film.

Im Falle einer nuklearen Katastrophe wäre es für die Ermittlung der Dosisbelastung der Bevölkerung sehr vorteilhaft, über ein weitreichendes System von Dosimetern zu verfügen, auch wenn deren Anzeige nicht sehr genau ist. BROOKS und EHRLICH (1954), EHRLICH (1955), CORNEY und CLEARE (1955) und CORNEY (1955) (vgl. auch CORNEY 1960) haben darauf hingewiesen, daß die üblichen Amateurfilme, wie sie stets in vielen Photoläden und Haushalten gelagert werden, sowie die bei Zahnärzten lagernden Zahnfilme diese Aufgabe erfüllen können und geben die Schwärzungskurven zahlreicher Kodak-Emulsionen für γ-Strahlung an. EHRLICH (1957) und TOLAN (1958) beschreiben die Ergebnisse eines entsprechenden Versuches mit nuklearen Testexplosionen. Es ergab sich, daß die Schwankungen zwischen verschiedenen Emulsionsnummern und der Fadingfehler klein gegenüber dem Energieabhängigkeitsfehler sind, der aber auch die Brauchbarkeit der Methode nicht wesentlich beeinträchtigte. In Ausnahmefällen kann sogar eine vollständige Filteranalyse durchgeführt werden, wenn z. B. ein gefüllter Zahnfilmkarton exponiert wurde (normale Zahnfilme enthalten Bleifolien). Im Zusammenhang mit nuklearen Katastrophen ist auch eine von HANKINS und KING (1960) beschriebene Methode von Interesse, die Lungendosis, die durch eine begrenzte Wolke β-aktiven Gases hervorgerufen wird, mit einer Filmplakette zu messen.

In der schweizer Reaktorstation Würenlingen werden zur Umgebungsüberwachung Filme verwandt, die in Polyäthylen eingeschweißt und in verschiedenen Abständen konzentrisch um die Reaktorstation je ein Vierteljahr in Vogelnistkästen deponiert werden. Ein schattiger Anbringungsort im Wald gewährleistet vergleichbare Temperaturen, so daß aus Schleiererhöhungen auf erhöhte Umgebungsstrahlung geschlossen werden kann (HUNZINGER, unveröffentlicht).

Die Grenzen Filmdosimetrie und Autoradiographie sind fließend. Aus dem Grenzgebiet (vgl. auch S. 109) seien abschließend noch zwei Anwendungsmöglichkeiten des photographischen Filmes als Strahlungsdetektor als Beispiele seiner vielfältigen Einsatzmöglichkeiten erwähnt: DAVENPORT und STEVENS (1954, 1955) bestimmten den Silbergehalt photographischer Schichten, indem sie das ausgeschiedene Silber in Gegenwart von J 131 in Silberjodid überführten. Die Resultate der autoradiographischen Auswertung standen in Übereinstimmung mit der Zähler-Auswertung (analog kann natürlich auch die Aktivität von Lösungen über die Filmschwärzung gemessen werden – vgl. z. B. GORDON 1949, ADER 1952, BECKER 1961). REICH (1960) hat die räumliche Verteilung der Protonendichte des kreisenden Strahles im Genfer Protonen-Synchroton durch Autoradiographie von Targetfolien gemessen.

VI. Praktische Filmdosimetrie

1. Filmempfindlichkeit und Meßbereich

Ein wichtiger Schritt bei der Einrichtung eines Dosismeßfilmdienstes oder der Durchführung einer Spezialuntersuchung mit filmdosimetrischen Methoden ist die Auswahl des richtigen photographischen Materials. Verbindliche Empfehlungen können jedoch angesichts der sehr verschiedenen Meßaufgaben und Anforderungen, die gestellt werden, nicht gegeben werden. Außer den rein photographischen Eigenschaften wie Empfindlichkeit, Energieabhängigkeit, Steilheit der Schwärzungskurve, Maximalschwärzung usw. können noch eine Reihe weniger leicht erfaßbarer Faktoren für die Eignung eines Filmes wichtig sein. Dazu gehören seine Druckempfindlichkeit, seine Haltbarkeit, das mehr oder weniger ausgeprägte Fading und die Gleichmäßigkeit des Gusses. Selbst bei sorgfältigster Herstellung photographischer Schichten ist deren Beschaffenheit nämlich stets etwas inhomogen. Diese *Wolkigkeit* des Filmes führt zu Schwärzungsschwankungen in der Größenordnung von etwa 1–2%, der dadurch bedingte Ablesefehler macht z.B. bei der Ilford-PM-1-Emulsion mindestens $\pm$ 15 mr aus (MAUDERLI 1957). Auch sollen sich normalerweise verschiedene Emulsionsnummern in ihren Eigenschaften möglichst wenig voneinander unterscheiden (vgl. EHRLICH 1954) (mit der Änderung der Empfindlichkeit kann sich auch die Energieabhängigkeit des Filmes ändern, was eine Störung der Filterabstimmung zur Folge hat), und der Film soll über längere Zeiträume hinweg ohne Stockungen lieferbar sein.

In früheren Jahren wurden meist Röntgen-Zahnfilme, d.h. licht- und feuchtigkeitsdicht verpackte rechteckige Stücke eines hochempfindlichen Röntgenfilmes, für filmdosimetrische Zwecke eingesetzt. Da die Dosismeßfilmherstellung als kommerziell relativ unergiebig gilt, stellen auch heute die Filmproduzenten oft keine speziellen Dosismeßfilm-Emulsionen her, sondern verpacken Filme des normalen Sortiments als Dosismeß- bzw. Zahnfilme. Tatsächlich ist mit den verschiedenen handelsüblichen Emulsionen ein weiter Empfindlichkeitsbereich erfaßbar, wie sich auch die Genauigkeit der Ablesung und die Breite des mit einem Film erfaßbaren Dosisbereiches in den grundsätzlichen Grenzen durch Auswahl der richtigen Emulsion meist den Erfordernissen gut anpassen läßt. Für die Dosimetrie schneller Neutronen wurden dann spezielle Kernspuremulsionen, zum Teil in besonderen, auf die Erfordernisse der Filmdosimetrie abgestimmten Verpackungen (vgl. S. 120 ff), in die Filmdosimetrie eingeführt, und in neuerer Zeit werden auch Filme, die in ihren Eigenschaften speziell auf die Erfordernisse der Quantendosimetrie abgestimmt sind, hergestellt. Dazu gehört z. B. der Kodak-Personal-Monitoring-Film Typ 2 und ein terphenylhaltiger Spezialfilm (vgl. S. 63), der von der Agfa entwickelt wurde.

Je nach der geforderten Meßgenauigkeit und dem zu erfassenden Dosisbereich wird die Absolutempfindlichkeit der für eine Meßaufgabe gewählten Emulsion sehr verschieden sein können. Für die laufende Strahlenschutz-Personenüberwachung oder spezielle Aufgaben wie die Messung von Streustrahlenfeldern, Gonadendosen usw. werden höchstempfindliche Anordnungen gefordert, die einen möglichst geringen Bruchteil der maximalzulässigen Wochendosis von 100 mr zu messen gestatten sollen. Nimmt man an, daß sich ungünstigenfalls bei einem Dosismeßfilm 50 mr γ-Strahlung dem Nachweis entziehen können, so sind das bei wöchentlichem

Filmwechsel 50% und bei monatlichem Filmwechsel immer noch über 10% der
maximal zulässigen Dosis für Strahlenbeschäftigte. Nun kann man zwar, wie das
bei dem Tracerlab-Twin-Filmdosimeter geschieht, noch einen zweiten hochempfindlichen Film tragen, der nur in großen Abständen, etwa halbjährlich, ausgewertet wird. Diese Methode, die wahre Integraldosis zu erfassen, bedingt aber
einen Mehraufwand sowie einen größeren möglichen Fehler durch Verschleiern
des Filmes und Fading (ZIEGLER und CHLECK 1960). Die kleinste Dosis γ-Strah-
lung, die mit den heute gebräuchlichen Verfahren routinemäßig erfaßt wird, liegt

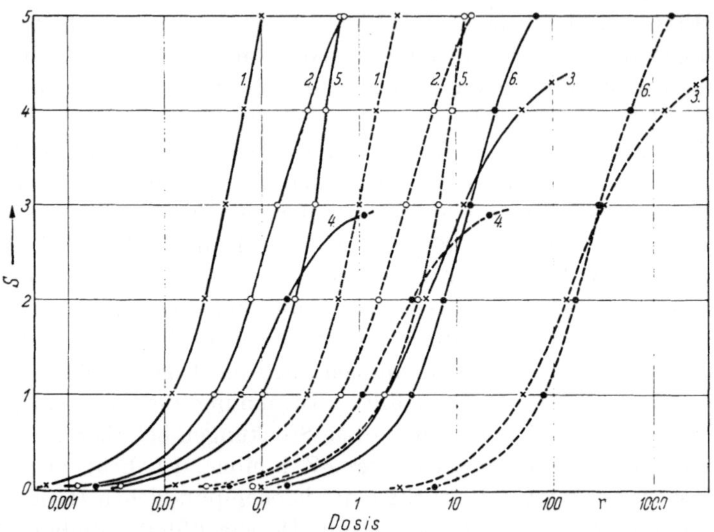

Abb. 75. Schwärzungskurven verschiedener Kodak-Filme im Bereich maximaler (———) und minimaler (– – – –)
Empfindlichkeit: 1. Personal Monitoring Film Type 1 (PM 1). 2. PM 2 (beide Schichten). 3. PM 2 (nur un-
empfindliche Emulsion). 4. Blue Brand medizin. Röntgenfilm. 5. Industr. Röntgenfilm Type AA, 6. Feinkorn-
Positivfilm. Bestrahlung mit stark gefilterter 50 kV Röntgenstrahlung und Radium-γ-Strahlung. Ent-
wickelt 5 Minuten bei 20° C in Kodak-Röntgenentwickler (nach G. M. CORNEY in BLATZ, Radiation Hygiene
Handbook 1959)

je nach Verfahren und Sorgfalt der Auswertung zwischen etwa 15 und 100 mr.
Für Röntgenstrahlung kann sie natürlich bis zu etwa 30fach kleiner sein.

Ein Dosismeßfilm für die Zwecke des zivilen und militärischen Strahlenschutzes und des Katastrophenschutzes in kerntechnischen und ähnlichen Anlagen, der Dosen im Bereich der somatischen Schädigung des Menschen erfassen
soll, muß relativ unempfindlich sein (vgl. z. B. WHIPFLE, HORNBERGER, HOFFMAN
und NOLAN 1948). So genügt es z. B. für Luftschutzzwecke völlig, etwa zwischen
folgenden Dosisbereichen zu unterscheiden: kleiner als 25 r, 25–50 r, 50–100 r,
100–200 r, 200–400 r, mehr als 400 r. Aber auch eine noch gröbere Abstufung
(etwa 0–100 r, 100–400 r, mehr als 400 r) könnte schon wichtige Hinweise geben.
Schließlich kann für besondere Zwecke der Strahlenchemie, Lebensmittelkonservierung, Arzneimittelsterilisierung usw. die Filmdosimetrie höchster Dosen im
Megaröntgenbereich interessant sein.

Das normale Sortiment größerer Filmfabriken umfaßt, wie die Abb. 75, 76
und 77 zeigen, einen weiten Empfindlichkeitsbereich. Weitere neuere Absolut-
angaben über die Röntgen- und γ-Empfindlichkeit verschiedener kommerzieller

Photomaterialien finden sich bei EHRLICH und FITCH (1951). CORNEY (1952).
ARGIERO (1953). CORNEY und CLEARE (1955). DUDLEY (1956). CORNEY (1960).
DOUGALL (1960). DOMANUS und HALSKI (1960) und vielen anderen Autoren. Ideal

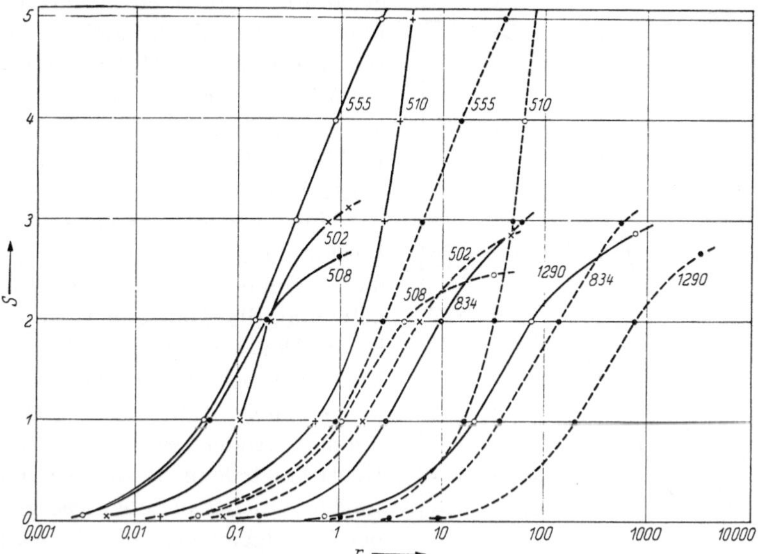

Abb. 76. Schwärzungskurven verschiedener DuPont-Filme im Bereich maximaler (——) und minimaler (– – – –)
Filmempfindlichkeit. Entwickelt 3 Minuten bei 20 °C in DuPont-Röntgenentwickler (nach G. M. CORNEY in
BLATZ. Radiation Hygiene Handbook. 1959)

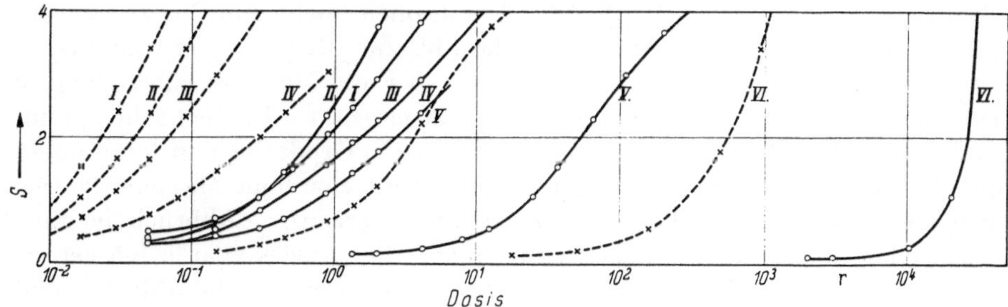

Abb. 77. Schwärzungskurven verschiedener Emulsionen im Bereich maximaler (– – – –) und minimaler (——)
Empfindlichkeit: I. Agfa-Sino, II. Adox hochempfindlicher Dosismeßfilm. III. Kodak Radiation Monitoring
Film (beide Emulsionen). V. Gevaert Zahnfilm (mit Verstärkerfolie), V. Adox unempfindlich Dosismeßfilm
und VI. Agfa-Mikrat-Platte. Entwickelt 4 Minuten bei 20 °C in Röntgen-DIN-Entwickler

für die Personenüberwachung wäre ein Film, mit dem man Dosen um 10–20 mr
noch ebenso erfassen könnte wie Dosen von einigen hundert r, die bei Unfällen
möglich sind. Die Schwärzungskurve sollte also relativ flach ansteigen. Eine Beeinflussung der Steilheit der Schwärzungskurve ist emulsionstechnisch, durch
Änderung des Silberauftrages und durch spezielle Entwicklung möglich. Die Forderung nach einem sehr weiten Meßbereich läßt sich jedoch nicht mit der nach
höchster Empfindlichkeit vereinbaren: Größtmögliche Schwärzung bei einer gegebenen, kleinen Strahlendosis kann mit einer Emulsion maximaler Kornempfindlichkeit durch einen größeren Silbergehalt der Emulsion, dickeren Auftrag
derselben (doppelseitigen Beguß) oder Aufeinanderlegen mehrerer Filme bei der

Belichtung oder beim Photometieren erreicht werden, wenn man voraussetzt, daß nur ein vernachlässigbar kleiner Prozentsatz der Strahlung in der photographischen Schicht absorbiert wird. Die letztgenannte Möglichkeit, mehrere Filme übereinander als Bündel zu exponieren (EHRLICH und McLAUGHLIN 1959), entfällt in der Praxis normalerweise als zu aufwendig. Es soll in jedem Fall *ausentwickelt*, d. h. jedes exponierte Korn erfaßt werden.

Abb. 78 zeigt schematisch, wie bei Verdopplung des Silberauftrages sich die Maximalschwärzung etwa verdoppelt und die Hälfte der sonst meßbaren Dosis meßbar wird ($r_1 = r_2/2$) bzw. sich bei gleicher (kleiner) Dosis die Genauigkeit der Messung etwa verdoppelt. Andererseits ist die optische Densitometrie nicht nur nach unten, sondern auch nach oben begrenzt, wobei im allgemeinen die Schwärzungsmessung ab $S = 4$–5 recht ungenau oder ganz unmöglich wird. Es wäre aber wünschenswert, auch bei silberreichen Emulsionen nicht nur bis zu r_3, sondern bis zum Maximalwert r_4 zu messen oder aber die Maximalschwärzung zu

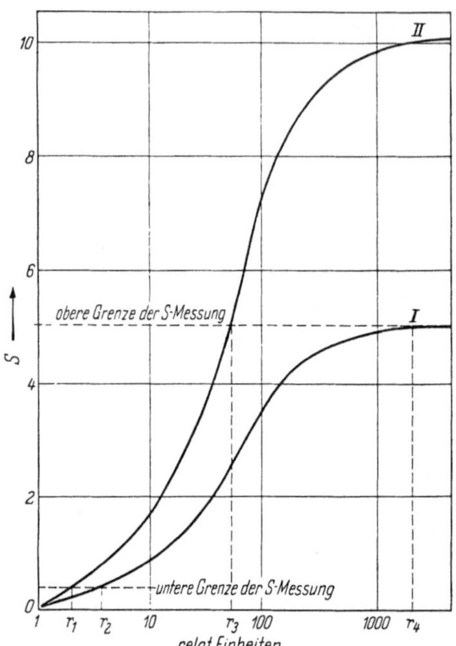

Abb. 78. Schematische Darstellung der Veränderung der Schwärzungskurve und des Dosismeßbereichs bei Verdopplung des Silberauftrages

erniedrigen und auf diese Weise den Meßbereich zu erweitern. Da die hochempfindlichen Röntgenfilme eben aus Gründen möglichst steiler Gradation und damit hoher Empfindlichkeit einen hohen Silbergehalt und damit eine hohe Maximalschwärzung aufweisen, ist dieses Ziel am einfachsten durch vorzeitigen Abbruch der Entwicklung oder einen Spezialentwickler, der nicht alle entwickelbaren Körner erfaßt, zu verwirklichen: Der Anstieg der Schwärzungskurve ist dann flacher und die Maximalschwärzung reicht in den Bereich der Photometrierbarkeit (EHRLICH und SNEDEGAR 1952, WACHSMANN und SCHUBERT 1959). Naturgemäß wird aber durch die fehlende Ausentwicklung Filmempfindlichkeit verschenkt und die Genauigkeit der Messung kleiner Dosen bzw. die untere Meßgrenze etwa im gleichen Maße ungünstiger, wie sich der Meßbereich nach oben verschiebt. Natürlich wird auch im mittleren Schwärzungsbereich die Genauigkeit der Dosisermittlung um so geringer, je weniger sich die Schwärzung mit einer Dosisänderung ändert, d. h. je flacher die Kurve ansteigt. Dadurch wird auch der Wert von Verfahren in Frage gestellt, beispielsweise durch eine sehr breite Korngrößenverteilung (Mischung einer hochempfindlichen, grobkörnigen mit einer wenig empfindlichen feinkörnigen Emulsion) den Meßbereich zu erhöhen.

Aus der Korrelation zwischen Empfindlichkeit und Meßbereich resultiert die Unmöglichkeit, mit den herkömmlichen Auswertungsverfahren den gesamten

interessierenden Bereich mit nur einer Emulsion zu überstreichen und gleichzeitig eine ausreichende Meßgenauigkeit zu erhalten. Deshalb werden meist zwei
verschieden empfindliche Emulsionen miteinander konbiniert – sei es, daß die
beiden Seiten eines Filmträgers mit verschieden empfindlichen Emulsionen begossen werden, wie es bei den von CHASSENDE-BAROZ (1956) und SOUDAIN (1960)
beschriebenen Dosimetern und bei einem neueren Kodak-Film der Fall ist (die
hochempfindliche Schicht ist nicht gehärtet und kann bei Maximalschwärzung
zur Ausmessung der weniger empfindlichen Schicht mit warmem Wasser abgelöst
werden), oder daß zwei verschieden empfindliche Filme zusammen verpackt
werden (DuPont-552-Filmpäckchen – vgl. z. B. HERMAN 1951 – und Adox-Dosisfilm) bzw. zwei getrennte Filmpäckchen in die Plakette eingelegt werden, von
denen das wenig empfindliche nur ausgewertet zu werden braucht, wenn das empfindliche wegen zu großer Schwärzung nicht mehr ausgemessen werden kann.

Es wäre möglich, den Bereich der photometrierbaren Schwärzung dadurch zu
erweitern, daß die eine Seite eines doppelseitig mit der gleichen Emulsion begossenen Filmes abgelöst wird. GOLDEN (1956) hat beschrieben, wie man dies auf
verhältnismäßig einfache Weise tun kann. Dazu ist aber Voraussetzung, daß die
beiden Seiten exakt gleich dick sind. Auch die Steigerung der Densitometer-Emp-
findlichkeit durch Verwendung von Photomultipliern mit geeigneter elektronischer Verstärkung ist nur bis zu einem gewissen Grade sinnvoll: Im Bereich sehr
hoher Schwärzungen (ab 5–6) können schon geringste Schichtfehler (Kratzer,
Bläschen usw.) eine viel geringere Schwärzung als tatsächlich vorhanden vortäuschen und damit den Wert der Schwärzungsmessung fragwürdig machen.

Günstiger ist es, im Bereich sehr hoher Schwärzungen, die bei der Routineüberwachung doch nur selten auftreten, auf die Photometrie zu verzichten und
das ausgeschiedene Silber direkt zu messen. Chemisch-analytische Methoden schei-
den normalerweise als zu aufwendig aus, mit Ausnahme vielleicht der Methode
von DAVENPORT und STEVENS (1954, 1955) (vgl. S. 114), dagegen ist vorgeschlagen
worden, das Silber durch Neutronen-Aktivierungsanalyse zu bestimmen. Dieses
Verfahren ist sowohl für extrem kleine Schwärzungen anwendbar (TELLEZ-PLA-
SENCIA 1959) als auch für sehr große Schwärzungen geeignet, wobei sowohl die
Aktivierung des Ag 109 (BERLMANN 1953) als auch die des Ag 107 (BERLMAN,
LUCAS und MAY 1953) benutzt werden kann. Eine so gemessene Schwärzung 12
stellt jedoch noch keine obere Grenze des Verfahrens dar. Eine andere Methode
beruht auf der Messung der Röntgen-Fluoreszenzstrahlung des Silbers (BAUM-
GARTNER 1959) und gestattet es, den normalen Meßbereich des DuPont-552-Filmes
von 25 mr bis 40 r auf 2000 r auszudehnen.

Abb. 79 zeigt schematisch die mit verschiedenen filmdosimetrischen Methoden
erfaßbaren Dosisbereiche, insgesamt etwa 12 Zehnerpotenzen. Die konventionel-
len Filme überdecken ein Meßbereich von etwa 20 mr bis etwa 20000 r γ-Strah-
lung (für Röntgenstrahlung verschiebt sich dieser Bereich um etwa 1 Zehner-
potenz zu kleineren Werten). Wie bereits auf S. 60ff. näher ausgeführt wurde, läßt
sich diese Empfindlichkeit durch geeignete Fluoreszenzverstärker erheblich steigern, wobei die erreichbare Grenze bei etwa 0,1 mr liegen dürfte. Mißt man anstelle der entwickelten Schwärzung direkt das photolytisch ausgeschiedene Silber, so kann der Meßbereich beträchtlich nach oben erweitert werden. Dabei hat
der photographische Film in der Megaröntgen-Dosimetrie gegenüber chemischen

und Viskositäts-Dosimetern den Vorzug größerer Einfachheit und Stabilität. Vor allem kann aber das Ergebnis sofort abgelesen werden. NITKA und JONES (1957) haben folgende Anordnung für Dosismessungen zwischen etwa 10^4 und 10^7 r beschrieben: Eine spezielle Auskopieremulsion. die Silberzitrat als *physikalischen Entwickler* enthält. liegt neben einer geeichten Grauskala zum visuellen Schwärzungsvergleich in einer durchsichtigen Verpackung aus orangegefärbten Azetylzellulosefolien. Die Ablesung kann mit etwa $\pm$ 30% Genauigkeit direkt durch visuellen Vergleich oder – mit einer Genauigkeit von $\pm$ 6% – photometrisch erfolgen. Dabei hängt die Empfindlichkeit der Emulsion etwas von der zeitlichen Verteilung der Einstrahlung ab. Der dadurch verursachte Fehler beträgt im

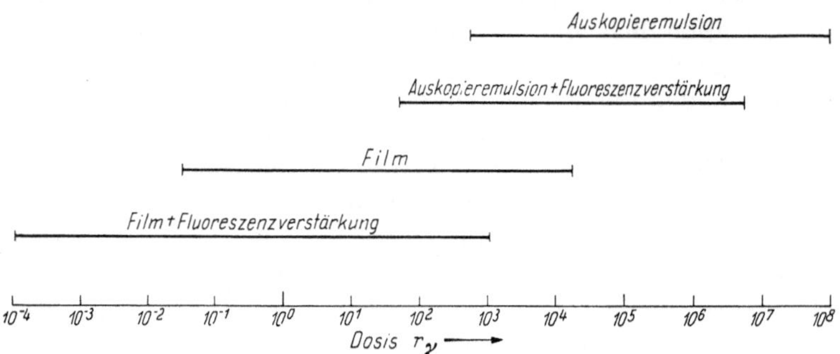

Abb. 79. Empfindlichkeitsbereiche verschiedener filmdosimetrischer Meßsysteme gegenüber γ-Strahlung

Dosisleistungsbereich 10–10^4 r min. etwa 50%. Diese Anordnungen können so ausgebildet sein, daß sie wie ein Etikett auf zu bestrahlende Gegenstände aufgeklebt werden können (Brit. Pat. 854897 – 1958). Nach NITKA (1959) kann die Empfindlichkeit solcher Anordnungen sowohl nach oben als auch nach unten hin in ziemlich weiten Grenzen variiert werden, sei es dadurch, daß man verschiedene Emulsionen verwendet, durch Übereinanderlegen mehrerer Filme bei der Auswertung oder durch Kombination mit Fluoreszenzkörpern. McLAUGHLIN (1960) densitometriert das photolytische Silber kommerzieller Filme im Rotlicht und mißt so Dosen zwischen $2 \cdot 10^4$ und 10^8 r. Die Temperatur sollte während der Exponierung innerhalb $\pm$ 10 °C konstant gehalten werden, wenn eine Genauigkeit von $\pm$ 5% erreicht werden soll.

Direkt visuell ablesbare Filmdosimeter wären natürlich besonders für die Katastrophendosimetrie von großem Vorteil. JONES und NITKA (1956, 1959) haben ein solches Dosimeter für den Dosisbereich 50–500 r beschrieben: Ein hochempfindliches Auskopierpapier wird hinter einem thalliumaktivierten Kaliumjodidkristall belichtet und die Energieabhängigkeit durch eine Bleischicht von 2,28 mm Dicke verbessert. Das Dosimeter soll bei Energien zwischen 175 keV und 2 MeV energieunabhängig registrieren (unterhalb 175 keV fällt die Empfindlichkeit steil ab). Es ist relativ unhandlich.

2. Filmverpackung und -kennzeichnung

Die Filmverpackung muß nicht nur licht-. sondern sollte nach Möglichkeit auch luft- und feuchtigkeitsdicht sein. damit emulsionsschädigende Gase und

Dämpfe ebenso vom Film abgehalten werden können wie die den Latentbild-schwund beschleunigende Feuchtigkeit. WEIDENBAUM (1948) fand zwar, daß bei kurzzeitiger Einwirkung (1 Stunde) die üblichen Laborgase und -dämpfe (Salpetersäure, Salzsäure, Essigsäure, Schwefelwasserstoff und Ammoniak) den verwendeten DuPont-552-Film nicht auffällig beeinflussen, jedoch ist ein solcher Einfluß bei längerdauernder Einwirkung sehr wahrscheinlich, und zwar sowohl im Sinne einer Empfindlichkeitssteigerung (z. B. durch Quecksilberdampf), als auch im Sinne einer Empfindlichkeitsminderung oder einer Beschleunigung des Fadings (z. B. durch Wasserstoffperoxyd). Normalerweise wird eine nachteilige Wirkung auf den Film sich als Erhöhung des Schleiers auswirken. Als Zunahme des Grundschleiers wirkt sich auch aus, wenn der Film durch β-Strahler, die er aus der Atmosphäre aufgenommen hat, *von innen heraus* bestrahlt wird: So kann z. B. ein Film, der in einer stärker TDO- oder T_2O-haltigen Atmosphäre getragen wurde, dadurch verschleiern (BECKER 1961, FRIESER und RANZ 1962).

Die Verpackung soll sich leicht, z. B. durch automatisches Aufstanzen und Herausblättern der Filme oder rein manuell im Dunkelraum öffnen lassen. Einschweißen des Filmes in Kunststoffolien genügt diesen Forderungen verhältnismäßig gut unter der Voraussetzung, daß keine nachteilige Wirkung des Kunststoffes auf die Schicht erfolgt. So hat sich eine opake PVC-Folie z. B. weniger gut bewährt, da in ihr verpackter Film zur Bildung eines dichroitischen Schleiers neigt. Auch eine Kunststoffverpackung ist jedoch nicht wirklich feuchtigkeitsdicht (vgl. S. 40ff.). Bei längerer Lagerung eines Filmes bei einer bestimmten Luftfeuchtigkeit stellt sich in der Verpackung der Gleichgewichts Wassergehalt ein, wobei die Gelatine erhebliche Mengen Wasser aufnehmen kann. RUDLOFF und LUTZ (1960) fanden, daß unter extremen klimatischen Bedingungen der Film in der Kunststoffhülle an den beigepackten Papierstreifen festklebt und dadurch unbrauchbar wird; zu analogen Ergebnissen kam EHRLICH (1961).

Homogene Beschaffenheit auf beiden Seiten der Verpackung ist zu fordern, da nicht nur die auf der bestrahlten Seite ausgelösten, sondern auch die rückgestreuten Elektronen – besonders bei hochatomigen Elementen – erheblich zur Schwärzung beitragen können. Diese Elektronen würden durch ungleichmäßig dicke Absorberschichten aber unterschiedlich geschwächt und zu einer ungleichmäßigen Schwärzung führen (vgl. z. B. EHRLICH 1954). Bei den heute noch weit verbreiteten Zahnfilm-Verpackungen von Dosismeßfilmen ist diese Bedingung nicht erfüllt. Gelegentlich enthalten diese Verpackungen außerdem noch Metallfolien.

Wechselnde Farben der Filmverpackung können die Kontrolle des Umtausches getragener gegen neue Dosismeßfilme erleichtern. Auch die bei vielen Plakettentypen von außen sichtbare auf die Filmverpackung aufgedruckte Nummer kann in verschiedenen Farben gehalten werden.

Jeder Dosismeßfilm muß bei der Auswertung eindeutig und unverwechselbar einem Träger im jeweiligen Überwachungszeitraum zugeordnet sein, wobei unter Umständen freilich auf die Kennzeichnung des Überwachungszeitraumes verzichtet werden kann, wenn die eindeutige Zuordnung durch eine geeignete Organisation des Dosismeßfilmdienstes gewährleistet wird oder, wie dies beispielsweise in Indien geschieht, die überwachten Personen die notwendigen Angaben selbst handschriftlich auf dem Film vermerken. Dazu gibt es verschiedene Möglichkeiten. Am einfachsten ist die fortlaufende Numerierung der Filme bei der Ausgabe. übersichtlicher eine Aufschlüsselung etwa nach folgendem Muster:

1. Kennzahl der Kontrollstelle.
2. laufende Nummer des Überwachungszeitraumes (Woche, Monat, Jahr).
3. laufende Nummer des Filmträgers.

Eine solche Aufschlüsselung, wie sie zur Zeit auch in Deutschland benutzt wird, läßt sich recht gut den Erfordernissen anpassen. So wird z. B. beim englischen staatlichen *Radiological Protection Service* die bei der Auswertung wichtige Emulsionsnummer der Filmlieferung mit eingeschlüsselt. Auch zusätzliche Daten über die Beschäftigungsart, den Tätigkeitsort, die Blutgruppe usw. können unschwer mit aufgenommen werden. Die Nummer wird mit voll- oder halbautomatischen Geräten dem Film eingepreßt und ist dann sowohl als Druckschwärzung auf dem Film als auch auf der Filmverpackung und (bei maximaler Filmschwärzung wichtig!) auf dem Filmträger gut lesbar.

Auf die Möglichkeit, die Druckschwärzung photographischer Filme zur Kennzeichnung von Dosismeßfilmen zu benutzen, haben meines Wissens zuerst EGGERT und LUFT (1929) hingewiesen. Dabei erweist sich als günstig, daß die höchstempfindlichen Emulsionen, die in der Personenüberwachung benutzt werden, auch am stärksten druckempfindlich sind. Dies führt allerdings auch leicht dazu, daß Kratzer und dergleichen auf dem Film als Schwärzung sichtbar werden. Von der Prägemaschine ist zu fordern, daß der Prägedruck einerseits eine gute Lesbarkeit der Zahl gewährleistet, andererseits jedoch die Filmverpackung nicht beschädigt wird. Auch der größeren Gleichmäßigkeit des Druckes wegen, den man z. B.

hydraulisch einstellen kann, sind automatische manuell bedienten Prägegeräten vorzuziehen.

Es kann aber auch vorteilhaft sein, die Filmkennzeichnung in der einen oder anderen Weise mit der Plakette zu verbinden, z. B. dadurch, daß die aufklappbare Plakette innen auf der einen Seite erhaben und auf der Gegenseite vertieft die Trägernummer enthält. Beim Schließen der Plakette prägt sich dann die Nummer dem Film ein. Der Träger könnte auch bei Arbeitsplatz- oder Namenswechsel (bei Frauen durch Heirat) seine Plakette behalten und die für

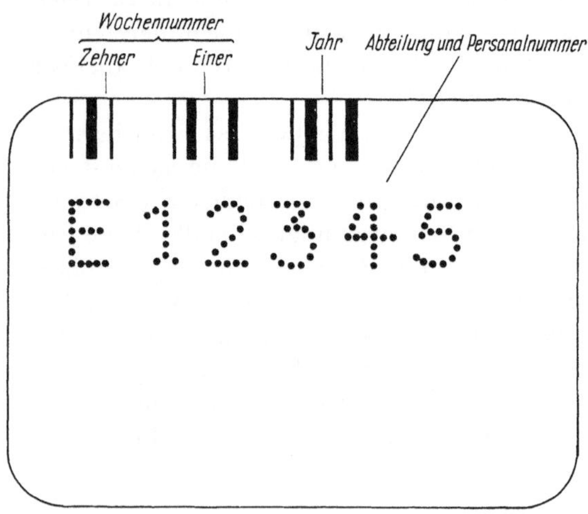

Abb. 80. Filmkennzeichnung nach KOCHER

die Bewertung entscheidende Integraldosis wäre leichter zentral zu erfassen. Die feste Zuordnung einer Nummer zu einer überwachten Person hat sich in einigen Kernforschungsanlagen (z. B. in Harwell und Windscale) gut bewährt. Gewisse Schwierigkeiten können sich allerdings beim Verlust der Plaketten ergeben.

In den amerikanischen Hanford-Anlagen hat sich folgendes System bewährt (KOCHER 1959): Jede Plakette enthält einen Streifen Bleifolie, in die Abteilungs-

und Personalnummer des Trägers einperforiert ist. Weiche Röntgenstrahlen (Grenzstrahlen), mit denen die neu beschickte Plakette bestrahlt wird, durchdringen die Bleifolie nicht, wohl aber die Perforationen. Gleichzeitig wird mit Röntgenstrahlen das Kennzeichen der Überwachungsperiode aufbelichtet: Eine Messingplatte hat drei Gruppen wechselnd schmaler und breiterer Öffnungen, die nach Wahl durch Bleistreifen verschlossen werden können (Abb. 80). Die erste schmale Marke bedeutet dann 1, die breite 2, die nächste schmale Marke 4, die nächste breite 8. So kann jede Zahl durch Blockierung der nicht gebrauchten Öffnungen mit Blei wiedergegeben werden. Gegen dieses Verfahren spricht, daß sich im interessanten Fall der sehr hohen Belastung (Maximalschwärzung des Filmes) die Markierung nicht mehr auf dem Film erkennen läßt.

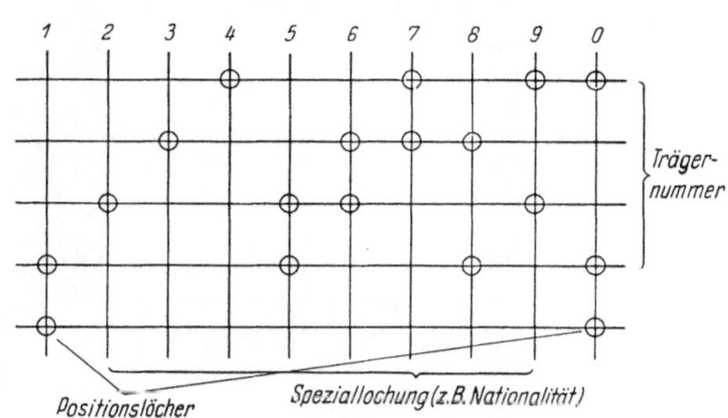

Abb. 81. Idos-Filmmarkierungssystem

Im Zusammenhang mit der Entwicklung eines Dosimeters für Luftschutzzwecke in der Firma Total sind noch andere mechanische Kennzeichnungsmöglichkeiten vorgeschlagen worden (vgl. DBP 880987 – 1953 und FRIEDRICH 1957): Die Plakette kann charakteristisch angeordnete Löcher aufweisen, in die sich ähnlich wie bei einer Hollerithkarte beliebige Zahlen oder Buchstaben einschlüsseln lassen, wie dies bei der deutschen Idos-Plakette auch geschehen ist (Abb. 81). Als Filmkennzeichnung ist hier die achtstellige Erkennungsnummer des Filmträgers und seine Nationalität vorgesehen. Vor Entnahme des exponierten Filmes werden die Löcher mit einer beigegebenen Nadel durchstoßen. Die Nadel kann auf besondere Weise an der Plakette gehaltert werden (DBP 1037031 – 1957).

Man kann aber auch auf das manuelle Durchstechen verzichten und stattdessen eine hydraulische Presse verwenden, deren Stempel nur die in der Plakette vorgesehenen Löcher durchdringen können (DBP 1057802 – 1959). Die Löcher können zur besseren Kontrolle daraufhin, daß sie auch alle durchstochen worden sind, mit einer farbigen Paste gefüllt werden. Da aber nach dem Lochen, d.h. einer groben Beschädigung der Filmverpackung, leicht Licht, Feuchtigkeit, Dämpfe usw. dem Film schaden können, ist vorgeschlagen worden, die ganze Plakette mit einem luft- und lichtdichten Beutel zu umgeben (DBGM 1719872 – 1956) oder den Film nur zum Teil zu verpacken, während ein anderer Teil aus der Umhüllung herausragt und nur in diesem Teil gelocht oder sonstwie gekennzeichnet wird (STRAIMER und FRIEDRICH 1960).

3. Plakettengestaltung

Es sind sehr unterschiedliche Filmplakettentypen im Gebrauch. Nicht immer ist es leicht, die Anforderungen den technischen und wirtschaftlichen Möglichkeiten anzupassen. So sind z.B. für die Erfordernisse des Luftschutzes billige, sehr robuste Plaketten, die lange getragen und schnell ausgewertet werden können, zu fordern. Eine Plakette für den Reaktorbetrieb soll Neutronen in einem möglichst weiten Energiebereich messen und unter Umständen gleichzeitig als Ausweis mit Bild, Namen und Nummer des Trägers dienen. Im medizinischen Röntgenbetrieb ist auf die möglichst exakte Messung relativ weicher Strahlen zu

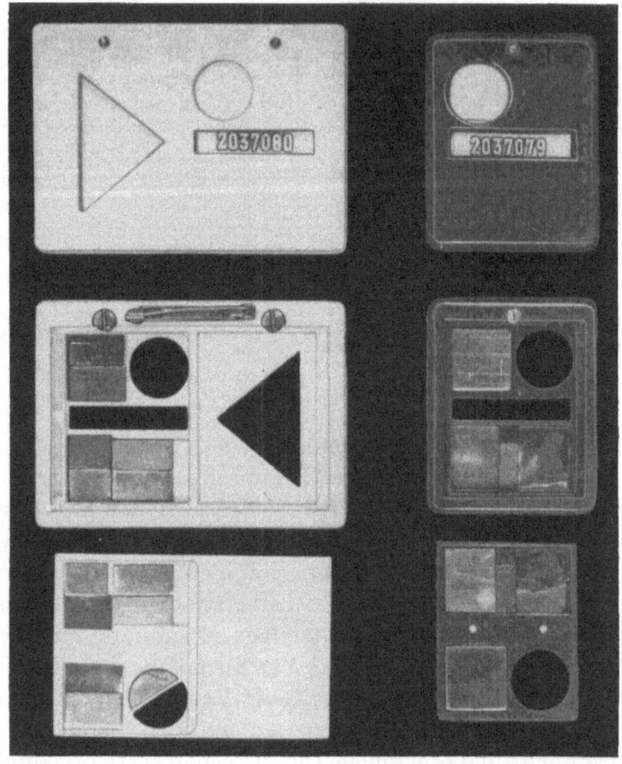

Abb. 82. Filmplaketten der deutschen „Arbeitsgemeinschaft für Strahlenschutz"; rechts für Röntgen-;- und
β-Strahlung, links außerdem für thermische und schnelle Neutronen, oben jeweils geschlossen, unten geöffnet

achten, die in kerntechnischen Anlagen wiederum normalerweise völlig uninteressant sind. Unter diesen Umständen ist es kaum möglich, eine für alle Anwendungsbereiche gleicherweise optimale, einfache und billige Universalplakette anzugeben.

Wichtig für die Plakettengestaltung ist weiterhin die Wahl des angewendeten Meßprinzips. Das Kompensationsfilter- und das Fluoreszenzverfahren zur energieunabhängigen Dosismessung gestattet unter Umständen einfachste Plakettenformen. Das Mehrfilterverfahren – heute am weitesten verbreitet – erlaubt zahlreiche Variationen in Anzahl, Anordnung, Größe, Dicke, Form und Beschaffenheit der Metallfilter. Oft werden noch Öffnungen in der Plakette vorgesehen, um β-Strahlen zu erfassen und die Filmnummer von außen lesen zu können. Abb. 82 zeigt die zur Zeit in Deutschland hergestellten, Abb. 83 in beliebiger Auswahl einige ausländische Mehrfilterplaketten. Durch Kombination des Mehrfilterverfahrens mit speziellen Anordnungen zur Messung der thermischen Neutronendosis, der Einfallsrichtung, der Strahlung usw. können zahlreiche Modifikationen des Grundtyps abgeleitet werden. Es ist danach nicht verwunderlich, daß die Zahl der etwa 50 verschiedenen Plakettentypen, die zur Zeit in größerem Umfang auf der Welt verwendet werden, noch durch viele Varianten vergrößert werden kann. Tatsächlich werden laufend neue Plaketten mit neuen Filterkombinationen angegeben (vgl. S. 79).

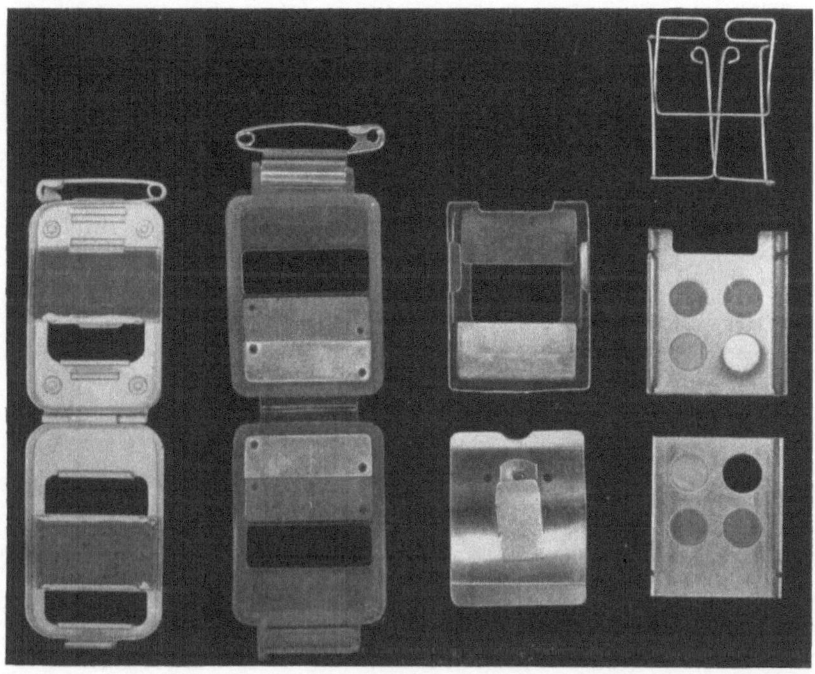

Abb. 83. Einige gebräuchliche Mehrfilterplaketten. Von links nach rechts die Plaketten des AERE Harwell, des englischen Radiological Protection Service, des kommerziellen Tracerlab-Dosismeßfilmdienstes und der dänischen Kernforschungsanlage Risö

Dabei ist eine Tendenz zur zunehmenden Komplizierung der Plaketten zu erkennen, was durch die zunehmenden Forderungen an Empfindlichkeit, Genauigkeit und Vielseitigkeit der Dosismessung erklärbar ist. Andererseits wird aber auch die Herstellung der Plaketten und die Auswertung der Filme dadurch komplizierter. So gibt z. B. die von DRESEL (1960) beschriebene Methode einen Eindruck von der Vielzahl der bei der Auswertung erhältlichen Informationen, aber auch von der Anzahl der notwendigen Schwärzungsmessungen und der recht verwickelten Ergebnisermittlung. Noch weiter geht die in Oak Ridge eingeführte Plakette, die noch ein chemisches Dosimeter, einen Silberphosphatglas-Stab und Neutronenenergie-Schwellendetektoren enthält (GUPTON, DAVIS und HART 1961). Abb. 84 zeigt den Aufbau dieser Plakette.

Durch diese Komplizierung wird die Plakette und ihre Auswertung aber naturgemäß auch störungsanfälliger und teurer. Die Verteuerung muß aber besonders von den Kunden der kommerziellen Dosismeßfilmstellen, von denen es allein in den USA zur Zeit etwa 24 gibt, als Nachteil empfunden werden. Eine Plakette wird ja nicht nur einmalig angeschafft, sondern ist durch Verschleiß, Verlust, radioaktive Kontamination usw. in ihrer mittleren Lebensdauer auf wenige Jahre begrenzt. Deshalb sind alle Versuche, den hohen Anforderungen mit ebenso einfachen wie vielseitigen Anordnungen gerecht zu werden, von großem praktischem Interesse.

Relativ einfache Anordnungen, wie sie in Frankreich (ALLISY 1955) und in den Niederlanden (VAN STEKELENBURG 1958, 1959) seit Jahren angewendet werden.

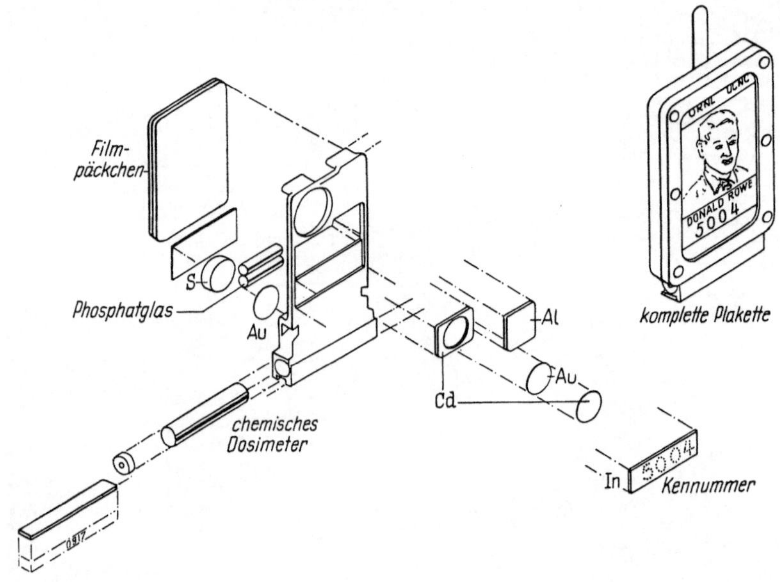

Abb. 84. Aufbau des Oak-Ridge-Filmdosimeters (nach K. Z. MORGAN, 1961)

bestehen aus einem direkt bestrahlten und einem hinter einem Filter bestrahlten Film gemäß dem auf S. 72 ff. beschriebenen Prinzip. Die Energieabhängigkeit dieser Anordnungen ist bei geeigneter Abstimmung recht günstig, jedoch sind Empfindlichkeit und Richtungsabhängigkeit wenig vorteilhaft.

Besonders in den USA wird die Plakette oft gleichzeitig als Kennmarke für den Träger, der in einer kernwissenschaftlichen oder kerntechnischen Anlage tätig ist, benutzt – eine Kombination, die auch besonders auf dem Luftschutzsektor interessant ist (vgl. z. B. FRIEDRICH 1957). Es wurde für diesen Zweck auch vorgeschlagen, ein Mikrofoto der Personalkarte in die Plakette einzulegen (STRAIMER 1954), die Plakette teilweise aus durchsichtigem Material anzufertigen, damit die Informationen im Plaketteninneren auch von außen gelesen werden können oder an der Plakettenvorderseite angebrachte Personalangaben durch eine aufgesetzte Lupe, z. B. aus durchsichtigem Kunststoff, zu vergrößern. Wird die Plakette gleichzeitig als Identifikationsmarke getragen, so steigt die Gefahr mißbräuchlicher Eingriffe (andererseits gewährleistet dieses System, daß die Plakette wirklich dauernd getragen wird). Es wurden deshalb Plaketten beschrieben, die so verschlossen sind, daß sie nur zentral mit einem elektromagnetischen Öffner geöffnet werden können (KOCHER 1958, 1959). Solche Plaketten werden in USA in größerem Umfang verwendet. Normalerweise wird aber auch ein Vernieten der Plakette ausreichend sein. Auf der anderen Seite vereinfacht eine leichte Zugänglichkeit des Filmes aber den automatischen Filmwechsel. So wird in Savannah River eine Plakette mit durchgehendem Schlitz verwandt, aus dem der getragene Film herausfällt, wenn das Beladungsgerät einen neuen einschiebt (BANCROFT 1960).

Das Plakettenmaterial kann den Bedürfnissen angepaßt werden. Meist wird ein Metall, das mit dem dünnsten Filter identisch sein kann, oder ein geeigneter unzerbrechlicher Kunststoff gewählt (Nylon usw.). Kunststoffe, in denen man die Filtermetalle in feinverteilter Form dispergiert (die vom Metall emittierten Sekundärelektronen werden dann vom Kunststoff absorbiert), schlägt ein britisches Patent (860198 – 1961) vor. Völlig dicht geschlossene Plaketten erschweren die β-Dosimetrie, schützen aber den Film besser vor Feuchtigkeit, Kontamination und anderen schädlichen Einflüssen.

Die Zahl der Filme, die eine Plakette enthält, hängt sehr von der Meßaufgabe ab. Im einfachsten Fall wird es nur ein hochempfindlicher Film (Strahlenschutz-Routineüberwachung) oder ein wenig empfindlicher Film (Katastrophen-Dosimetrie) sein, normalerweise wird aber eine Plakette mindestens zwei verschieden empfindliche Emulsionen enthalten, die allerdings auf nur einen Filmträger aufgebracht sein können. Dazu kann noch ein weiterer hochempfindlicher Film kommen, der zur Integration kleiner Dosen in größeren Abständen ausgewertet wird und ein Kernspurfilm für die Dosimetrie schneller Neutronen. Mit vier Filmen dürften alle filmdosimetrisch überhaupt lösbaren Meßaufgaben zu bewältigen sein. Es ist auch denkbar, eine größere Anzahl Packungen mit identischen Filmen in einer Plakette zu tragen und in gewissen Abständen jeweils eine dieser Packungen zur Auswertung zu entnehmen (DBP 1 029 947 – 1958), jedoch dürften bei diesem Verfahren die Störungen durch den Latenzbildschwund und die komplexen Filterungsverhältnisse beträchtlich sein. Das deutsche Idos-Luftschutzdosimeter enthält zwei identische Filme, damit der Träger während der Auswertung des einen Filmes durch den zweiten überwacht wird.

Von großer Bedeutung für den Plakettenträger ist die Art der Anbringung der Plakette. Sicherheitsnadeln und ähnliche, zum Teil noch besonders gesicherte Befestigungen schützen zwar normalerweise recht gut gegen Verlust der Plakette, beschädigen aber auf die Dauer die Kleidung und sind relativ unbequem. Andererseits ist bei Klips, die von den Trägern eindeutig bevorzugt werden, die Wahrscheinlichkeit eines Verlustes größer. Optimal dürften geschickt gestaltete Klammern oder gesicherte Klips sein. Für den zivilen und militärischen Luftschutz werden allerdings Kennmarkenplaketten, die an einem Kettchen oder dergleichen um den Hals gehängt getragen werden, im allgemeinen vorzuziehen sein.

Wenn die Dosisbelastung der Hand besonders gemessen werden soll, kann der Film bzw. die Plakette am Handgelenk (vgl. BRAMSON 1960), als Fingerring-Dosimeter am Finger (vgl. AECU -1276, 1951) (Abb. 85) oder auch – dies ist als Test beim Umgang mit β-Strahlern gelegentlich nützlich – direkt an der Fingerkuppe gemessen werden: Ein ausgestanztes, kreisrundes Filmstückchen liegt dann in einem sehr kleinen, lichtdichten Plastiktäschchen und wird beispielsweise unter einem dünnen Gummifingerling getragen.

Bei den meisten Plakettentypen ist zumindest im Leerfeld die Bedingung des Elektronengleichgewichtes bei höheren Quantenenergien nur ungenügend erfüllt. Dies trifft nicht zu für die von EHRLICH und FITCH (1951) und EHRLICH (1957) beschriebenen Anordnungen, in denen durch eine 8,25 mm dicke Bakelitschicht bzw. 6,5 mm Polyäthylen die Erfüllung dieser Bedingung auch für höhere Quantenenergien (im erstgenannten Fall z. B. für die Bremsstrahlung eines 10-MeV-Betatrons) garantiert ist.

Für kleinere Kreise zu überwachender Personen und für versuchsweise ausgegebene Filmdosimeter kann unter Umständen auf eine Plakette im eigentlichen

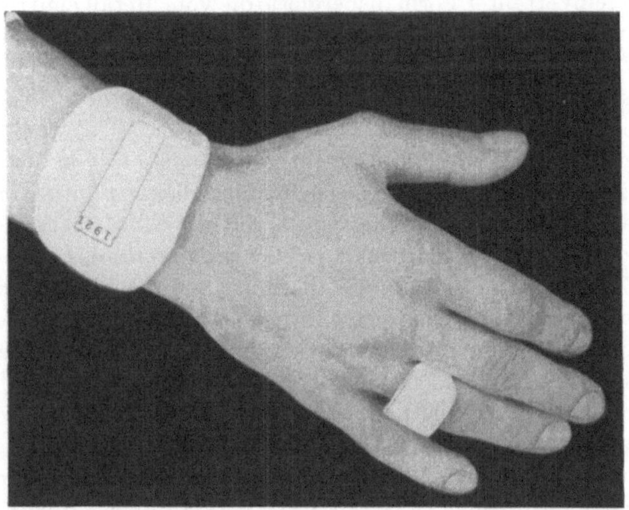

Abb. 85. Fingerring-Dosimeter der deutschen Arbeitsgemeinschaft für Strahlenschutz und Handgelenkdosimeter des AERE Harwell

Sinne verzichtet werden. So beschreiben z. B. BÖHLER (1958), VAN STEKELENBURG (1958, 1959) und PAIC (1960) Anordnungen, bei denen Film und Filter lediglich in einem Plastikbeutel eingeschweißt getragen werden (vgl. auch AMADESI et al. 1960). Auch das Harwell-Filmdosimeter für schnelle Neutronen (COOK 1958) wird in dieser Form ausgegeben. Die Selbstanfertigung einer Plakette für den Fall, daß die Auftragsfertigung durch eine einschlägige Firma nicht lohnt, haben FRISOLI und SILVERMAN (1952) beschrieben. Dabei ist zu beachten, daß an die Konstanz der Filterdicke besonders bei dünneren Filtern zur Differenzierung energiearmer Strahlung hohe Anforderungen zu stellen sind. Die Änderungen der Dicke eines Zinnfilters von 1,0 auf 1,1 mm verursacht beispielsweise bei 50 keV eine Absorptionsänderung um 10%, bei 100 keV aber nur um 1%.

Für Spezialaufgaben ist eine Anzahl besonderer Plakettenarten beschrieben worden. Dazu gehören die Neutronenplakette von ROSS und TOCHILIN (1956, 1958) vgl. S. 87 ff.) und verschiedene Filmdosimeter für militärische Zwecke, wie das direktablesbare Filmdosimeter von JONES und NITKA (1956, 1958 – vgl. S. 61) und die *selbstentwickelnden* Anordnungen. Diese enthalten entweder direkt eine Ampulle mit Entwickler, die im Bedarfsfall zerdrückt wird (SHURCLIFF 1950,

1951, FAIRBANK 1951) oder arbeiten nach einem *trockenen* Selbstentwicklungsverfahren (PICKERING). CHASSENDE-BAROZ (1956) hat ein Dosimeter vorgeschlagen, bei dem rechts und links von einer Grauskala, die in r geeicht ist, zwei verschieden empfindliche Emulsionen auf den Emulsionsträger aufgegossen sind. Die Auswertung erfolgt visuell, ebenso die Kontrolle, daß ausentwickelt worden ist. Ähnlich aufgebaut ist ein von SOUDAIN (1959) beschriebenes Dosimeter, in dem drei verschieden empfindliche Emulsionen ebenfalls zusammen mit einem Entwicklungsstandard auf ein Kartonstückchen aufgegossen sind. Durch die Entwicklungsstandards werden solche Anordnungen unabhängig von konstanten Entwicklungsbedingungen. Das Dosimeter kann sowohl visuell als auch durch ein Reflexions-Densitometer ausgewertet werden, der Dosisbereich wird mit 10 mr bis 800 r angegeben.

In verschiedenen Ländern wird angestrebt, die Vielzahl der gebräuchlichen Plakettentypen durch Abstimmung der verschiedenen Dosismeßfilmstellen untereinander zu vermindern und damit auch die Ergebnisse besser vergleichbar zu machen. So ist in England augenblicklich eine Einheitsplakette in Vorbereitung. Eine internationale Abstimmung existiert derzeit noch nicht.

4. Organisation und Labortechnik

Im Normalfall liegt für eine Dosismeßfilmstelle die Hauptaufgabe in einer möglichst reibungslosen und rationellen Durchführung der Routineüberwachung eines mehr oder weniger inhomogenen Personenkreises. Für diesen Fall hat sich ein Organisationsschema (Abb. 86) herausgebildet, das in verschiedenen Dosismeßfilmstellen mit unterschiedlichen Meßsystemen nur wenig voneinander abweicht (vgl. auch DEALLER, JONES und SMITH 1958, DEALLER 1959):

Der Film wird gekennzeichnet und in der Plakette ausgegeben, nach Ablauf des Überwachungszeitraumes (je nach Wahrscheinlichkeit einer höheren Belastung 1 Woche, 2 Wochen, 1 Monat oder ein Quartal) wieder eingezogen, die Plakette auf Kontaminationen überprüft, der entnommene Film zusammen mit den Eichfilmen unter sorgfältig konstant gehaltenen Bedingungen entwickelt und die Schwärzung gemessen. Durch Vergleich der gemessenen Schwärzungswerte mit der Eichkurve erhält man auf mehr oder weniger komplizierte Weise die Dosis. Hohe Dosen werden der überwachten Person eventuell sofort nach ihrer Feststellung telefonisch oder telegrafisch mitgeteilt, Normalbefunde (darunter könnte man z. B. noch Dosen verstehen, die kleiner als 1 oder 3 r sind) nach der Ergebniserfassung in der Überwachungskartei routinemäßig übermittelt. Die exponierten Filme müssen in Deutschland 30 Jahre aufbewahrt werden. Die Ergebnisse der statistischen Auswertung werden, soweit sie von allgemeinerem Interesse sind, in geeigneter Form (z. B. als regelmäßiger Jahresbericht) publiziert, während die Einzelwerte meist vertraulich behandelt werden, soweit nicht Dosisüberschreitungen einer besonderen Instanz mitgeteilt werden müssen.

Die Organisation des Dosismeßfilmdienstes in größeren kerntechnischen Anlagen wurde z. B. von GASPER (1958), BANCROFT (1960), LITTLEJOHN (1960) und WILSON, MILLIGAN, UNRUH und LARSON (1960) beschrieben. Hinsichtlich der Einzelheiten sei auf die Originalarbeit verwiesen. Der Dosismeßfilmdienst kerntechnischer Anlagen soll auch in der Lage sein, im Katastrophenfall sehr schnell und zu einem beliebigen Zeitpunkt größere Mengen Filme auszuwerten, wozu unter Umständen besondere Vorkehrungen erforderlich sind. In einem solchen Fall kann es von Vorteil sein, wenn die Dosismeßfilmstelle zwar in der Nähe, aber doch nicht innerhalb der eventuell zu räumenden Anlage liegt.

Die filmdosimetrische Labortechnik lehnt sich eng an die herkömmliche photographische Dunkelkammertechnik an, über die bereits eine umfangreiche Literatur existiert (vgl. z.B. ALLEN 1954). Sie wird durch das verwendete Meß- und Auswertesystem und die besonderen Erfordernisse der Dosismeßfilmstelle jedoch

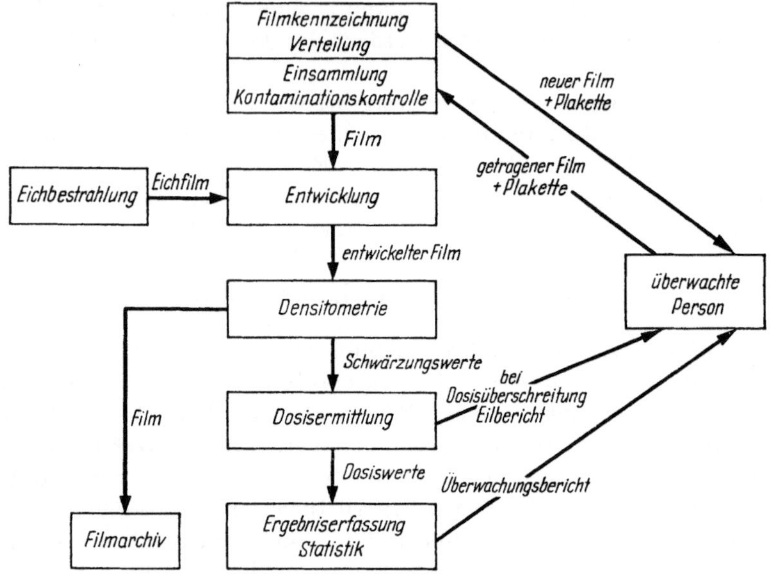

Abb. 86. Organisationsschema einer Dosismeßfilmstelle

wesentlich mitbestimmt. Die verwendeten Techniken variieren stark, und es ist schwierig, den Wert verschiedener empfohlener Verfahren gegeneinander abzuschätzen.

Der Raum- und Personalbedarf hängt naturgemäß stark vom Grad der Rationalisierung bzw. Automatisierung sowie vom zu überwachenden Personenkreis ab. So erfordert eine Dosismeßfilmstelle mit ausschließlich postalisch erreichbaren auswärtigen Kunden einen größeren Aufwand (Adressierung, Versand) als bei der Überwachung geschlossener Anlagen, bei denen dann unter Umständen sogar nur bestimmte Arten von Strahlenbelastung, etwa durch bestimmte Isotope, möglich sind. Im erstgenannten Fall rechnet man bei der Ausrüstung mit halbautomatischen Geräten (Adressiermaschinen usw.) und guter Rationalisierung mit etwa 10–15 Kräften und etwa 6 Räumen (Büro/Archiv, Versand, Eichraum, Helllabor, 2 Dunkelkammern) für die Überwachung von 10000 Personen bei monatlichem Filmwechsel. Bei extremen klimatischen Verhältnissen sollte für die Dunkelkammer einer Klimaanlage vorgesehen werden.

Dieser Personalbedarf kann beträchtlich vermindert werden, wenn ein geschlossener Personenkreis überwacht wird oder wenn vollautomatische Auswertungsgeräte Verwendung finden. Andererseits kann der Personalbedarf aber auch größer werden, wenn z. B. größere Stückzahlen von Kernspurfilmen visuell ausgewertet werden müssen oder in größerem Umfang Forschungs- und Entwicklungsarbeiten durchgeführt werden. Die Tatsache, daß das Gebiet der Personendosisüberwachung noch durchaus im Fluß ist, bedingt ein aufmerksames Verfolgen der wissenschaftlichen und technischen Fortschritte. So wird ein experimenteller Vergleich verschiedener vorgeschlagener Methoden und eine mehr oder weniger ausgeprägte eigene Entwicklungstätigkeit der Dosismeßfilmstelle mit einer kritischen Analyse der erhaltenen Ergebnisse stets einen Mehraufwand bedingen, dessen Resultate der Qualität der Überwachung dann unmittelbar zugute kommen. Analoge Überlegungen wie für den Personalbedarf gelten auch für den Raumbedarf, für den sich keine allgemeingültigen Werte angeben lassen.

Die Lagerung der Filme vor ihrer Verwendung sollte trocken (relative Luftfeuchtigkeit kleiner als etwa 50%) und kühl (besonders STEVENS 1949 hat auf den nachteiligen Einfluß hoher Lagerungstemperaturen hingewiesen – vgl. auch HEARD, COOK und HOLT 1960) erfolgen, falls die vorrätigen Filme nicht völlig feuchtigkeitsdicht (*tropenfest*) verpackt sind. Laborgase und -dämpfe sollten ferngehalten werden. Unter diesen Bedingungen sind auch höchstempfindliche Filme mindestens $1/_2$–1 Jahr lagerbar, ohne daß eine zu starke Verschleierung eintritt (eine geringe Zunahme des Grundschleiers ist normal und stört die Auswertung nicht, wenn sie mit berücksichtigt wird – vgl. z. B. MOSER 1953). Von verschiedenen Seiten wird die Lagerung der Filme im Eisschrank bei etwa $+5$ °C empfohlen. GOULD (1960) hat darauf hingewiesen, daß bestimmte hölzerne Vorratsbehälter ätherische Öle abgeben können, die den Schleier erhöhen. Er empfiehlt die Lagerung der Filme in einem Eisensafe von 20 cm Wandstärke, um die natürliche Umgebungsstrahlung ausreichend zu vermindern, da ein großer Teil der Schleierzunahme durch diese Strahlung (etwa 120–300 mr/Jahr) verursacht werden kann. Im Gegensatz zu den Vorratsfilmen werden die Vergleichsfilme (Eichfilme) unter Bedingungen gelagert, die denen möglichst ähnlich sind, unter denen die ausgegebenen Filme getragen werden, da sonst die Schleierzunahme des getragenen gegenüber dem unter optimalen Bedingungen gelagerten Film leicht eine nicht empfangene Dosis vortäuschen kann.

Hinsichtlich Filmkennzeichnung vgl. S. 121ff.

Für größere Auswertungsstellen, Luftschutz- und Reaktorstationen, in denen im Katastrophenfall sehr schnell eine große Anzahl von Filmen ausgewertet werden muß, ist eine automatische Auswertung unter Umständen sehr vorteilhaft. Das deutsche Idos-Verfahren für die Auswertung von Einfilter-Kennmarkenplaketten für die militärische Anwendung sieht hierfür folgende Geräte vor: einen *Dissector* zum Aufschneiden der Plastik-Filmhüllen, einen *Connector*, der die entnommenen Filmstücke zu einem Band zusammenfügt, den *Densomat*, der das auf eine Rolle aufgespulte Filmband entwickelt und ein spezielles Densitometer, an das sich ein ergebnisregistrierender *Recorder* anschließt. Die Auswerteleistung beträgt bis zu 3000 Filme/Stunde. RUDLOFF und LUTZ (1960) haben die Fehler des Verfahrens gründlich untersucht mit dem Ergebnis, daß unter günstigen Bedingungen mit etwa 80% richtigen Anzeigen (wahrer Wert im angegebenen Dosisbereich von beispielsweise 50–100 r) gerechnet werden kann.

In den amerikanischen Hanford-Anlagen wird neuerdings eine automatische

Filmwechselmaschine betrieben, mit der in einem 5-Sekunden-Zyklus die Spezial-plakette magnetisch geöffnet, der alte Film entnommen, durch einen neuen Film mit aufbelichteter Kennzeichnung ersetzt und die Plakette wieder verschlossen wird (KOCHER 1959). In Idaho Falls erfolgt die gesamte Auswertung der Hanford-Plakette in einer automatischen Anlage (WILHELMSEN, PARKER, COULTER und BOREN 1960): Die Filmkennzeichnung wird ebenfalls mit Grenzstrahlen auf-belichtet, die Schwärzungsmessung und Dosisermittlung mit Hilfe der einprogram-mierten Eichkurve erfolgt automatisch, die Nummer wird elektronisch gelesen und zusammen mit den Ergebnissen auf eine Lochkarte gedruckt. Kontaminierte, nicht numerierte oder überbelichtete Filme lösen einen Alarm aus. Auch in Sa-vannah River ist die Plakettenauswertung automatisiert. Es wird eine Plakette mit einem Schlitz benutzt, durch den der Film hindurchgeschoben werden kann (BANCROFT 1960 – vgl. auch ADAMS und WRIGHT 1960). Ähnliche mehr oder weniger automatisierte Geräte sind auch in anderen Dosismeßfilmstellen in Vor-bereitung.

Für die Routineüberwachung ist aber doch normalerweise die Einzelauswer-tung der Filme vollautomatischen Verfahren vorzuziehen, weil dadurch besondere Vorkommnisse besser erkannt werden können. Dazu gehören Film- und Entwick-lungsfehler (Wolkigkeit, Verschleierung, Bakterienfraß, Zusammenkleben von Filmen bei der Entwicklung usw.), aber auch radioaktive Kontamination von Film oder Plakette, die sich in mehr oder weniger ausgeprägten dunklen Punkten und Flecken zeigen, sowie Folgen unsachgemäßen Tragens der Plakette: Wurde z. B. die Plakette verkehrt herum hinter dem Rock- oder Labormantelaufschlag getragen, kann sich die Plakettenbefestigung auf dem Film abbilden; wurde sie in der Brusttasche getragen, kann es zur Abbildung von Stabdosimetern, Füll-haltern usw. kommen. Deshalb und wegen der Kontrollmöglichkeit, daß die Dosi-meter tatsächlich immer getragen werden, sollte auf das offene Tragen der Pla-kette großer Wert gelegt werden. Auf vorsätzliches Exponieren der Plakette kann geschlossen werden, wenn z. B. die Filterschatten sehr scharf sind und sich even-tuell sogar Heftklammern- oder Zangenabdrücke auf dem Film finden.

In allen Fällen, wo die überwachten Personen mit offenen radioaktiven Prä-paraten arbeiten, kann auf eine regelmäßige Kontaminationskontrolle der Pla-ketten nicht verzichtet werden. Der empfindlichste Kontaminationsdetektor ist dabei der Film selbst, und kontaminationsverdächtige Plaketten können mit einem frischen Film beschickt und längere Zeit gelagert werden. Für den Routinebetrieb genügt es jedoch, die Plaketten entweder nur mit empfindlichen Labormonitoren an der Vorder- und Rückseite abzutasten oder sie zwischen zwei Detektoren hin-durchzuführen. Hierfür hat LITTENDRIGH (1953) eine Anordnung beschrieben, bei der die Plakette von Hand zwischen zwei Zählrohren hindurch geschoben wird. Selbstverständlich lassen sich solche Anordnungen unschwer automatisieren.

Die Dunkelkammerbeleuchtung kann dunkelrot (mit den vom Filmhersteller angegebenen Schutzfiltern), in vielen Fällen auch dunkelgelbgrün sein (bewährt haben sich Speziallampen, welche die reine gelbgrüne Quecksilberlinie in variab-ler Intensität liefern). Röntgenfilme sind normalerweise für dieses Licht nicht sensibilisiert, und es wird vom Auge über längere Zeit als angenehmer empfunden. Bei dieser Beleuchtung werden die Filme automatisch oder von Hand ihrer Ver-packung entnommen und für die Entwicklung vorbereitet oder zunächst durch einen lichtdichten Schlitz in ebenfalls lichtdichte Aufbewahrungsbehälter eingeworfen.

Die Filme können dann im einfachsten Fall mit geeigneten Klammern und Rahmen, wie sie in der zahnärztlichen Praxis für Zahnfilme verwendet werden, in den Entwicklertank eingehängt werden. Andere Anordnungen sind aber bei größeren Stückzahlen vorzuziehen. Beispielsweise kann man die Filme wie beim Idos-Verfahren durch Klebebandstreifen zu beiden Seiten mit einer geeigneten Vorrichtung zu Bändern vereinigen, die dann auf Trommeln aufgespult und zu

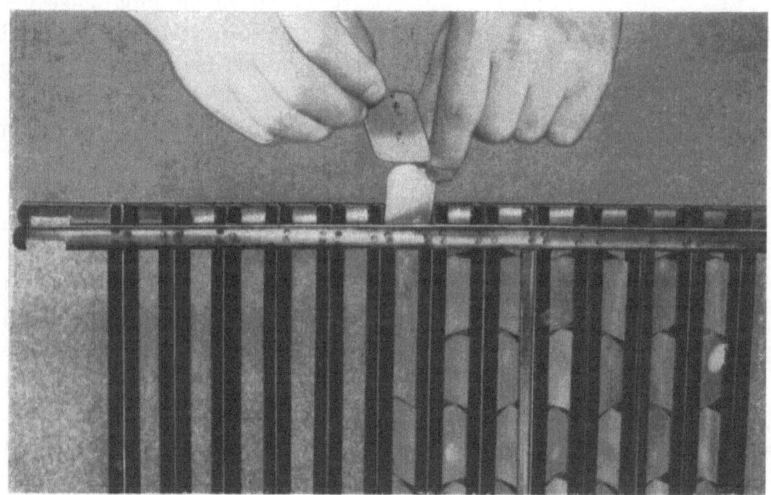

Abb. 87. Ein Ilford-Dosismeßfilmrahmen wird beschickt (AERE Harwell. Photographic Library)

Trommelsätzen vereinigt werden. In England haben sich Entwicklungsrahmen, in welche die Filme über Kreuz eingeworfen werden (Abb. 87), gut bewährt. Mehrere solcher Rahmen werden dann jeweils zu Paketen zusammengefügt. AMADESI und Mitarbeiter (1960) beschreiben einen Entwicklungsrahmen, in den die Filme ähnlich den Diapositiven in einen Aufbewahrungskasten eingeführt werden, und LITTLEJOHN (1961) analoge Rahmen, in denen die Filme um 45° geneigt sind, wodurch bei vertikaler Entwickler-Bewegung eine große Gleichmäßigkeit gewährleistet ist. Als Material eignet sich für diese Rahmen wie auch für die gesamte Entwicklungsanlage mit ihren drei oder vier verschiedenen Tanks (Entwickler, Wässerung und Fixierbad oder Entwickler, Stoppbad – das Stoppbad erlaubt es, die effektive Entwicklungszeit präziser festzulegen – Fixierbad und Schlußwässerung) Edelstahl und Plastik besonders gut. Bestimmte Metalle – z.B. Kupfer – sind unbedingt zu vermeiden (vgl. MUEHLER und CRABTREE 1953). Natürlich ist zu beachten, daß der Filmrahmen etwa die Entwicklertemperatur haben muß, da er bei stark abweichender Temperatur die Entwicklertemperatur beeinflussen kann (vgl. EHRLICH 1954).

Es sind verschiedenartige fertige Entwicklungstankanlagen für medizinische Röntgenlaboratorien im Handel, die sich auch für filmdosimetrische Labors gut eignen (Kodak, Kindermann usw.) und sich in Größe und Ausstattung stark unterscheiden. Eine automatische Steuerung der Entwicklertemperatur durch ein Relais, das Kühlung und Heizung des Entwicklungstanks steuert, ist unbedingt notwendig. Die Entwicklerbewegung kann durch Schwenken oder Heben und Senken der Rahmen von Hand oder – besser – automatisch geschehen. Die Entwicklerbewegung mit einer Umwälzpumpe muß sehr gleichmäßig erfolgen, damit die Filme, die in den Rahmen oder Bändern an sehr verschiedenen Stellen liegen, dennoch völlig gleichmäßig entwickelt werden. Diese Bedingung ist nicht leicht zu erfüllen. Am besten prüft man eine Tankanlage durch gleichzeitiges Entwickeln identisch exponierter Filme an möglichst verschiedenen Stellen im Entwicklertank. Eine besonders gleichmäßige Entwicklerbewegung erhält man, wenn ein indifferentes Gas (Stickstoff oder Argon, auf keinen Fall Luft) in gleichmäßigen Stößen vom Boden des Tanks her durch den Entwickler gedrückt wird. Allerdings können sich in diesem Fall gelegentlich Gasbläschen an den Filmen ansetzen. Wichtig ist natürlich auch, daß dafür gesorgt ist, daß einzelne Filme nicht zusammenkleben können.

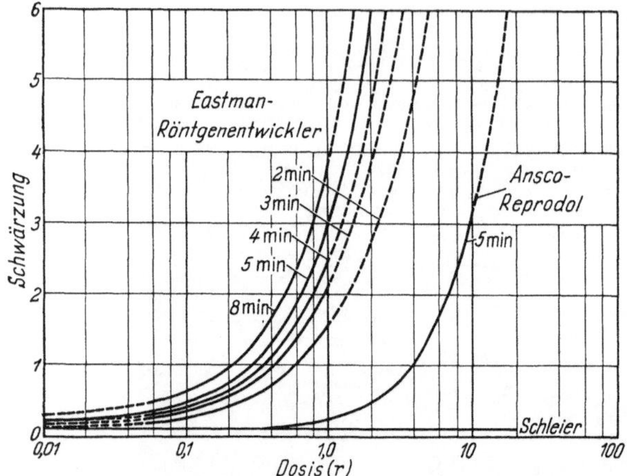

Abb. 88. Schwärzungskurven des DuPont-510-Filmes für 70 keV Röntgenstrahlung und verschiedene Entwickler bzw. Entwicklungszeiten bei 20,0 ± 0,1 °C (nach M. EHRLICH, NBS Handbook 57, 1954)

Im Normalfall müssen die auszuwertenden und die Eichfilme gleichzeitig entwickelt werden, um wirklich identische Entwicklungsbedingungen zu garantieren. Man muß sich stets vergegenwärtigen, wie empfindlich die erhaltene Schwärzung gegen Änderungen der Entwicklungsbedingungen ist (vgl. S. 22). Darstellungen der Schwärzung als Funktion der Entwicklungszeit finden sich u.a. bei CORNEY (1952), DUDLEY (1954), BAUMGARTNER (1958), 1960) und HEARD, COOK und HOLT (1960). Die Forderung nach gleichbleibenden Entwicklungsbedingungen läßt sich jedoch nicht immer realisieren. So kann es auch bei der Routineüberwachung notwendig werden, beim Verdacht starker Dosisbelastung oder verspätet eingegangene Filme außerhalb des Zyklus zu entwickeln. Die Zuverlässigkeit der erhaltenen Ergebnisse wird dann von der möglichst exakten Reproduzierbarkeit der der Entwicklungsbedingungen hinsichtlich Zeitdauer (Abb. 88), Temperatur (Abb. 89), Alter und Zusammensetzung sowie Bewegung des Entwicklers entscheidend abhängen. Man kann aber auch mit nur einem vergleichsbestrahlten Film, der mitentwickelt wird, eine grobe Kalibrierung vornehmen.

Als Entwickler sind wahrscheinlich die vom Hersteller angegebenen – schnell arbeitende Metol-Hydrochinon-Röntgenentwickler – in allen Fällen optimal, in denen nicht eine teilweise Entwicklung (durch vorzeitigen Abbruch des Entwicklungsvorganges oder Spezialentwickler) der Ausentwicklung vorgezogen wird (vgl. auch S. 118). Eine solche Spezialentwicklung, wie sie wohl zuerst von EHRLICH und SNEDEGAR (1952) vorgeschlagen worden ist, kann zwar den Meßbereich erweitern, ist aber mit einem Empfindlichkeitsverlust verknüpft, der normalerweise sehr unerwünscht ist. Das interessante Verfahren von CLEARE und KING (1961), dem normalen Röntgenentwickler 200 g/l Zucker zuzusetzen, vermeidet einen Empfindlichkeitsverlust bei niedrigen Schwärzungen, während bei hohen Schwärzungstexten die Empfindlichkeit um mehr als den Faktor 10 reduziert wird. Die mit zunehmendem Alter einer Entwicklerlösung abnehmende Aktivität wird am besten in gewissen Abständen durch Vergleichsentwicklung standardbelichteter Filmproben geprüft. Die Haltbarkeit läßt sich erheblich steigern, wenn der Entwickler kühl und unter Luftausschluß aufbewahrt wird. Die Luft einer nur teilweise gefüllten Flasche kann beispielsweise durch Glasperlen verdrängt werden. Vorzuziehen ist jedoch jeweils frisch angesetzter Entwickler.

Für den Katastropheneinsatz sind verschiedene Spezialentwicklungsverfahren vorgeschlagen worden (vgl. auch S. 118, 128ff.). Da es in solchen Ausnahmefällen vermutlich leichter ist, den Entwickler zu erwärmen als ihn (im Sommer) zu kühlen, ist daran gedacht worden, in solchen Fällen das Entwicklungsverfahren generell auf eine höhere Temperatur von beispielsweise 30 °C anstatt 20 °C abzustellen. Sogar eine

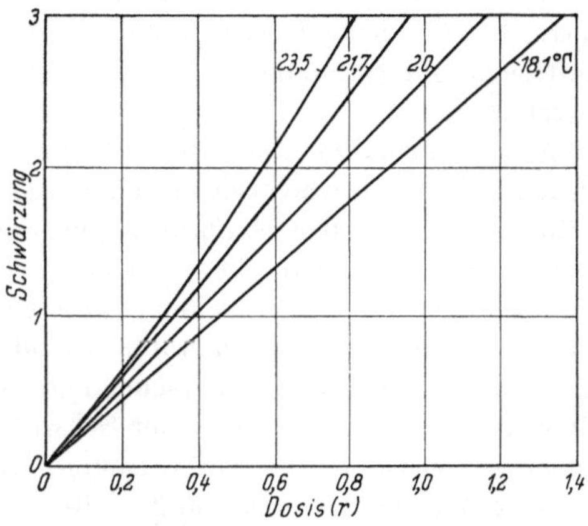

Abb. 89. Einfluß der Entwicklungstemperatur auf die Schwärzungskurve des DuPont-510-Filmes (70 keV Röntgenstrahlung, Kodak-Röntgenentwickler) (nach M. EHRLICH, NBS Handbook 75, 1954)

Normierung auf Körpertemperatur (Entwicklerampulle in der Mundhöhle oder ähnliche Temperierung) ist diskutiert worden. Einige Vorzüge versprechen auch Fixierentwickler. Eine entsprechende Naßverarbeitungstechnik nach LEVINOS und EHRLICH (1956) mit einem Amidol-Thioharnstoff-Fixierentwickler benötigt nur 6 Minuten Zeit und kein fließendes Wasser. Da nur das photographische Innenbild erfaßt wird, ist die Empfindlichkeit wesentlich geringer als bei Normalentwicklung, und bei Röntgenemulsionen versagt das Verfahren, da nur eine Maximalschwärzung von 0,3 erhalten werden konnte. Eigene Versuche (unveröffentlicht) mit Monotenal- und Agfa-Fixierentwicklern zeigten aber, daß auch hochempfindliche Emulsionen mit relativ geringer Verminderung der Maximalschwärzung und entsprechend geringem Empfindlichkeitsverlust (etwa Faktor 2) auf diese vereinfachte und beschleunigte Weise bearbeitet werden können. Dabei hängt die erhaltene Schwärzung nur wenig von der Entwicklungszeit ab. Auch der Temperatureinfluß ist bei der Fixierentwicklung wesentlich geringer als bei Normalentwicklung.

Für Spezialfälle sind auch verschiedene besondere Entwicklungseinrichtungen beschrieben worden. Dazu gehört ein Tank für die regelmäßige Entwicklung kleinerer Stückzahlen von Dosismeßfilmen (bis etwa 400 Stück) von MAGILL (1954) und eine Handentwicklungsdose für Luftschutzzwecke. Im praktischen Luftschutz sind nämlich kleinere Einheiten großen Entwicklungsstationen unter Umständen vorzuziehen, da damit auch kleinere Personengruppen schnell zu allerdings weniger genauen Ergebnissen kommen können.

Die Haltbarkeit der Filme muß möglichst groß sein, sollen sie doch z. B. in Deutschland 30 Jahre als Beleg der Strahlenbelastung für den Prozeßfall aufbewahrt werden. Dazu ist es nötig, die Filme trocken und kühl zu lagern, vor allem aber, auf die vollständige Entfernung des Fixierbades – also gründliche Schlußwässerung – zu achten (vgl. CORNEY 1959): Der Gehalt des Filmes an Natriumhyposulfit soll 0,002–0,005 mg/cm² nicht überschreiten, wenn der Film unbegrenzt haltbar sein soll. O'BRIEN und SOLON (1954) fanden in einem Fall, daß sich unter normalen Lagerungsbedingungen die Schwärzung innerhalb von drei Jahren nicht verändert hat. Nach umfangreichen Versuchen von WILSON (1957) sind ausreichend fixierte Dosismeßfilme in einem trockenen Raum (25–50% relative Luftfeuchtigkeit) mindestens 10 Jahre ohne nennenwerte Schwärzungsänderung lagerbar.

Nur in Ausnahmefällen (Katastropheneinsatz, grobe Tests) wird der einfache visuelle Schwärzungsvergleich eine ausreichende Auswertungsgenauigkeit gewährleisten. Besondere Anforderungen werden an die Qualität des Densitometers gestellt. Die Meßgenauigkeit soll bei kleinen Schwärzungen mindestens $\pm$ 0,02 Schwärzungseinheiten betragen, da die Genauigkeit der Erfassung kleiner Dosen, die bei der Routineüberwachung besonders häufig sind, durch die Genauigkeit der Schwärzungsmessung entscheidend mitbestimmt wird: Bei der Ilford-PM-1-Emulsion bedingt ein Fehler der Schwärzungsmessung von $\pm$ 0,02 einen Dosisfehler von etwa $\pm$ 15 mr (MAUDERLI 1957), beim DuPont-502-Film beträgt die Unsicherheit der Dosisablesung $\pm$ 40 mr (EHRLICH und McLAUGHLIN 1960). Die obere Grenze des Meßbereichs soll möglichst hoch liegen (vgl. S. 118). Das amerikanische Ansco-Macbeth-Densitometer, das Macbeth-Quantalog-Gerät und das englische Baldwin-Radiological-Densitometer gestatten z. B. Schwärzungsmessungen bis zur Schwärzung 6, wobei bei den beiden erstgenannten Geräten auch noch mit einem Zusatz Reflexionsmessungen durchgeführt werden können. Aber auch einfachere Anordnungen wie z. B. das englische EEL-Universal-Densitometer oder eine mit konstanter Gleichspannung gespeiste Kombination eines LANGE-Schwärzungsmessers mit einem Multiflex-Galvanometer leistet für Routineauswertungen gute Dienste. Es sind auch spezielle Densitometer für die Filmdosimetrie beschrieben worden [z. B. die Kompensationsphotometer von NIKITIN und FROLOW (1957) und PAVELESCU und ILIUC (1960) sowie das visuelle Densitometer von KOCI und SPURNY (1959) – vgl. auch TAKAHASHI und Mitarb. (1955)] und an vielen Orten werden selbstgebaute Schwärzungsmesser, zum Teil mit speziellen Skalen, benutzt (vgl. z. B. WILSON, MILLIGAN, UNRUH und LARSON 1960). In die großen, vollautomatischen Auswertungsanlagen sind schließlich Densitometer einbezogen, die auf die verwendeten Filterkombinationen abgestimmt sind und in denen elektronisch aus den gemessenen Schwärzungswerten die Dosis ermittelt und angezeigt bzw. in Lochkarten ausgedruckt wird (BANCROFT 1960, WILHELMSEN, PARKER, COULTER und BOREN 1960). Hinsichtlich der Minimalgröße des Meßfeldes liegen statistische Betrachtungen von DUDLEY (1951) vor. Bei Verwendung eines Röntgenfilmes ergab sich beispielsweise für eine Meßfläche von $2{,}3 \cdot 10^{-4}$ cm² ein durch die Körnigkeit bedingter statistischer Fehler von etwa 1–4%, zunehmend mit abnehmender Schwärzung (vgl. auch BOVINGDON 1958). Die Genauigkeit von Schwärzungsmessungen wird u. a. von WILSON (1957), MAUDERLI (1957) und EHRLICH und McLAUGHLIN (1960) diskutiert.

Sehr wichtig ist schließlich die exakte Eichung der Vergleichsfilme. Der Mindestbedarf hierfür ist eine leistungsfähige Röntgenanlage mit kontinuierlich regelbarer Hochspannung zwischen etwa 20–30 und 250–300 kV und ausreichender Glättung, nach Möglichkeit mit Netzspannungsstabilisierung sowie 1–2 γ-Strahler (etwa 100 mC Radium, Cs 137 oder Co 60 – die letztgenannten Isotope sind dabei wegen der besser monoenergetischen Strahlung vorzuziehen). Wenn Neutronen-Filmdosimetrie betrieben wird, ist überdies eine ausreichend starke Neutronenquelle (z. B. 1-C-Polonium-Beryllium) sowie für die β-Dosimetrie ein Satz von β-Strahlern verschiedener Energie notwendig.

Um lediglich zu einer relativen Schwärzungskurve zu gelangen, genügen allerdings auch einfachere Methoden. So hat DUDLEY (1954) beschrieben, wie man eine Verdünnungsreihe eines Sr-90/Y-90-Präparates durch Anrühren mit Gips in eine Serie nebeneinanderliegender kreisförmiger Präparate überführen kann, die definierte Zeit auf den Film einwirken. TOCHILIN und GOLDEN (1961) fanden ebenfalls, daß durch β-Standards (Uran oder Sr 90) die γ-Strahlenwirkung gut initiiert werden kann. Bezogen auf die gleiche in der Emulsionsschicht deponierte Energie ist die Wirkung von β-Strahlung dabei etwa 10% größer als die von γ-Strahlung des Co 60.

Für die Eichbestrahlungen muß eine geeichte Ionisationskammer zur Verfügung stehen. Bei den Radionukliden läßt sich zwar die Dosis in einem bestimmten Abstand auch errechnen, jedoch ist der Streustrahlenanteil zur Gesamtdosis auf diese Weise nur schwer abzuschätzen und eine ionometrische Kontrolle wünschenswert. Bei der Röntgenbestrahlung kann auf eine solche Kontrolle in keinem Fall verzichtet werden. Durch Elektronengleichgewichtsschichten, die im Bedarfsfall als Kappen aus luftäquivalentem Material über die Meßkammer geschoben werden, kann Energieunabhängigkeit bis zu etwa 3–5 MeV erreicht werden. Für niedrige Energien sind dünnwandige Spezialkammern (Streustrahlenkammern) erforderlich. Es sollten insgesamt Dosen von mindestens 10 mr bis etwa 1000 r im Bereich von 20–30 keV bis etwa 3–5 MeV mit einer Genauigkeit von besser als etwa $\pm$ 5% gemessen werden können. Vorteilhafterweise kann man Dosimeter und Bestrahlungsvorrichtung so miteinander koppeln, daß nach Erreichen eines vorgewählten Dosiswertes die Bestrahlung abgebrochen wird.

Röntgenröhre und Isotope sollen so aufgestellt sein, daß der Anteil der Raumstreustrahlung (vgl. S. 53) möglichst klein wird, d. h. die Strahlung in möglichst großem Abstand von Eichfilm und Ionisationskammer auf möglichst wenig Materie fällt. Der Strahl der Röntgenröhre wird so weit ausgeblendet, wie es zur gleichmäßigen Bestrahlung von Ionisationskammer und Filmen gerade notwendig ist, Filter werden möglichst nahe an der Strahlenquelle vorgeschaltet. Filme und Meßkammer sollten mindestens 1 m von einer Wand oder anderen Streumedien entfernt sein. Den Anteil der Streustrahlung kann man z. B. durch Prüfung des quadratischen Abstandsgesetzes messen. Wenn die geometrischen Verhältnisse im Eichraum konstant bleiben, können mit Hilfe eines besonderen Rahmens (DEALLER, JONES und SMITH 1958) gleichzeitig Filme in verschiedenen Abständen bestrahlt werden (die Dosiskontrolle erfolgt an einem beliebigen Ort innerhalb des Rahmens).

Für Eichbestrahlungen mit Isotopen sind verschiedene Anordnungen im Gebrauch, so z. B. in Harwell die in Abb. 90 dargestellte. Eine Modifikation dieser An-

ordnung zeigt Abb. 91: Die verschiedenen Isotope lagern unterirdisch in senk-
rechten Rohren und werden durch einen Seilzug vom Nebenraum aus in die Ebene
des Bestrahlungstisches, auf dem in den berechneten Abständen die Filme aufgestellt sind, hochgezogen. Nach Bestrahlungsende fällt das Präparat in das Auf-
bewahrungsrohr zurück. Eine andere Anordnung hat PAIC (1959, 1960) beschrieben (Abb. 92): Das Präparat wird in einem Bleibehälter aufbewahrt, aus dem
für die Bestrahlung ein Sektor ausgeschwenkt werden kann. KOCHER (1959) empfiehlt eine rotierende Radium-Eichquelle von 0,5 C, die in einer speziellen

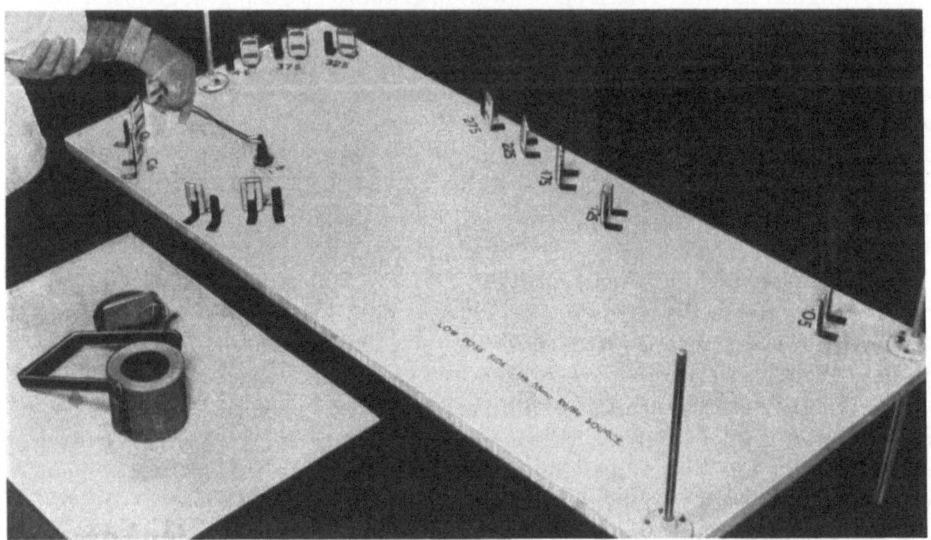

Abb. 90. Einfache Anordnung für Dosismeßfilm-Eichbestrahlungen (AERE Harwell, Photographic Library)

Vorrichtung durch Unterdruck aus der Bleiabschirmung in die Eichposition
gebracht wird, RUDLOFF und LUTZ (1960) benutzten für Filmkalibrierungen ein
2 C-Co 60-Präparat, das aus der Abschirmung mit Preßluft durch ein Rohr in
die Bestrahlungslage geschossen und dort elektromagnetisch festgehalten wird,
bis es bei Bestrahlungsende wieder in das Vorratsgefäß zurückfällt. Die Kontrolle
dieses Vorganges erfolgt durch Fernsehübertragung. Eine einfache Eichanord-
nung für Dosismeßfilme hat u.a. auch CHARLESWORTH (1952) beschrieben.

BOYER (1955) hat 834 γ- und β-Eichkurven der DuPont-552-Filmpäckchen
ausgewertet und gefunden, daß man für einen bestimmten Film und eine bestimmte Entwicklung eine Standard-Eichkurve ableiten kann. Anstelle der kom-
pletten Eichkurve braucht dann nur noch ein Eichpunkt aufgenommen zu werden.
Um die Eigenschaften von Dosismeßfilmen objektiv vergleichen zu können, hat
die American Standards Association eine einheitliche Methode zur Prüfung solcher Filme für Röntgen- und γ-Strahlung bis zu 2 MeV vorgeschlagen (ASA PH
2,10 – 1956). In Deutschland ist eine DIN-Norm für die Prüfung von Dosismeßfilmen in Vorbereitung. In USA werden auch von unabhängigen Stellen Vergleiche der Genauigkeit verschiedener Filmdosimeter durchgeführt, eine Aufgabe,

die in Deutschland von der Physikalisch-Technischen Bundesanstalt wahrgenommen wird.

Die überwachten Personen sollten angehalten werden, die Plaketten an einer bestimmten Körperstelle zu tragen. Dafür kommt Brust und Gürtel in Frage, wenn nicht besondere Verhältnisse es wünschenswert erscheinen lassen, beispiels-

Abb. 91. Anordnung für Dosismeßfilm-Eichbestrahlungen mit verschiedenen Radionukliden

weise die Dosis der Hände oder der Unterarme gesondert zu erfassen. Der angestrebten Messung der Ganzkörperdosis entsprechen jedenfalls die beiden erstgenannten Anbringungen am besten, obwohl natürlich Fehlmessungen in keinem Fall auszuschließen sind: Die gemessene Dosis kann die wahre Ganzkörperdosis sehr wesentlich überschreiten, wenn die Plakette im Bereich eines begrenzten Strahles lag und kann sie auch wesentlich unterschreiten, wenn beispielsweise eine energiearme Strahlung von hinten auf den Träger einwirkte oder die Plakette zufällig abgeschirmt war. LANGENDORFF und WACHSMANN (1956, 1958) haben an einen größeren Personenkreis Filmdosismeter zum Tragen an verschiedenen Körperstellen ausgegeben und gefunden, daß tatsächlich die *Brustdosis* am ehesten die empfangene mittlere Dosis wiedergibt. Ähnliche Vergleiche der Dosen an den verschiedenen Fingern der Hände eines Radiumtherapeuten von ROBB und ELLIS (1952) führten z. B. zu dem Ergebnis, daß bei gynäkologischer Arbeit der Zeigefinger der linken Hand mit im Mittel 0,24 r je Operation am stärksten belastet ist.

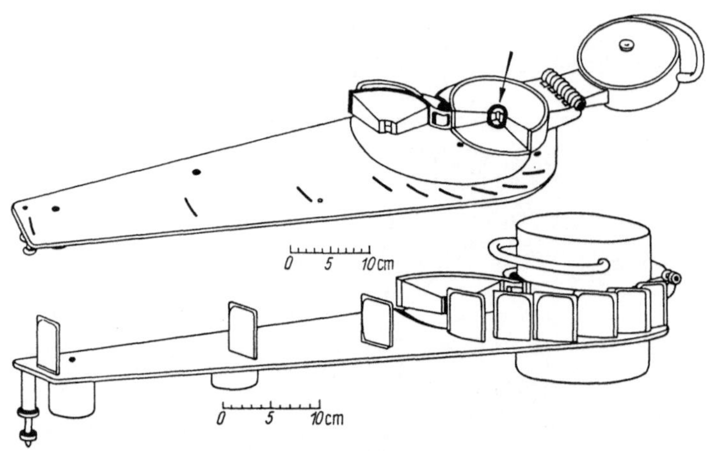

Abb. 92. Anordnung zur γ-Kalibrierung von Dosismeßfilmen durch Bestrahlung mit einem Radionuklid (nach V. PAIC, Comt. rend. 249, 1951, 1959)

Die Registrierung und Integrierung filmdosimetrisch gemessener Dosen kann auf verschiedene Weise durchgeführt werden: Um durch automatische Summierung der Einzeldosen die Integraldosis einer Überwachten zu erhalten, hat DEALLER (private Mitteilung) ein besonderes Lochkartensystem entwickelt. DRESEL (1959) integriert die Einzeldosen auf einer Lochkarte durch *Schlitzung* der Karten mit einer manuell betätigten Stanze: die Kartenstöße werden in einem speziellen Auswertegerät auf dem Vibrationstisch ausgewertet. Für eine kleinere Anlage hat sich folgendes System bewährt (Abb. 93): Aus der filmdosimetrisch erhaltenen Dosisangabe und der Stabdosimeteranzeige wird unter Berücksichtigung der Fehlergrenzen beider Verfahren ein wahrscheinlichster Wert genommen. Dieser Schritt ist naturgemäß problematisch. In weiteren Spalten wird die im jeweils letzten Vierteljahr und im jeweils letzten Jahr erhaltene Dosis summiert und in einer Sichtkartie durch verschiedenfarbige Plastikschieber so angezeigt, daß ein schneller Überblick über die empfangene Dosis bzw. das Dosisguthaben möglich ist. In einer großen Überwachungsstelle mit etwa 14000 zu überwachenden Personen (KEENE, VANDERBEEK und WATSON 1958) wird die Dosisermittlung in einer elektronischen Rechenmaschine vorgenommen, in der auch die Summierung der Einzeldosen jeder Person erfolgt. Die Einzeldosen werden auf Magnetbändern gespeichert und in gewissen Abständen abgerufen (manuell werden nur Dosen größer als 1 r ausgewertet. Ein anderes System, das sich in Chalk River mit 2500 Über-

wachten bewährt hat, benutzt IBM-Lochkarten zur genauen Aufzeichnung der
Einzel- und Totaldosen (COWPER und ROWE 1960). Analog arbeitet das Savannah-
River-System (ADAMS und WRIGHT 1960).

Verschieden ist auch der Umfang der Angaben, die von der überwachten Person gefordert werden. So fordert z.B. der britische Radiological Protection Ser-

Jahr:	Meßdosen (mrem)						Bewertungsdosis (mrem)			Bemerkungen
Zeitraum	Filmdosis				Stabdosis		letzter Monat	letztes Quartal	letztes Jahr	
	Rö-γ	β	n_{th}	n_s	Rö-γ	n_{th}				
Januar										
Februar										
März										
April										
Mai										
Juni										
Juli										
August										
Septem.										
Oktober										
Novem.										
Dezem.										

Strahlentauglichkeits-untersuchung	Datum:		Inkorp. Messung	Datum	K (pc/kg)	Cs (pc/kg)
	Befund:					

Lebensalterdosis (rem)	empfangene	zulässige	

Letzte Quartalsdosis: (römische Ziffer)
Letzte Jahresdosis: (arabische Ziffer)

III				II				I				rem
12	11	10	9	8	7	6	5	4	3	2	1	rem

Name: Vorname: Geb.-Jahr: Institution:

Abb. 93. Personendosis-Registrierkarte

vice von der überwachten Person Angaben über Alter, Beschäftigungsort, Beschäftigungsart sowie über die Energie der Röntgenstrahlung bzw. die verwendeten Isotope. Die letztgenannten Angaben erleichtern beim Filterverfahren die Auswertung erheblich. Die deutschen Dosismeßfilmstellen wünschen darüber hinaus weitere Angaben für statistische Zwecke. Andere Meßstellen, wie die niederländische *Radiologische Werkgroep T.N.O.*, begnügen sich mit weit weniger Angaben,

5. Ergebnisse und ihre Bewertung

Für die Beurteilung der Strahlenbelastung eines größeren Personenkreises gibt die einfache Summierung der Dosen und Mittelwertbildung nur ungenügende Informationen. Vielmehr sollte die Gesamtzahl der Überwachten sinnvoll in Gruppen aufgeteilt werden, um die Schwerpunkte der Strahlenbelastung zu erkennen und die Belastung durch gezielte Aufklärung, Verbesserung der Strahlenschutzmaßnahmen usw. dann vermindern zu können.

Die wohl ausführlichste bis jetzt veröffentlichte statistische Auswertung filmdosimetrischer Ergebnisse hat DRESEL (1959, 1960) durchgeführt, der die berufliche Strahlenbelastung des Personals in Medizin, Industrie und Forschung in Deutschland nach den Ergebnissen der Freiburger Überwachungsstelle der *Arbeitsgemeinschaft für Strahlenschutz* in den Jahren 1957 und 1958, aufgegliedert nach Betriebsgröße, Stellung des Überwachten, Alter, Geschlecht, Familienstand und Dauer der Beschäftigung am strahlenden Objekt darstellte, wobei eine Schlitz-Lochkarte Anwendung fand: Als besonders strahlengefährdet erwiesen sich in dieser Untersuchung die *technischen Angestellten*, gefolgt von den *qualifizierten Personen* (im Gegensatz zu den *Hilfspersonen*), und zwar besonders solche über 40 Jahre und davon diejenigen, die in der Industrie oder in der Medizin mit radioaktiven Stoffen arbeiten, ferner die Männer und Frauen unter 30 in der Industrieforschung und in medizinischen Betrieben. An der Spitze der Gefährdung stehen mit Radium arbeitende Gynäkologen.

BRICHZY und WACHSMANN (1959) fanden bei der statistischen Auswertung der Ergebnisse von 40000 Filmauswertungen 1957 und 1958 in Erlangen, daß die mittlere Strahlenbelastung in r/Jahr mit dem Alter zunimmt (überwachte Personen über 50 zeigten mehr als die doppelte mittlere Dosis solcher unter 30). In medizinischen Betrieben erwies sich die Belastung des Hilfspersonals als größer als die der technischen Assistenten und Ärzte. Die höheren Dosen waren bei mittelgroßen medizinischen Betrieben und bei mittlerer Beschäftigungszeit am strahlenden Objekt am häufigsten. Auch hier erwies sich das mit Radium und Röntgenstrahlen arbeitende medizinische Personal als am stärksten belastet, wobei allerdings insgesamt die Technischen Assistenten den höchsten Prozentsatz an Dosisüberschreitungen aufwiesen. Zu ähnlichen Ergebnissen kommen OESER, KOEPPE und RACH (1962). Unterschiede in den Resultaten der statistischen Auswertung von verschiedenen Meßstellen lassen sich oft durch verschiedenartige Aufschlüsselung der überwachten Personengruppen erklären. Man kann wohl auf Grund der vorliegenden Ergebnisberichte allgemein sagen, daß die mittlere Belastung des qualifizierten Personals, das in der Forschung mit radioaktiven Präparaten arbeitet – also auch der Angehörigen von Kernforschungsanlagen – sehr niedrig ist, während besonders bei medizinischen Radiumbeschäftigten Dosisüberschreitungen recht häufig sind. Dieser Befund wird auch durch belgische Ergebnisse (HENRY und KIPFER 1952, GOVAERTS 1955) bestätigt. Die englischen Ergebnisse, daß die in der medizinischen Therapie tätigen Männer mit durchschnittlich 1,92 r/Jahr, gefolgt von den Industrieradiographen mit 1,11 r/Jahr, am stärksten belastet sind (BINKS, persönliche Mitteilung), weisen auf die Allgemeingültigkeit dieses Befundes hin, desgleichen auch neuere polnische Ergebnisse (MUSISTOWICZ, PENSKO et. al. 1960). BERTEIG (1960) fand allerdings für Norwegen im Jahre 1959, daß die höchste mittlere Jahresdosis mit 2,3 r die Zahnärzte und Assistenten in öffentlichen Kliniken erhielten (medizinisches Radiumpersonal im gleichen Zeitraum 2 r/Jahr, industrielle γ-Radiographen 1,9 r).

Insgesamt stieg die Anzahl der in der Bundesrepublik überwachten Personen von 1952 bis 1958 auf das etwa 14fache. Gleichzeitig sank die Zahl der Dosisüberschreitungen (mehr als 1,2 r/Monat) von 7,6 auf 1,2%. Dies ist auf die Verbesserung der Schutzmaßnahmen und die fortschreitende Aufklärung der Strahlenbeschäftigten, aber auch auf die zunehmende Überwachung weniger stark strahlengefährdeter Personen zurückzuführen. Van Stekelenburg (persönliche Mitteilung) konnte aber durch einen Vergleich der Belastung von 111 Personen, die 1956 und 1959 am gleichen Arbeitsplatz mit ionisierenden Strahlen arbeiten, deutlich die starke Abnahme der mittleren Belastung zeigen. Dies gilt jedoch nicht allgemein: Die Auswertung der filmdosimetrischen Überwachungsergebnisse der am Synchrocyclotron des sowjetischen Vereinigten Institutes für Kernforschung Beschäftigten zeigt von 1950–1957 keine Herabsetzung der mittleren Strahlenbelastung von etwa 3 r/Jahr in der strahlenexponierten Personengruppe (Afanasev und Mitarbeiter 1960).

Da sich bei großen Filmzahlen die Fehler, mit denen eine filmdosimetrische Dosismessung behaftet ist, weitgehend aufheben, können die Mittelwerte aus einer großen Anzahl von Einzelmessungen als verhältnismäßig zuverlässig angesehen werden, wie natürlich auch die Angabe der Integraldosis für eine Einzelperson um so genauer wird, je mehr Einzelmessungen zu dem Summenwert beigetragen haben. Trotzdem können so lange keine zuverlässigen Werte für die Gesamtdosis eines größeren Personenkreises (etwa aller Strahlenbeschäftigten eines Landes und aller Angehörigen eines bestimmten Berufes oder einer Altersklasse) angegeben werden, so lange nicht wirklich alle Personen dieses Kreises zeitlich lückenlos überwacht werden. Die gesetzliche Regelung dieser Überwachung ist zur Zeit in verschiedenen Ländern recht unterschiedlich. In Deutschland wird durch den § 36 Absatz 2 der 1. Strahlenschutzverordnung praktisch das Tragen von Filmdosimetern für alle Personen, die mit radioaktiven Stoffen umgehen, vorgeschrieben. Für die wesentlich stärker belasteten medizinischen Röntgenbeschäftigten ist dagegen die Überwachung zur Zeit noch freiwillig (Hinsichtlich der Organisation der Strahlenschutzüberwachung in anderen europäischen Ländern vgl. beispielsweise Binks, Bugnard, Fossati und Langendorff 1961). Bei der eventuellen Erfassung der interessanten Integraldosisbelastung der Gesamtbevölkerung wäre weiter zu erwägen, inwieweit unter Umständen auch noch die bei diagnostischen und therapeutischen Röntgen- und γ-Bestrahlungen den Patienten verabfolgten Dosen mit berücksichtigt werden müssen, kann doch durch eine einzige Röntgendiagnostische Maßnahme leicht eine Gonadendosis von mehr als 1 r verabfolgt werden (vgl. Melching und Dresel 1957).

Von großer Bedeutung für die Kontinuität der Überwachung und die Dossummierung über längere Zeit ist es, im unvermeidbaren Fall des Verlustes, der Beschädigung oder der Kontamination des Dosimeters die vermutliche Dosisbelastung zu rekonstruieren. Dies kann z. B. durch Dosisleistungsmessung am Arbeitsort, Vergleich mit der Dosis von Mitarbeitern, die unter gleichen Bedingungen arbeiten, und ähnliche Maßnahmen geschehen. Weiter wäre es wichtig, auch beim Arbeitsplatzwechsel innerhalb Deutschlands, innerhalb der Euratomländer und in einem weiteren Schritt auch aller anderen Länder die Erfassung der Integraldosis einer Person nicht zu gefährden. In diesem Zusammenhang ist die Einführung eines *Strahlenpasses* diskutiert worden, der vollständige Angaben über empfangene Dosen, Inkorporationen und die Ergebnisse der regelmäßigen medizinischen Untersuchungen enthält. Auch eine nationale und/oder eine internationale Dosiskartei käme in Frage.

In besonderen Fällen kann es von größter Bedeutung sein, die Zuverlässigkeit einer einzelnen oder einiger weniger filmdosimetrischer Dosisangaben richtig zu bewerten: beispielsweise, wenn eine einmalige Überschreitung der höchstzulässigen Dosis für das Lebensalter des Betreffenden denselben von jeder weiteren Tätigkeit am strahlenden Objekt ausschließt – d.h. unter Umständen einen Berufswechsel zur Folge haben müßte – oder aber dann, wenn ein Strahlenbeschäftigter gegen seinen Arbeitgeber Ansprüche wegen eines Strahlenschadens geltend macht. Wenn sich insgesamt die mittleren Fehler der Einzelmessung auch durchaus in vertretbaren Grenzen halten und größenordnungsmäßig ± 20–30% wahrscheinlich nicht überschreiten (dieser Wert hängt naturgemäß stark vom verwendeten Verfahren, der Auswertung und der Art der Strahlenbelastung ab), so können doch im Einzelfall erheblich größere Abweichungen auftreten. Im folgenden seien die wichtigsten Fehlerquellen photographischer und prinzipieller Natur nochmals kurz zusammenfassend dargestellt:

1. Fehler in der Nähe der unteren Meßgrenze: Naturgemäß wird die Schwärzungsmessung um so ungenauer, je kleiner die Schwärzung ist. Bei γ-Strahlendosen um 30–100 mr ist ein Fehlerfaktor 2 nach oben oder unten durchaus möglich. Bei häufiger Auswertung der Filme können sich diese Fehler addieren, weshalb beispielsweise in Oak Ridge die Filme im großen Abstand von 13 Wochen ausgewertet werden (MORGAN 1960).

2. Fehler, die aus der Energieabhängigkeit der Dosisregistrierung resultieren: Diese Fehler können bei *energieunabhängigen* Verfahren durch die verbleibende Energieabhängigkeit im kompensierten Gebiet (S. 68ff.), die vielleicht ± 10 oder 20% beträgt, bedingt sein, oder aber dadurch, daß die eingestrahlte Energie nicht in den Kompensationsbereich fällt (z. B. sehr energiearme Röntgenstrahlung). Dann kann dieser Fehler wesentlich größer werden. Beim filteranalytischen Verfahren kann die energetische Zusammensetzung der Strahlung unter Umständen falsch bewertet werden (sehr inhomogene Strahlungszusammensetzung, Schrägeinstrahlung) und ebenfalls zu erheblichen Fehlern (Faktor 2 und mehr) führen (S. 79).

3. Fehler in der Bewertung von β- und Neutronendosen: Neben der vergleichsweise genauen Bestimmung von Röntgen- oder γ-Strahlendosen sind filmdosimetrische Messungen von β-Dosen und den rem-Dosen schneller Neutronen nicht nur empfindlich gegen Störungen durch gleichzeitiges Vorhandensein anderer Strahlenarten, sondern überdies nur in einem begrenzten Energiebereich überhaupt möglich. Dies gilt besonders für die *Neutronenmeßlücke* zwischen etwa 0,4 eV und 0,4 MeV (S. 86ff.). Die fehlerhafte Bewertung komplexer Strahlungsgemische und das Auslassen breiter Energiebereiche kann zu Fehlern um den Faktor 3 und mehr führen.

4. Fehler durch die unterschiedliche zeitliche Verteilung der Dosiseinstrahlung: Ein echter photographischer Reziprozitätsfehler tritt zwar bei hochempfindlichen Emulsionen normalerweise nur im Bereich hoher Schwärzungen und im Solarisationsgebiet auf (S. 32ff.), bei besonderen Materialien (Auskopieremulsionen, sehr unempfindliche Schichten) jedoch auch im normalen Meßbereich. Bei Film-Fluoreszenzkörper-Kombinationen muß in jedem Fall mit einem Reziprozitätsfehler gerechnet werden, der leicht einen Fehlerfaktor größer als 2 bedingen kann, wenn er nicht durch geeignete Maßnahmen ausreichend reduziert wird (S. 35ff).

5. Fehler durch die zeitliche Veränderung des latenten Bildes zwischen Bestrahlung und Entwicklung: Besonders dann, wenn der Film unter extremen klimatischen Bedingungen getragen wird (Tropen), kann die Grundschleierzunahme

hochempfindlicher Schichten zu Fehlern führen. Normalerweise ist der Fadingfehler aber bedeutsamer, der je nach Emulsionstyp, klimatischen Verhältnissen
und Tragdauer der Filme einen Fehlerfaktor von 2 und mehr bedingen kann
(S. 38ff.).

6. Fehler durch ungleichmäßige Beschaffenheit der photographischen Schicht
und Emulsionsfehler: Diese Fehler sind normalerweise gegenüber den anderen
Fehlern zu vernachlässigen.

7. Fehler der Schwärzungsmessung: Im Bereich höherer Schwärzungswerte
ist der dadurch bedingte Fehler von etwa $\pm$ 10–50 mr bei empfindlichen Emulsionen meist auch als klein vernachlässigbar.

8. Fehler durch ungleichmäßige Entwicklung (S. 134) können ebenfalls meist
vernachlässigt werden, wenn Meß- und Eichfilme unter Beachtung der bekannten
Regeln gemeinsam entwickelt werden. Bei getrennter Entwicklung können die
Fehler merklich werden: Wird von der Standardentwicklungszeit nur um eine
Minute abgewichen, resultiert ein Fehler von 10–25%, 1 °C Temperaturabwei-
chung bedingt ebenfalls einen Fehler von etwa 10% (vgl. CORNEY 1952). Bei
selbstentwickelnden oder *trockenentwickelnden* Anordnungen oder Dosenentwick-
lung unter ungenügend kontrollierten Bedingungen werden diese Fehler unter
Umständen ebenfalls den Faktor 2 erreichen.

9. Fehler bei der Eichung: Der Fehler durch die Energieabhängigkeit und Meß-
ungenauigkeit der ionometrischen Vergleichsmessung bei der Eichbestrahlung
sollte etwa $\pm$ 10% nicht überschreiten und damit zu vernachlässigen sein.

10. Fehler durch die Richtungsabhängigkeit der Dosisregistrierung (S. 61ff.,
73ff.): Dieser Fehler kann je nach Anordnung als unbeträchtlich zu vernachlässigen sein oder beachtliche Werte erreichen (um den Faktor 3 und mehr zu kleine
Dosisangaben).

11. Fehler durch schichtbeeinflussende Gase und Dämpfe: Dies können sowohl radioaktive Stoffe als auch normale Laborgase und -dämpfe sein (S. 121),
die sowohl sensibilisierend als auch desensibilisierend oder verschleiernd wirken
können. Wenn solche Fehler auftreten, können sie ebenfalls zu erheblichen Fehl-
bewertungen führen.

12. Fehler durch die Temperaturabhängigkeit der photographischen Empfindlichkeit: Die Röntgenempfindlichkeit einer photographischen Schicht nimmt
im hier interessierenden Temperaturbereich linear mit der Temperatur zu (Abb. 15
– vgl. auch JAUNCEY und RICHARDSON 1934, REEKIE 1939 u. a.). Wenn auf der
Kleidung, wo die Plakette normalerweise getragen wird, größere Temperatur-
schwankungen auftreten, ist dieser Fehler unter Umständen nicht zu vernachlässigen: STEVENS (1949) untersuchte besonders gründlich den Temperatureinfluß
auf die β-Dosisanzeige und fand erwartungsgemäß unter extremen Temperatur-
bedingungen erhebliche Abweichungen. BASS (1950) fand in einem speziellen Fall,
daß die Dosisanzeige 14% größer als bei Zimmertemperatur war, wenn die Plakette in Körpernähe bei 37 °C getragen wurde. Bei 54 °C war die Anzeige 23%
höher. Solche extremen Temperaturen können z. B. in tropischen Gegenden und
bei Personen, die mittags im Freien arbeiten, und in der Nähe von Heizkörpern
auftreten, wenn Ortsdosismessungen durchgeführt werden. Auch Hitzeeinwir-
kungen vor und nach der Bestrahlung, die zur Verschleierung und Verstärkung
des Fadings führen, sind nicht ohne Einfluß. Diese Faktoren sollen immer dann

durch Vergleichsfilme berücksichtigt werden, wenn mit stark abweichenden Temperaturen gerechnet werden muß.

Nicht als Fehler im eigentlichen Sinn kann man die verschiedenen Vorkommnisse bezeichnen, die in Einzelfällen zu beträchtlichen Störungen führen können. Besonders die Nähe radioaktiver Strahler bei unsachgemäßer Lagerung der Filme und Kontaminationen der Plaketten führen leicht zu Fehlern. (Denkbar sind auch Fehler, die während des Versands der Filme bei einer auswärtigen Auswertungsstelle durch gemeinsamen Transport der Filme mit Radionukliden entstehen.)

Offensichtlich werden sich die aufgeführten Fehler, die sowohl zu einer Über- als auch zu einer Unterbewertung der tatsächlich empfangenen Dosen führen, zu einem Teil aufheben. Es ist deshalb praktisch unmöglich, einen sinnvollen Wert für den Gesamtfehler anzugeben. Unter günstigen Bedingungen – nur Röntgen- und γ-Strahlung, optimale Auswertungsbedingungen – wird man deshalb zwar normalerweise annehmen können, daß eine mittelgroße Dosis mit einem Fehler um etwa $\pm 30\%$ gefunden wird (auch MORGAN – 1960 – schätzt den filmdosimetrischen Meßfehler unter günstigen Bedingungen auf etwa $\pm 20\%$ bei einer Dosis von 300 mr ohne Neutronenerfassung, und DEALLER, JONES und SMITH – 1958 – fanden durch Bestrahlung von 200 Filmen mit gemischten Röntgen-γ-Dosen zwischen 10 und 2000 mr, daß 80% aller Auswertungen einen Fehler von weniger als $\pm 20\%$ aufwiesen), kann aber wesentlich größere Fehler sicherlich nur selten mit an Sicherheit grenzender Wahrscheinlichkeit ausschließen. Um zu einer realen Beurteilung der Bedeutung dieser Fehler zu kommen, muß man Vergleiche zu den Fehlern vergleichbarer anderer Meßmethoden ziehen. Dabei ergibt sich, daß die Dosisangabe beispielsweise von Stabdosimetern ebenfalls mit großen Vorbehalten bewertet werden muß (energiearme Röntgen- und β-Strahlung werden nicht gefunden), die Energieabhängigkeit der Quantenregistrierung kann beträchtlich sein, und Selbstentladung täuscht u. U. zu hohe, ein Hängenbleiben des Fadens zu niedrige empfangene Dosen vor.

Vor allem aber muß man berücksichtigen, wie komplex der Zusammenhang zwischen der vom Dosimeter angezeigten und der tatsächlich biologisch wirksam gewordenen Dosis ist. Durchsetzt die Strahlung den Körper, bevor sie zur Messung gelangt, wird sie je nach Zusammensetzung und Energie qualitativ und quantitativ verändert, und die gemessene Dosis ist zu niedrig. Dieser Fehler, der auch bei Quantenstrahlung viele hundert Prozent (nach HENRY und HENRY 1959 300 bis 500%) ausmachen kann, könnte abgeschätzt werden, wenn die Richtungsverteilung der einfallenden Strahlung ausreichend genau bekannt ist – eine in der Praxis höchstens näherungsweise lösbare Aufgabe. Um zu erkennen, ob die Strahlung von hinten oder vorn kommend die Plakette durchsetzt hat, enthält die Plakette der Arbeitsgemeinschaft für Strahlenschutz zu beiden Seiten des Filmes je ein Bleifilter. Diese Bleifilter sind aber nicht symmetrisch wie die anderen Filter, sondern gegeneinander versetzt angeordnet (DRESEL 1956). SHURCLIFF (1953) hat eine asymmetrische Filteranordnung (Absorber bzw. Streumedium unterschiedlicher Ordnungszahl vor und hinter dem Film) vorgeschlagen, durch die von hinten einfallende Strahlung stärker bewertet wird als frontale, wodurch der Fehler in gewissen Grenzen kompensiert wird. Wenn die Bestrahlung umgekehrt nur auf der Plakettenseite des Trägers erfolgt, trägt die Rückstreuung von dessen Körper zur Dosisanzeige bei. HENRY und HENRY bestimmten diesen Beitrag unter günstigen Bedingungen für γ-Strahlung zu 10–20%, SOLON und BLATZ (1955) hatten allerdings im Gegensatz dazu gefunden, daß bei Co-60-Bestrahlung die Körperrückstrahlung keinen nennenswerten Fehler verursacht. Im Experiment zeigt sich, daß ein Dosimeter im Zentrum eines im γ-Strahlenfeld rotierenden Phantoms nur 75% von der Dosis anzeigt, die ein Dosimeter an der Oberfläche des Phantoms zeigt. Andererseits ist die Dosis, die ein Dosimeter an der Oberfläche des rotierenden Phantoms angibt, wiederum nur 60% der Dosimeteranzeige bei ruhendem Phantom und Bestrahlung auf der Dosimeterseite. Nur in Ausnahmefällen wird es möglich sein, bei der Routineüberwachung durch Tragen mehrerer Plaketten oder von Filmstreifen beispielsweise als Armbinde oder Gürtel, genauere Informationen über die räumliche Verteilung der Einstrahlung zu erhalten.

Dazu kommen noch weitere Fehler, wie z.B. der durch die Überbewertung der biologischen Wirkung weicher Röntgenstrahlen entstehende (vgl. z.B. BLATZ 1959). Je geringer deren Energie ist, um so stärker werden sie durch die Gewebeschicht zwischen Körperoberfläche und Bezugsorgan geschwächt (dieser Faktor darf beispielsweise bei der Abschätzung der Gonadendosis von Frauen nicht vernachlässigt werden). Bei sehr hohen Quantenenergien kann andererseits das gestörte Elektronengleichgewicht die Dosimeteranzeige verfälschen.

Aus dem Gesagten geht hervor, wie weit man noch vom Ideal einer lückenlosen, genauen Erfassung der biologisch wirksamen äußeren Ganzkörperdosis aller strahlengefährdeten Personen eines Landes entfernt ist und wie schwierig es im Einzelfalle sein kann, exakte Angaben über die äußere Strahlenbelastung einer Person zu machen. Nach dem gegenwärtigen Stand der Technik sind die relativ besten Resultate von einer sorgfältigen individuellen Untersuchung jedes Falles einer hohen Dosisanzeige zu erwarten. Aus den Anzeigen verschiedener, voneinander unabhängiger Meßsysteme, aus Ortsdosismessungen mit tragbaren Dosisleistungsmessern am Beschäftigungsort, aus der Rekonstruktion von Versuchsanordnungen und durch eingehende Diskussion mit allen Beteiligten kann sich der Verantwortliche in fast allen Fällen ein hinreichend genaues Bild über Art, Umfang und Ursachen einer höheren Strahlenbelastung machen. Dabei muß allerdings die positive Mitarbeit des Überwachten vorausgesetzt werden, für den es im übrigen in praxi stets Möglichkeiten gibt, entweder das Dosimeter im Augenblick einer erhöhten Strahlengefährdung unbeobachtet abzulegen oder umgekehrt durch zusätzliche Bestrahlung zu hohe Dosen vorzutäuschen, was nur in Ausnahmefällen nachgewiesen werden kann. Die aufgeführten Tatsachen sind nicht dazu angetan, die juristische Beweiskraft der Dosimeteranzeige zu erhöhen, und viele Fragen hinsichtlich der Beweisführung in juristischen Auseinandersetzungen über Strahlenschäden von Personen müssen zur Zeit noch offenbleiben (vgl. SHAPAR 1961). Die hier für die Filmdosimetrie dargestellten Einschränkungen gelten sinngemäß auch für andere Methoden der Personendosisüberwachung, die insgesamt heute noch nicht in allen Fällen eine ausreichend genaue Messung der Personendosis ermöglichen (vgl. BECKER 1962).

10*

Literaturverzeichnis

ADAMS, G. D.: On the use of roentgen films in dosimetry. Am. J. Roentgenol. 67 (1952) 991.

ADAMS, J. W., and C. N. WRIGHT: A modernized film badge system. V. Ann. Meet. Health Physics Soc., Boston 1960.

ADER, M.: Use of photographic emulsions in the study of radioactivity of solutions. J. phys. Radium 13 (8) (1952) 110.

AFANASEV, V. P., V.A.GOLOVINA, M. M. KOMOCHKOV et. al.: Experience in dosimetric control and dispensary care of workers in the Laboratory of Nuclear Problems of the United Institutes of Nuclear Research. Meditsinskaya Radiol. 5 (1960) 6. vgl. auch JPRS-5030, 7.

ALLEN, N. C. B., and T. N. LAFY: The sensitivities of photographic plates to x-rays. Nature 103 (1919) 177.

ALLEN, R. E.: Photographic techniques and equipment: a selected list of unclassified AEC reports. TID-3058 (1954).

VAN ALLEN, W. W.: Protecting photofluorographic personnel from excessive radiation. Public Health Rep. 65 (1950) 865.

ALLISY, A.: La mesure des doses de rayons x ou γ a l'aide d'émulsions photographiques. J. radiol. et d'electrol. 31 (1955) 249 .

— Dosismeßgerät für Röntgenstrahlen. DAS 1031898 (angem. 1955).

ALLRED, J. C., and A. H. ARMSTRONG: Laboratory handbook of nuclear microscopy. LA 1510 (1953).

AMADESI, P., N. GRIMELLINI, G. GUENZI e O. RIMONDI: Taratura e impiego di un sistema di film-badge per dosimetria personale da radiazoni gamma. Minerva Nucleare 3 (1959) 44.

—, O. RIMONDI, H. SIFAKI e M. TURTURA: I servizi di dosimetria personale del centro dosimetrico die Bologna. Minerva Nucleare 4 (1960) No. 11.

AMALDI, E., C. CASTAGNOLI and C. FRANZINETTI: An electronic scanner for nuclear emulsions. Nuovo cimento 4 (1956) 1165.

ANDERSON, T. F.: Microscopie electronique sur film en couleurs ektachrome lumiere du jour. Bull. Microsc. appl. 6 (1955) 152.

ANDREWS, H. L., C. B. BRAESTRUP, J. HEALEY, R. E. LAPP, W. H. RAY, E. J. ROSE and E. G. WILLIAMS: Radiological monitoring methods and instruments, NBS Handbook 51 (1952) S. 12 und 28.

ANGLETON, G. M., G. H. PETTENGILL and E. STORM: The response of sensitive 552 DuPont film to β-radiation. LA-1284 (1951).

anonym: Use of lead cross type K dental film packets to monitor gamma rays, x-rays and β-rays exposures. M-1200 (1944).

— New type finger film badge. AECU-1276, LADC-977 (1951).

— Photographic film dosimeter. Instruments 24 (1951) 1308.

— A photographic film dosimeter. NSB Technic News Bull. 35 (1951) 98.

— Photodosimeter. DBP. 880948 (angem. 1953).

— Einrichtung zur Registrierung von Bestrahlungsdosen. DBP. 1029947 (angem. 1953).

— Research on film dosimetry (β-dosimetry). Atomics. 91 (1953).

— Commercial film-badge services. Nucleonics 13, No. 2 (1955) 86.

— Schutzhülle für Erkennungsmarken. DBGM. 1719872 (angem. 1956).

— Halterung für Einstechnadeln für Lochschriftkennzeichnungen an Dosimetern. DBP. 1037031 (angem. 1957).

— Intercomparison of film badge interpretations. Isotopics 5, No. 2 (1955) 8.

— Photographie corpusculaire. I. Coll. Internat. Strasbourg 1957.

— Einrichtung zur Registrierung von Bestrahlungsdosen sowie zur Identifizierung. DGBM. 1764703 (angem. 1958).

anonym: Operating and maintenance instructions for AIL type X2644-1 automatic nuclear emulsion scanner. AIL Rep. 2644-H-1.
— Pocket dosimeters? Film badges? Or both? Nucleonics 17, No. 5 (1959) 116.
— Film badge service instruction manual. A.E.E.T./RML/1 (Trombay) (1959).
— A film transport mechanism for an instrument for evaluating photographs. CERN-60-16 (1960).
— Film-badge trade group under consideration. Health Physics 2 (1960) 313.
— Manual de Prodicimentos para dosimetria personal, Instituto Venezolano de Investigaciones Cientificas Caracas (1960).
— The development of electromechanical equipment to facilitate the search for events in nuclear emulsions. AECU-1524 nd.
— Temperature, Humidity and Films. Nucleonics 19, No. 7 (1961) 82.
— Servici die dosimetria personale fotografica del C.N.E.N. Instituto di Fisica A. Righi, Università di Bologna.
— Radiac detecting elements DT 64/PD and DT 65/PD (Polaroid-Corporation). NP-5500.
— A radiation dosage indicator. Brit. Pat. 854897 (1960).
— Improvements in or relating to radiation dosage meter cassettes. Brit. Pat.860 198 (1961).
ARGIERO, L.: Determinazione delle curve di sensibilità ai raggi γ di emulsioni fotografiche. Nuovo cimento 10 (1953) 1035.
BAKER, A. R.: Boron-loaded photographic plates as detectors of slow neutrons. J. Sc. Instr. 31 (1954) 187.
BAKER, R., and L. B. SILVERMAN: Improved film badge for personel monitoring. Nucleonics 7, No. 1 (1950) 26.
—, — Improved film badge for personel. UCLA-53.
BAKER, R. F., E. G. RAMBERG and J. HILLIER: Photographic action of electrons in the range between 40 and 212 kilovolts. J. appl. Phys. 13 (1942) 450.
BANCROFT, L. C.: Automatic film-badge processing. AECL-802, (1959), 89.
BARCLAY, A. E., und S. COX: Die Strahlengefährdung des Röntgenologen. Fortschr. Röntgenstr. 38 (1928) 311.
BARKAS, W. H.: Equipment and methods for automatic track scanning. URCL-8482 (1958).
— New facilities and automatic track analysis equipment at the Lawrence Radiation Laboratories. UCRL-9180 (1960).
BARKLA, C. G., and G. H. MARTYN: Photographic effect of xx-rays und x-ray spectra. Phil. Mag. 25 (1913) 296.
BARNABY, C. F.: A film-phosphor dosimeter. AERE-130 (1956).
BASS, H.: Variation of film response with temperature. NOY-1522 (1950).
BAUM, J. W.: Photographic technics of neutron dosimetry: a review. UR-381 (1955) 79.
BAUMGARTNER, W. V.: Investigation of Kodak personnel-monitoring film type 2 for potential use at H.A.P.O. HW-55843 (1958).
— X-ray spectrometry extends film-badge dosimetry. Nucleonics 18, No. 8 (1960) 76.
— Some studies of film dosimeter variables. Health Physics 4 (1960) 189.
BECKER, K., E. KLEIN und E. ZEITLER: Photographische Dosismessung von energiereicher Strahlung. DAS 1082120 (angem. 1957).
— Grundlagen und Möglichkeiten der Filmdosimetrie. Atompraxis 4 (1958) 169
—, E. KLEIN und E. ZEITLER: Ein wellenlängenunabhängig registrierender Dosismeßfilm. Naturwiss. 47 (1960) 199.
—, —, — A wavelength independent recording dosimeter film. AEC-tr-4408.
— Probleme und Ergebnisse der Filmdosimetrie ionisierender Strahlen. Phot. Korresp. 96 (1960) 83, ibid. 96 (1960) 99, ibid. 96 (1960) 115.
— Ein wellenlängenunabhängig registrierender Dosismeßfilm. Z. Elektroch. 64 (1960) 1102.
— Zum Stand der praktischen Filmdosimetrie. Kerntechnik 3 (1961) 120.
— Beitrag zur Filmdosimetrie energiereicher Quantenstrahlung. Dissertation T. H. München 1961.
— Photographische Bestimmung von Tritium in Wasser. Atompraxis 7 (1961) 358.

BECKER, K.: Beitrag zur Filmdosimetrie energiereicher Quantenstrahlung. I. Theoretische Grundlagen. Fortschr. Röntgenstr. 95 (1961) 694.

— Beitrag zur Filmdosimetrie energiereicher Quantenstrahlung. II. Experimentelle Ergebnisse. Fortschr. Röntgenstr. 95 (1961) 839.

— Die Messung der Personendosis. Teil I und II. Röntgenblätter (im Druck) (1962).

BECKER, S., and J. B. FRANCESCHINI: Track recognition system for scanning nuclear emulsions. IRE Convent. Record, Part. 9 (1957) 46.

— Automatic nuclear emulsion scanner. Health Physics 4 (1960) 164.

BEETS, C., and H. BRENY: Methodological note on the use cf nuclear emulsions. NP-6279 (1956).

— et J. FOURNAUX: Sur une technique photographique de comptage d'evenements dans les emulsions nucleaires s'appliquant a la determination de la densite en neutrons thermiques. BLG 17 (1958).

—, H. BRENY et J. FOURNAUX: Sur une amelioration des mesures absolues et comparatives des densites en neutrons thermiques obtenues au moyen des emulsions nucleaires a charge reduite en bore par analyse quantitative de la charge. BLG 19 (1958).

—, J. FOURNAUX et R. SOUR: Traitement des emulsions nucleaires sans support pour l'obention de detecteurs de dimensions reduites. BLG 21 (1958).

— and H. BRENY: On the use of nuclear emulsions for measuring thermal-neutron densities in uniform media. J. Nucl. Energy 6 (1958) 197.

BEHNKEN, H.: Die Verwendung von Verstärkungsfolien zur photographischen Dosisbestimmung. Fortschr. Röntgenstr. 29 (1922) 330.

BEISER, A.: A thermal mechanism for residual latent image fading in nuclear emulsions. Phys. Rev. 80 (1950) 112.

BÉKÉS, M., und Z. MAKRA: Personnel Film dosimetry. Központi fizikai kutató intézetének 9 (1961) 251.

BELL, G. E.: The photographic action of radium γ-rays. Brit. J. Radiol. 9 (1936) 578.

BEMIS, E. A. jr.: Film badges. In HINE/BROWNELL: Radiation dosimetry, New York 1956.

BENES, J., Z. HRKAL und L. TOMASKOVA: Kernemulsionen für die Neutronendosimetrie. Jaderna Energie 5 (1959) 409.

BERG, W. F., and K. MENDELSOHN: Photographic sensitivity and the reciprocity law at low temperatures. Proc. Roy. Soc. 168A (1938) 168.

BERLMAN, I. B.: The detection of neutrons by the photographic method (a review), in ANL-4571 (1951).

— Determination of photographic film exposure by activating Ag 109. AECU-2231, UAC-616 (1952).

—, H. F. LUCAS and H. A. MAY: The determination of photographic film exposure by neutron activation of Ag 107. Rev. Sc. Instr. 24 (1953) 396.

— Determination of photographic film exposure by activating Ag 109. Nucleonics 11, No. 2 (1953) 70.

BERMOND, J., and M. SCHERER: Effects of developer p_H in amidol on the γ-layer of nuclear emulsions. Compt. rend. 246 (1958) 407.

BERTEIG, L.: Nation-wide film monitoring in Norway, Health Physics 4 (1960) 185.

BERTHOLD, R.: Über die photographische und ionisierende Wirkung von Röntgenstrahlen verschiedener Wellenlänge. Ann. Phys. 76 (1925) 409.

BEWLEY, D. K.: Fluorescent badges for use during fluoroscopy. Acta radiol. 44 (1955) 434.

BIERMAN, A: Simplified evaluation of film dosimetry results. IA-611 (1961).

BINKS, W.: Organization and control of radiation protection in the United Kingdom. IX. Internat. Kongr. Radiolog., Bd. 2 (1961) 1155.

BLATZ, H.: The validity of film badge and pocket chamber readings in evaluating the radiation exposure of personnel. V. Nucl. Congress, Cleveland, Ohio (1959).

BLAU, M., I. W. RUDERMAN and J. CZECHOWSKY: Photographic methods of measuring slow neutron intensities. Rev. Sc. Instr. 21 (1950) 232.

— und K. ALTENBURGER: Über einige Wirkungen von Strahlen. Z. Physik 12 (1923) 315.

BLOCH, G., and F. F. RENWICK: The behaviour of photographic plates to x-rays. Trans. Farad. 15 (1920) 40.

BLOCK, S., and L. HUGHES: Fast neutron effects on DuPont 1290 film. W-7405-eng-48 (1 958)

BLUM, J.: Color emulsion for ionizing radiations. Franz. Pat. 1204543 (angem. 1958).

BLUM, M.: Nouvelles emulsions sensibles aux rayonnements invisibles. Sc. Ind. Phot. 29 (1958) 211.

BÖHLER, G.: Zur Frage der Strahlenschutzüberwachung mit Filmdosimetern. Kernenergie 1 (1958) 440.

— Ein Filmdosimeter für die Strahlenschutzüberwachung beim Umgang mit radioaktiven Isotopen. Kernenergie 1 (1958) 1045.

BOTHE, W.: Über photographische β-Strahlenmessung. Z. Phys. 8 (1922) 243.

BOUWERS, A.: Measurements of the intensity of x-rays. Acta radiol. 4 (1925) 368.

— and J. H. VAN DER TUUK: X-ray protection. Brit. J. Radiol. 3 (1930) 503.

BOVINGDON, J. R.: Optimum aperture for densitometers. HW-54654 (1958).

BOYER, D. G.: Film ladge dosimetry development of a standard calibration curve. Nucleonics 13, No. 11 (1955) 106.

BOZÓKY, L., und G. LEHOCZKY: Ujabb gamma-sugarvedelmi berendezesek. Magyar Radiologia 4 (1952) 76.

BRAMSON, P. E.: A wrist badge film dosimeter for hand dose measurement. HW-64892 (1960).

BRAESTRUP, C. B.: X-ray protection in diagnostic radiology. Radiology 38 (1942) 307.

BRAUN, H., et P. CÜER: La discrimination γ-particules dans les emulsions nucleaires. Wiss. Phot. Internat. Konf. Köln 1956. Helwich-Verlag 1958, S. 336.

BRICHZY, W., und F. WACHSMANN: Ergebnisse der Strahlenschutzüberwachung nach der Filmschwärzungsmethode in den Jahren 1957 und 1958. Atompraxis 5 (1959) 305.

BRINDLEY, G. W., and F. W. SPIERS: Experiments on the photographic effects of x-rays. Phil. Mag. 16 (1933) 686.

BRISBANE, R. W., and L. B. SILVERMAN: Photographic dosimetry: an anotated bibliography. UCLA-446 (1959).

BRIX, P.: Die photographische Wirkung mittelschneller Protonen. Z. Phys. 126 (1949) 35.

— und H. G. DEHMELT: Die photographische Wirkung mittelschneller Protonen. 2. Mitteilung: Messungen mit Ilford Q Platten. Z. Phys. 126 (1949) 728.

BROILI, H., und H. KIESSIG: Das photographische Schwärzungsgesetz bei ultraweicher Röntgenstrahlung. Z. Phys. 87 (1934) 425.

BROMLEY, D., and R. H. HERZ: Quantum efficiency in photographic x-ray Exposures. Proc. Phys. Soc. B, 63 (1950) 90.

BROOKS, F. D.: Organic scintillators. In: Progress in nuclear physics, Vol. 5 (Pergamon Press 1956) S. 252.

BROOKS, J. R., and M. EHRLICH: Photographic roll film from local drugstores for radiation-surveys in case of atomic disaster. NBS-3662 (1954).

BRUCKER, G. J.: Energy dependence of scintillating crystals. Nucleonics 10, No. 11 (1952) 72.

BUCKALOO, G. W., and D. V. COHN: Color autoradiography. Science 123 (1956) 333.

BURTON, P. C., and W. F. BERG: Study of latent-image formation by a double-exposure technique. Phot. J. 86 B (1946) 1052H.

BUSSE, W.: Das photographische Schwärzungsgesetz für homogene Röntgenstrahlen. Z. Phys. 34 (1925) 11.

CASTAGNOLI, C., M. FERRO-LUZZI and C. FRANZINETTI: Automaticio scanning of nuclear emulsions. Proceed. Internat. Conf. on Mesons and recently discovered particles, Padua-Venice (1957).

CHARLESBY, A.: The action of electrons and x-rays on photographic emulsions. Proc. Phys. Soc. 52 (1940) 657.

CHARLESWORTH, F. R.: An apparatus for calibrating health physics film packs for response to x-radiation. (1952).

CHASSENDE-BAROZ, N. J. P.: Determing the dosage of x- and gamma radiation. Brit. Pat. 836804 (1960).

— Photographisches Material für die Strahlendosimetrie und Verfahren zu seiner Herstellung. DAS 1053928.

CHASSENDE-BAROZ, N. J. P.: Utilisation des emulsions photographiques pour la mesure de fortes doses – influence du debit de la source de rayonment. Select. Topics in Radiat. Dosimetry, IAEA Wien (1961). Vienna 1960.

CHEKA, J. S.: Neutron monitoring by means of „special fine grain alpha emulsion" film. M-3685 (1944).

– Partial results of investigation of fading of latent image of neutron induced proton-tracks in „special fine grain α-particle" film. M-4169 (1947).

– Neutron monitoring by means of „special fine grain alpha emulsion" film. MDDC-890 (1947).

– Investigation of the fading of latent images of neutron induced proton tracks in special fine grain particle emulsions. Phys. Rev. 74 (1947) 127.

– Neutron monitoring by means of nuclear track film. Supplementary report. ORNL-547 (1950).

– Fast neutron film dosimeter. Phys. Rev. 90 (1953) 353.

– Recent developments in film monitoring of fast neutrons. Nucleonics 12, No. 6 (1954) 40.

– Nuclear emulsion instability. Nucleonics 12, No. 10 (1954) 58.

CLARK, G. L., and R. M. UZNANSKI: X-ray dosimetry and contact microradiography with color film. Science 130 (1959) 390.

CLARK, L. H., and D. E. A. JONES: Some results of the photographic estimation of stray x-radiation received by hospital personnel. Brit. J. Radiol. 16 (1943) 166.

CLEARE, H. M., and N. H. KING: A developer modification to increase the range of dosimeter films. Health Phys. Soc. Meet. 1961.

COBB, J., and A. K. SOLOMON: The detection of beta-radiation by photographic film. Rev. Sc. Instr. 19 (1948) 441.

COOK, J. E.: Fast neutron dosimetry using nuclear emulsion. AERE HP/R 2744 (1958).

CORNEY, G. M.: Relations of film characteristics to x- and gamma-ray monitoring. Nucleonics 10, No. 11 (1952) 84.

– and H. M. CLEARE: Disaster monitoring with amateur photographic films. Nucleonics 13, No. 8 (1955) 40.

CORNEY, G. M.: Gamma-ray sensitivities of several black-and-white-negative photographic films. Phot. Sc. Techn. II, 2 (1955) 146.

– Photographic monitoring of radiation. In H. BLATZ: Radiation Hygiene Handbook, McGraw-Hill 1959.

– The effect of gamma-ray exposure on camera films. Phot. Sci. Eng. 4 (1960) 291.

COWAN, F. P.: Techniques of radiation protection. In H. BLATZ: Radiation Hygiene Handbook, McGraw-Hill 1959.

– Health physics instrumentation at Brookhaven National Laboratory. AECL-802(1961)1–4.

COWING, R. F., and C. K. SPALDING: Photographic effects of various radiations on special dental packets. Radiology 52 (1949) 423.

COWPER, G.: Review of radiation dosimetry at Chalk River. AECL-802 (1960) 25.

–, P. C. ROWE: Automatic processing of radiation-exposure data. AECL-1052 (1960).

CRAFT, H. R., J. C. LEDBETTER and J. C. HART: Personnel monitoring operating techniques. ORNL-1411 (1952).

CRANBERG, L., and J. HALPERN: Calibration of photographic emulsions for low energy electrons. NP-949 nd.

–, – Calibration of photographic emulsions for low energy electrons. Phys. Rev. 75 (1949) 1328.

CÜER, P.: On the study of neutrons from atomic piles by means of the photographic method. Helv. Phys. Acta 23 Suppl. 3 (1950) 74.

–, M. MORAND, T. KING and R. LOCQUENEUX: A photographic method for the absolute dosage of neutrons in an atomic pile. Compt. rend. 228 (1949) 557.

CZUNFT V., und J. TOPERCZER: Ein neues Verfahren zur Auswertung gammastrahlungsbedingter Filmschwärzungen, Magyar Röntgen Közlöny 17 (1943) 114.

DAVENPORT, A. N., and G. W. W. STEVENS: Use of x-ray film for comparing radioactivities. Nature 174 (1954) 178.

–, – Comparison of radioactivities by the use of x-ray films. Brit. J. Appl. Phys. 6 (1955) 31.

DAVIS, D. M., and J. C. HART: A review of film dosimetry. Meeting on Industrial Health AEC, Los Angeles 1953.

DAVIS, F. J.: Neutron dose determinations with threshold detectors. Select. Topics in Radiat. Dosimetry, IAEA Wien (1961).

DEAL, L. J., J. H. ROBERSON and F. H. DAY: Roentgen-ray calibration of photographic film exposure meter. Am. J. Roentgenol. 59 (1948) 731.

— and K. Z. MORGAN: Film Meters. In: Personnel monitoring at Clinton Laboratories. MDDC-1204 (1947).

DEALLER, J. F. B., B. E. JONES and E. E. SMITH: Personnel monitoring for external radiation: a national service. Occ. Safety a. Health 137 (1958).

— How a film badge service operates. Nucl. Power (1959) 101.

DERSHEM, E.: A direct comparison of photographic and ionization methods of measuring x-ray intensities. Phys. Rev. 42 (1932) 908.

DESSAUER, F., und F. VIERHELLER: Über die Zerstreuung von Röntgenstrahlen im Wasser. Z. Physik 4 (1921) 131.

—, — Strahlentherapie 12 (1931) 1.

DESSAUER, G.: Film monitoring of gamma rays on the human body. R-2214 (1944).

— and E. LENNOX: Photographic neutron dosimetry to date. AESD-2278 (M-1525 A) (1944).

— and J. ROUVINA: Photographic neutron dosimetry II. AECD-1973 (R-3450) (1945).

DETWEILER, C. G., and C. M. HASTINGS: Neutron effect on silver shield x-ray film DuPont 502. In: Semianual Progress.

DICKEY, R. K., L. B. SILVERMAN and M. L. GRISWOLD: Beta skin-dose measurements by a specially-designed film-pack. WT-1178 A (1957).

DIGBY, N., K. FIRTH and R. J. HERCOCK: The photographic effect of medium energy electrons. J. Phot. Sci. 1 (1953) 194.

DILESTANZO, N., L. B. WILLIAMS and A. V. MASKET: Design report for electromechanical scanner. ORO-50 (1951).

DIMSDALE, W. H., and A. E. CLARKE: Improvments in or relating to radiography. Brit. Pat. 566269 (angem. 1943).

DOMANUS, J., and L. HALSKI: Measurements of gamma-ray doses of different radioisotopes by the test-film method. Nukleonika 5 (1960) 227.

—, — Photographic method of dose measurements of x- and gamma-rays emitted by sealed sources used for industrial applications. Select. Topies in Radiat. Dosimetry, IAEA Wien (1961).

DORNEICH, M.: Über die Frage der Röntgenstrahlen-Intensitätsverteilung in Tiefentherapie-bestrahlten Körpern I. Kritische Übersicht und Grundlagen. Strahlentherapie 38 (1930) 613.

— Über die Frage der Röntgenstrahlen-Intensitätsverteilung in tiefentherapiebestrahlten Körpern II. Grundlagen. Strahlentherapie 42 (1931) 56.

— Über die Frage der Röntgenstrahlen-Intensitätsverteilung in tiefentherapiebestrahlten Körpern III. Messungen mit der photographischen Methode. Strahlentherapie 43 (1931) 441.

— und H. SCHÄFER: Über die Strahlenschutzmessung in r nach der photographischen Methode. Phys. Z. 43 (1942) 390.

DOUGALL, I.: The response of monitoring films to x-radiation. DEG Rep. 78 (D) (1960).

DRESEL, H.: Strahlenschutzüberwachung mit Filmen. Röntg.- u. Labcrat.praxis 7 (1954) 139.

— Filmdosimetrie bei Strahlenschutzmessungen. Fortschr. Röntgenstr. 84 (1956) 214.

— Die berufliche Strahlenbelastung. Schriftenreihe des BM. At.W., Strahlenschutz Heft 11 (1959).

— Praktische Bestimmung der Personendosis mit photographischen Emulsionen in Röntgen-, Isotopen- und Reaktorbetrieben. Kerntechnik 2 (1960) 239.

— Bestimmung der Belastung durch schnelle Neutronen mit Kernspurfilmen im Rahmen der routinemäßigen Personenüberwachung. Kerntechnik 3 (1961) 498.

DRIGO, A.: Photon counters and photographic emulsions in the indication and measurement of low-intensity x-rays. Ricerca sci. 9 I (1938) 301.

DUDLEY, R. A.: The measurement of beta radiation dosage with photographic emulsions. Ph. D. thesis M.I.T (1951).
— Photographic detection and dosimetry of β-rays. Nucleonics 12, No. 5 (1954) 24.
— Photographic film dosimetry. In: HINE/BROWNELL: Radiation Dosimetry, Academic Press (1956).
DUMMER, J. S.: Film Badges. In: Los Alamos Handbook of radiation Monitoring. LA-1835.
DUTREIX, J. M.: Mesure par films de la distribution en profondeur de la dose pour les électrons de haute énergie. In BECKER/SCHEER: Betatron- und Telekobalttherapie. Berlin/Göttingen/Heidelberg: Springer 1958.
EGELHAAF, H., H. HEINEMANN und K. H. SEIDLER: Zur Strahlenschutzüberwachung nach der Filmschwärzungsmethode in Radium- und Isotopenlaboratorien. Atompraxis 6 (1960) 407.
EGGERT, J., und W. NODDACK: Zur Prüfung des photochemischen Äquivalenzgesetzes an Trockenplatten. Z. Phys. 20 (1923) 299.
—, — Über die Quantenausbeute bei der Wirkung von Röntgenstrahlen auf Silberbromid. Z. Phys. 43 (1927) 222.
—, — Über die Quantenausbeute bei der Wirkung von Röntgenstrahlen auf Silberbromid II. Z. Phys. 51 (1928) 796.
— und F. LUFT: Ein neuartiges Röntgen-Filmdosimeter I. Röntgenpraxis 1 (1929) 188.
—, — Ein neuartiges Röntgen-Filmdosimeter II. Röntgenblätter 1 (1929) 655.
— Die Empfindlichkeit photographischer Emulsionen für Röntgenstrahlen in Abhängigkeit von der Korngröße. Z. Elektroch. 36 (1930) 750.
— und F. LUFT: Die Temperaturabhängigkeit des photographischen Prozesses. Agfa Veröffentlich. 2 (1931) 9.
— und E. SCHOPPER: Körnigkeit photographischer Schichten bei Bestrahlung mit energiereichen Quanten. Z. wiss. Phot. 37 (1938) 221.
— und R. VON WARTBURG: Sensitometrische Studien in weiten Belichtungsbereichen. IX. Z. Elektroch. 61 (1957) 693.
EHRLICH, M.: Annual report on radiation sensitivity of photographic emulsions. NBS-1146 (1951).
— and S. H. FITCH: Photographic x- and gamma-ray dosimetry. Nucleonics 9, No. 3 (1951) 5.
— and W. SNEDEGAR: Extension of film emulsion dosage ranges through the use of two developers of different characteristics. RA-DET 5 (1952).
— The fundamentals of photographic dosimetry. NBS-1703 (1952).
— Final report on the Raydos dosimeter. NBS-1409 (1952).
— and W.L.McLAUGHLIN: Photographic dosimetry. Annual progress report. NBS-2681(1953).
— Photographic dosimetry of x- and gamma rays. NBS-Handbook 57 (1954).
— The use of dental x-ray film in atomic disaster surveys. NBS-4302 (1955).
— Reciprocity law for x-rays, part I: Validity for high-intensity exposures in the negative region. J. opt. Soc. Am. 46 (1956) 797.
— Reciprocity law for x-rays, part II: Validity for high-intensity exposures in the negative region. J. opt. Soc. Am. 46 (1956) 797.
— Disaster monitoring with amateur photographic film and with dental x-ray film. Radiology 68 (1957) 251.
— A photographic personnel dosimeter for x-radiation in the range from 30 keV to beyond 1 MeV. Radiology 68 (1957) 549.
— and W. L. McLAUGHLIN: Photographic dosimetry at total exposure levels below 20 mr. NBS Techn. Note 29, Oct. 1959.
— The sensitivity of photographic film to 3-MeV neutrons and thermal neutrons. Health Physics 4 (1960) 113.
— and W. L. McLAUGHLIN: Photographic response to successive exposures of different types of radiation. J. Opt. Soc. Am. 51 (1961) 1172.
— and W. L. McLAUGHLIN: An analysis of sequence-exposure effects. Internat. Kolloq.Wiss. Zürich (1961).
— Influence of temperature and relative humidity on the photographic response to Co 60 gamma radiation. J. Research N.B.S. 65 C (1961) 203.
— The use of film badges for personnel monitoring. I.A.E.A. Manual (in Vorbereitung).

Ellis, C. D., and W. A. Wooster: The photographic action of β-rays. Proc. Roy. Soc. A 114 (1927) 266.

van Eyck, C.: Etalonnage d'appareils pour la mesure des doses de radiations exterieures reques par le personnel. NP-7139 (1958).

Fairbank, M. N.: Processing apparatus for radiation detection devices. U.S.Pat. 2689307 (angem. 1951).

Faraggi, H., A. Bonnet et M. J. Cohen: Irradiations et développement des émulsions nucléaires exposées a des flux intenses de neutrons thermiques, accompagnés de rayons X. J. Phys. Rad., Suppl. 7, 13 (1952) 105 A.

Fassbender, C. W., F. Heinzel und H. Mohr: Experimentelle Untersuchung zur Strahlenschutzüberwachung mit Hilfe der Filmschwärzungsmethode. Fortschr. Röntgenstr. 87 (1957) 232.

Fetzer, H., und H. L. Keller: Messungen zur Frage der Strahlengefährdung der Säuglinge bei Anwendung der Röntgentiefentherapie. Strahlentherapie 104 (1957) 539.

Fleeman, J., and F. S. Frantz jr.: Film dosimetry of electrons in the energy range 0.5 to 1.4 MeV. NBS J. Research 48 (1952) 117.

— and F. S. Frantz: Film dosimetry of electrons in the energy range 0.5 to 1.4 MeV. Am. J. Roentgenol. 71 (1954) 1049.

Franke, H.: Die photographische Bestimmung der Toleranzdosis. Fortschr. Röntgenstr., Beiheft zu 38 (1928) 22.

Freitag, A. B., W. A. Gore, J. A. Hartmann and M. A. Greenfild: Film calibration of a Sr 90 beta applicator. UCLA-330 (1955).

Fricke, R. E., and M. M. D. Williams: Radium protection: Measurement of exposure to gamma-rays. Radiology 34 (1940) 560.

Friedrich, K.: Erkennungsmarkendosimeter. DBP. 962005 (angem. 1956).

Friedrich, W., and P. P. Koch: Über Methoden zur photographischen Spektralphotometrie der Röntgenstrahlung. Ann. Phys. 45 (1914) 399.

—. H. Rosenberger und G. Goldhaber: Beiträge zum Problem der Radiumdosimetrie. IV. Erfahrungen mit der photographischen Methode der Radiumdosimetrie. Strahlentherapie 51 (1934) 45.

—, U. Henschke und R. Schulze: Beiträge zum Problem der Radiumdosimetrie. III. Untersuchung der Grundlage der photographischen Methode. Strahlentherapie 60 (1937) 22.

Fries, B. A., and D. E. Hull: Ten years safe use of isotopes in petroleum laboratories and refineries. Proc. II. UN Geneva Conf., 23 (1958) 263.

Frieser, H., and E. Klein: Die Eigenschaften photographischer Schichten bei Elektronenbestrahlung. Z. angew. Phys. 10 (1958) 337.

—, — Contribution to the theory of the characteristic curve. Phot. Sci. Eng. 4 (1960) 264.

—, und E. Ranz: Die Wirkung von Tritium auf photographische Schichten. Forschber. Nr. 5, Inst. Wiss. Phot. T. H. München (1962).

Frik, W., C. E. Buchheim und O. Hürzeler: Zur Überwachung des Strahlenschutzes in Durchleuchtungsräumen. Dosisleistungskurven und Ortsdosisermittlung mit der Filmmethode. Fortschr. Röntgenstr. 88 (1958) 98.

Frisoli, A., and L. B. Silverman: A new plastic tape film badge holder. Nucleonics 10, No. 10 (1952) 62.

—, — A new plastic tape film badge holder. UCLA-189 (1952).

Fuenfer, E., und L. Fuenfer: Anordnung zum Strahlungsnachweis. DAS 1026886 (angem. 1955).

Fujita, M., and M. Yamamoto: Development of a film badge for the measurement of large neutron doses (Genken Type II badge). Ann. Rep. No. 2 of Health Phys. Div., Atomic En. Inst. Japan JAERI-5002 (1960).

Gasper, G. W.: Operating manual radiological standards and measurements. KAPL-A-HP-4 (1958).

Gauwerky, F.: 20 Jahre fotografische Methode der Radiumdosimetrie. Strahlentherapie 83 (1950) 269.

Gilardoni, A.: Practical method for the measurement and control of anti-x-ray protection and tolerance dose by means of photographic film. Radiolog. Med. 37 (1951) 1025.

GLAGOLEV, V, V., and R. M. LEBEDEJEV: Investigation into the possibility of constructing an instrument for the automatic scanning of thick films of photographic emulsions. Prib. i Tekhn. Eksp. 2 (1957) 114.

GLASSER, O., and L. E. ROVNER: A comparison of photographic and ionization measure of radiation and quality. Radiology 22 (1934) 309.

GLASSER, O.: Some simple inexpensive methods for detection of radioactivity. Cleveland Clinic Quartarly 18 (1951) 23.

GLOCKER, R., und W. TRAUB: Das photographische Schwärzungsgesetz. Physik. Z. 22 (1921) 345.

— Über das Grundgesetz der physikalischen Wirkungen von Röntgenstrahlen verschiedener Wellenlänge. Z. Phys. 43 (1927) 827.

— Über den Energieumsatz bei einigen Wirkungen von Röntgenstrahlung. Z. Phys. 40 (1927) 479.

— Die Übertragbarkeit von Röntgendosismessungen von einem Stoff auf einen anderen. Fortschr. Röntgenforsch. 93 (1960) 617.

— Das photographische Schwärzungsgesetz für Elektronenstrahlen verschiedener Energie. Z. Phys. 160 (1960) 568.

GOLDEN, R.: A simplified method for removing one emulsion of a double-coated x-ray film. Phot. Sc. Tech. (2), 3 (1956) 10.

— and E. TOCHILIN: Characteristic curves from different ionizing radiations and their significance in photographic dosimetry. USNRDL-248 (1958).

—, — Characteristic curves from different ionizing radiations and their significance in photographic dosimetry. Health Physics 2 (1959) 199.

GOLDSACK, S. J., and H. B. VAN DER RAAY: An automatic scanner for nuclear emulsions. J. Sci. Instr. 33 (1956) 135.

GORDON, C. L.: Photographic methods of measuring radiation. Nucleonics Analyt. Chem. 21 (1949) 96.

GOTTSTEIN, K.: Measurements of the „noise" of different types of microscope stages. Nuovo cimento 12 (1954) 619.

GOULD, A. R.: Radiation Safety and Control. II. The Film Badge and Electroscope. Nucl. Energy 421, (1960).

GOVAERTS, J.: La dose totale recue par un travailleur exposé aux radiations. Utilisation des films badges. J. belge radiol. 38 (1955) 387.

GRANKE, R. C., K. A. WRIGHT, W. W. EVANS, J. E. NELSON and J. G. TRUMP: The film method of tissue dose studies with 2.0 MeV roentgen rays. Am. J. Roentgenol. 72 (1954) 302.

GREENING, J. R.: The photographic action of x-rays. Proc. Phys. Soc. (London), 64 B (1951) 977.

GRENISHIN, S. G.: Effect of electrons on photographic film. Zhur. Tekh. Fiz. 22 (1952) 33.

GRIFFITH, G. H.: Bibliography on photographic film dosimetry. WADC-TN-58-105 (1958).

GRIMENENZ, C., et J. LABEYRIE: Estimation des flux de neutrons thermiques par les emulsions photographiques nucleaires impregnees au lithium. J. Phys., Supplement au Nr. 1, 15 (1951) 38 A.

GÜNSEL, E.: Dosismessungen an Radiumnadeln. Strahlentherapie 72 (1943) 710.

GUPTON, E. D.: A revised technique for film dosimetry at Oak Ridge national laboratory. Radiology 66 (1956) 253.

GUPTON, E. D., D. M. DAVIS and J. C. HART: Criticality accident application of the Oak Ridge National Laboratory badge dosimeter. Health Physics 5 (1961) 57 und 6 (1961) 86.

HÄLG, W., und L. JENNY. Helv. Phys. Acta 24 (1951) 508.

HAMANN, A.: Praktische Erfahrungen in Radiumdosierungen I. Erfahrungen mit der photographischen Dosierung in der Radiumpraxis. Strahlentherapie 53 (1935) 552.

HANKINS, D. E., and W. C. KING: Method of calculating lung dose received from a confined cloud of radioactive gas. IDO-16632 (1960).

HARRINGTON, E. L., H. E. JOHNS, A. P. WILES and C. GARETTI: The fundamental action of intensifying screens in gamma radiography. Canad. J. Research 26, Sect.F., (1948) 540.

HART, R. S., and J. P. HALE jr.: Fast neutron monitoring with NTA film packets. NAA-SR-1536 (1956).

HASCHÈ, E., J. BOLZE, L. v. BOZOKY und D. v. KEISER: Beiträge zur Dosismessung in Radiumpackungen. I. Die photographische Methode. Strahlentherapie 60 (1937) 598.

—, —: Beiträge zur Dosismessung an Radiumpackungen III. Photographische Dosismessung in r. Strahlentherapie 63 (1938) 701.

— Über die Messung des Strahlenschutzes auf photographischem Wege in Röntgeneinheiten. Fortschr. Röntgenstr. 60 (1939) 74.

HAUTOT, A., et G. DANGUY: Etude comparative de l'action photographique de la lumière, des rayons X, des particules α et β sur des émulsions AgBr primitives. Internat. Koll.Wiss. Phot. Zürich (1961).

HEARD, M. J., J. E. COOK and P. D. HOLT: Photographic emulsion dosimetry and the A. E. R. E. film dosimeter. AERE-R 3300 (1960).

HEINEMANN, H., und K. H. SEIDLER: Zur Strahlenschutzüberwachung nach der Filmschwärzungsmethode in Radium- und Isotopenlaboratorien. Atompraxis 6 (1960) 483.

HEINER, G.: Über die Individualdosimetrie an Höchstvoltapparaturen. Diplomarbeit Freiburg i. Br. 1956.

HENRY, H. W., and H. F. HENRY: Some limitations of film meters as personnel radiation dosimeters. HPS Meet. 1959, Health Physics 2 (1959) 95.

HENRY, J. A., et P. KIPFER: Utilisation des films photographiques pour la surveillance de personnel travaillant avec des radiations ionisantes. J. belge Radiol. 35 (1952) 629.

HERBEIN, S. D.: Effect of gamma-ray radiation on film density. Ind. Radiography 1 (1942) 39.

HERMAN, W. C.: Beta calibration rack using uranium oxide. AECU-1150 nd.

— A new film packet for radiation dosimetry. AECU-1601 nd.

— A new film packet for radiation dosimetry. Nucleonics 9, No. 4 (1951) 74.

HERZ, R. H.: Granularity measurements of x-ray emulsions exposed to x-rays with increasing quantum energy. Phot. J. 89 B, Comm. 1128 H (1949).

— Photographic dosimetry. Perspective 3 (1961) 115.

HESS, P.: Photometrische Radium-Dosismessung in der Praxis. Röntgenpraxis 7 (1935) 769.

HEUCK, F., und E. SCHMIDT: Die praktische Anwendung einer Methode zur quantitativen Bestimmung des Kalksalzgehaltes gesunder und kranker Knochen. Fortschr. Röntgenstr. 93 (1960) 761.

HINE, G. J.: Response of GM counters and photographic emulsions to high-energy photons. Nucleonics 7, No. 4 (1950) 18.

— The range of usefulness of photographic film in roentgen dosimetry. Am. J. Roentgenol. 72 (1954) 293.

HIRSCH, F. R. jr.: The blackening of photographic plates by long wavelength x-rays. I. J. Opt. Soc. Am. 25 (1935) 229.

— The blackening of photographic plates by long wavelength x-rays. II. J. Opt. Soc. Am. 28 (1938) 463.

HODGES, J. C.: Microscope equipment for nuclear emulsion analysis. UCRL-9089 (1960).

HODGSON, M. B.: The sensitometry of x-ray materials. Brit. J. Phot. 64 (1917) 654, Comm. 63.

DEN HOED, D., and G. STOEL: Intensity measuring of radium rays. Acta radiol. 10 (1929) 442.

HOERLIN, H., and V. HICKS: Quantitative relations between the photographic response of x-ray films and the quality of radiation. Nondestruct. Testing 6 (1947) 15.

— The photographic action of x-rays in the 1,3 to 0,01 A range. J. Opt. Soc. Am. 39 (1949) 891.

— and F. W. H. MUELLER: Gold senzitation of x-ray films. J. Opt. Soc. Am. 40 (1950) 246.

— Die Quantenausbeute der photographischen Wirkung der Röntgenstrahlen als Funktion der Wellenlänge und der Sensibilisierung. Z. Naturforschg. 6a (1951) 344.

— and F. KASZUBA: Wavelength independent photographic dosimeter employing terphenyl intensifying screens. Phys. Rev. 88 (1952) 174.

—, R. H. CLARK, D. P. JONES, F. J. KASZUBA and E. T. LARSON: Development of a wavelength-independent radiation monitoring film. Final report. ANL-5168 (1953).

— Photographic materials for nuclear laboratory and test work. Wiss. Phot. Internat. Konf. Köln 1956.

HOFER, E.: Über die Beziehung zwischen Exposition und photographischer Schwärzung bei Belichtung durch Röntgenstrahlen. Z. wiss. Phot. 33 (1934) 198.

HOFFMAN, J. G., and R. F. BACHER: Photographic effects produced by cadmium and other elements under neutron bombardment. MDDC-1983 nd.
— —: Photographic effects produced by cadmium and other elements under neutron bombardment. Am. J. Roengtenol. 60 (1948) 175.
HOLTHUSEN, H., und A. HAMANN: Radiumdosimetrie mit der photographischen Methode. Strahlentherapie 43 (1932) 667.
— Praktische Erfahrungen mit Radium-Dosis-Bestimmungen. Strahlentherapie 53 (1935) 543.
VAN HORN, M. H.: The use of film in x-ray diffraction studies. Rev. Sc. Instr. 22 (1951)809.
HOUGH, P. V. C., and R. C. WINDER: Nuclear emulsion scanner for nuclear spectroscopy. Bull. Am. Phys. Soc. II, 1 (1956) 290.
—, W. WILLIAMS and R. C. WINDER: Nuclear emulsion scanner for nuclear spectroscopy. Bull. Am. Phys. Soc. II, 3 (1958) 181.
— Perforance of a nuclear emulsion scanner. Nucl. Instr. Meth. 6 (1959) 33.
—, J. A. KOENIG and W. WILLIAMS: Scanner recognizes atomic particle tracks Electronics 32 (1959) No. 13, 58.
HUNTER, F. T., O. E. MERRILL, J. G. TRUMP and L. L. ROBBIN: The protection of personnel engaged in roentgenology and radiology. New England J. Med. 241 (1949) 79.
HURST, G. S., and R. H. RITCHIE: Radiation accidents: dosimetric aspects of neutron and gamma-ray exposures. ORNL-2748 A (1960).
HUTTON, G. L.: Dose and law. Nucleonics 17, No. 8 (1959) 6.
— Evendantary problems in proving radiation injury. Ind. Hygiene J. 20 (1959) 111.
ISENBURGER, H. R.: Bibliography on filmbadge monitoring. NP-10738 (1961).
JAUNCEY, G. E. M., and H. W. RICHARDSON: Sensitivity of photographic films to x-rays at low temperatures. J. Opt. Soc. Am. 24 (1934) 125.
JÄCKEL, G.: Über die photographische Intensitätsmessung der Röntgenstrahlen und ihre Verwendbarkeit für die Dosierung. Fortschr. Röntgenstr. 31 (1923) 739.
JETTER, E. S., and H. BLATZ: Film measurement of beta radiation dose. Nucleonics 10, No. 10 (1952) 43.
JÖNSSON, E.: Zur Kenntnis des photographischen Schwärzungsgesetzes der Röntgenstrahlen. Physik.Ber. 6 (1925) 742.
JONES, P. D., and H. F. NITKA: Strahlungsdosimeter. DAS 1057248 (angem. 1957).
—, — Ein Strahlendosimeter zur Anzeige gefährlicher Dosen unter Verwendung von photographischem Auskopiermaterial. Wiss. Phot. Internat. Konf. Köln 1956.
JONES, H. H., and G. J. MAHONEY: An improved method of labeling x-ray films. X-ray technician 31 (1960) 613.
JOOS, G., and E. SCHOPPER: Grundriß der Photographie und ihrer Anwendungen besonders in der Atomphysik. Akad. Verlagsges. 1958.
KALIL, F.: A film-badge method of differential measurement of combined thermal-neutron and gamma-radiation exposures. LA-1923 (1955).
— A film-badge method of differential measurement of combined thermal-neutron and gamma-radiation exposures. Nucleonics 13, No. 11 (1955) 91.
KALMON, B.: The blackening effect of neutron and gamma radiation on DuPont 552 and Eastman V-120 film. PRNL-394 (1949).
KAPLAN, N., and H. YOGODA: Measurement of neutron flux with lithium borate loaded emulsions. Rev. Sc. Instr. 23 (1952) 155.
KARTHUZHANSKII, A. L.: Mechanism of the photographic effect of ionizing particles. Uspekhi Fiz. Nauk 52 (1954) 341.
— The photographic action of ionizing particles. I. The form of the blackening curve for photographic film exposed to radiation. Zhur. Eksptl. teoret. Fiz. 29 (1955) 516.
-- Reciprocity law failure in the photographic action of nuclear radiation. III. Internat. Conf. on Nucl. Phot., Moskow 1960.
KEENE, A. R., J. W. VANDERBEEK and E. C. WATSON: Radiation protection at a major atomic energy facility. Proc. II. Internat. Conf., Geneva 1958, P 758.
KEEPLIN, G. R., and J. H. ROBERTS: Measurement of fast neutron energies by observation of Li^6 (n, d)H^3 in photographic emulsions. Rev. Sc. Instr. 21 (1950) 163.

KIEFFER, J.: Method and apparatus for determing radiation dose. U.S.Pat. 2496218 (angem. 1947).

KIESEWETTER, W.: Zur Strahlenschutzüberwachung mit Filmdosimetern in der Deutschen Demokratischen Republik. Isotopentechnik 1 (1960/1961) 82.

KIMBERGER, F.: Anordnung zur Auswertung von zur Strahlenschutzmessung verwendeten Filmen. DBP 1103620 (angem. 1956).

KINOSHITA, S.: The photographic action of alpha-particles emitted from radioactive substances. Proc. Roy. Soc. 83A (1909) 432.

KIRCHHOFF, H., und K. BARTZ: Weitere Ergebnisse der Radiumdosierung in r mit der photographischen Methode. Strahlentherapie 61 (1938) 363.

KITABATAKE, T., T. WATANABE and M. YATO: Reliability of the film badge method for dose measuring. Nagoya J. Med. Sci. 22 (1959) 229.

KLEEMANN, R.: Strahlenschutzmessungen mit Hilfe von Filmen. Dissertation Erlangen 1951.

KLEIN, D.: Über den Einfluß von Kornart, Reifung und chemischer Sensibilisierung auf die Empfindlichkeit von Halogensilberemulsionen für Röntgen- und Gammastrahlen. Wiss. Phot. Internat. Konf. Köln 1956.

— Einfluß von Hypersensibilisierung und Farbstoff-Desensibilisierung auf die Wellenlängenabhängigkeit der Empfindlichkeit für die energiereiche Strahlung. Internat. Koll. Wiss. Phot. Zürich (1961).

KLEIN, E.: Die Beziehung zwischen der Schwärzung und der Größe der entwickelten Silberaggregate. Z. Elektroch. 62 (1958) 993.

— Neue Untersuchungen über das latente Bild bei Kurzbelichtung. IV. Internat. Kongr. Kurzzeitphotographie Köln 1958.

KLEPP, H. B., and D. D. POPOVIC: Studies on the possibilities of using nuclear emulsions in connection with reactors. JENER-25 (1954).

KOCHER, L. F.: Energy discrimination in gamma-dose evaluation. Nucleonics 16, No. 11 (1958) 151.

— Tamperproof film badge. U.S. Patent 2.855.519 (1958).

— An automatic film badge processing machine. Health Physics Soc. Meet. Gatlinburg, Tennessee (1959).

— A rotating source for calibration purposes. HW-62386 (1959).

KOCHER, L. F.: Hanford adopts plastic film badge. Nucleonics 15, No. 12 (1957) 70.

KOCI, J., and Z. SPURNY: A simple photometer suitable measuring the blackening of films in photographic dosimetry. Pracovni Lekarsvi 11 (1959) 412.

KOEPPE, P.: Automatisches Auswertungsgerät für Kornspuremulsionen. Dissertation D 83, T. U. Berlin 1961.

KÖLLNER, R.: Berücksichtigung der Strahlenqualität bei der Strahlenschutzüberwachung nach der Filmmethode. Dissertation Erlangen 1952.

KOGAN, R. M., and N. K. PEREYASLOVA: Use of a photographic film and scintillating crystal system to record gamma radiation. Probory i Tekh. Eksptl. 4 (1957) 25 (vgl. NP-tr-134).

KORNFELD, G.: Latent image distribution by x-ray exposure. J. Opt. Soc. Am. 39 (1949) 1020.

— The latent image produced by x-rays. In MEES: The theory of the photographic process. Macmillan 1954.

KRÖNCKE, H.: Über die Messung der Intensität und Härte der Röntgenstrahlen. Ann. Phys. 43 (1914) 687.

LADU, M.: Photographic dosimetry of fast neutrons. Select. Topics in Radiat. Dosimetry, IAEA Wien (1961).

LANDAUER, R. S.: The use of dental films in the determination of stray radiation. Radiology 8 (1927) 512.

LANGENDORFF, H., und H. DRESEL: Strahlenschutzplakette. DBP. 830229 (angem. 1950).

—, G. SPIEGLER und F. WACHSMANN: Strahlenschutzüberwachung mit Filmen. Fortschr. Röntgenstr. 77 (1952) 143.

— und F. WACHSMANN: Untersuchung der Dosisbelastung an verschiedenen Körperstellen mit ionisierenden Strahlen arbeitender Personen. Arbeitsschutz Heft 5 (1956).

LANGENDORFF und F. WACHSMANN: Ergebnisse der Strahlenschutzüberwachung mit Filme enthaltenden Fingerringen. Arbeitsschutz Heft 6 (1956).

— und F. WACHSMANN: Strahlenschutzüberwachung nach der Filmschwärzungsmethode bei mit radioaktiven Stoffen arbeitenden Personen. Atomkernenergie 3 (1958) 60.

— und F. WACHSMANN: Ergebnisse der Strahlenschutzüberwachung mit Filmen. Fortschr. Röntgenstr. 80 (1954) 382.

— Erfahrungen mit der praktischen Strahlenschutzkontrolle. IX. Internat. Kongr. Radiolog. Bd. 2 (1961) 1173.

LARSON, E. T., and H. A. LEVINE: Control of low intensity reciprocity law failure with mercaptooxazoline development retarders. Phot. Sc. Eng. 1 (1957) 59.

LARSON, H. V., and W. C. ROESCH: Gamma dose measurment with Hanford film badges. HW-32516 (1954).

— MYERS and W. C. ROESCH: Wide-beam fluorescent x-ray source. Nucleonics 13, No. 11 (1955) 100.

LAUGHLIN, J. S., and W. D. DAVIES: Procedure in dose distribution of 25 MeV x-rays. Science 111 (1950) 514.

LEHMAN, R. L.: Energy response and physical properties of NTA personnel neutron dosimeter nuclear track film. V. Ann. Meet. Health Physics Soc., Boston 1960.

LEVINOS, S., and M. EHRLICH: Stabilization film processing for x- and gamma-ray dosimetry. Nucleonics 14, No. 7 (1956) 72.

LITTENDRIGH, L. W. D.: A device for testing film-badge holders for alpha and beta-gamma contamination. AERE HP/M 53 (1953).

LITTLE, G. A.: Gamma angular dependence of HAPO film badge. HW-61980 (1960).

LITTLEJOHN, G. J.: Photodosimetry procedures at Los Alamos. LA-2494 (1960).

LOCQUENEAUX, R.: Measurement of high flux slow neutrons by the photographic method. J. phys. Radium 11 (1950) 144.

LOEVINGER, R., and J. SPIRA: Dosimetry of multiple radiation fields by superposition of photographic films. Am. J. Roentgenol. 77 (1957) 869.

LONGMORE, T. A.: Photographic processing. Radiography 21 (1955) 103.

LORENZ, E., and B. RAJEWSKY: Das Problem der Röntgenstrahlen-Intensitätsverteilung in bestrahlten Medien. I. Vergleichende Experimente mit ionometrischen und photographischen Methoden. Strahlentherapie 20 (1925) 581.

LORENZ, J.: Quantitative detection of scattered x radiation by a photometric method. Polski Tvgodnik Lekarski 6 (1951) 883.

LUFT, F.: Der Schwarzschild-Effekt bei Röntgenaufnahmen. Agfa Veröffentlich. 3 (1933) 245.

LUKIRSKII, A. P., and I. A. KARPOVICH: Determination of the absolute sensitivity of certain photographic materials to ultrasoft x-radiation. Optics and Spectrosc. 6 (1959) 444.

MADSEN, C. B.: Problems in radiation monitoring with film badges. Acta radiol. 37 (1952) 284.

MAGILL, R. J.: Simplified film processing for radiation dosimetry. Nucleonics 12, No. 8 (1954) 43.

— Batch processing of film for radiation protection of personnel. Ind. Hygiene 10 (1954) 37.

MARKUS, B., und W. PAUL: Photographische Dosimetri ein elektronenbestrahlten Körpern. Strahlentherapie 92 (1953) 612.

MASKET, A. V., and L. B. WILLIAMS: Nuclear emulsion scanning mechanism. Rev. Scient. Instr. 22 (1951) 113.

MATHER, K. B. Phys. Rev. 76 (1949) 486.

MATHEWSON, D. S.: The effect of angle of incidence of beta particles on certain photographic film measurements. Brit. J. Radiol. 29 (1956) 63.

MATOUSKOVA, J., und J. HOLANOVA: Messung der Dosen schneller Neutronen mittels Kernemulsionen. Jaderna Energie 7 (1961) 2.

MAUDERLI, W.: Dosimetrie von Röntgen- und Gammastrahlen mittels photographischer Filme. I. Physikalische Grundlagen. Fortschr. Röntgenstr. 86 (1957) 634.

— Dosimetrie von Röntgen- und Gammastrahlen mittels photographischer Filme. II. Anwendung auf die Filmdosimetrie. Fortschr. Röntgenstr. 86 (1957) 784.

MAUDERLI, W., D. M. GOULD and J. W. LANE: Film dosimetry of cobalt 60 radiation. Am. J. Roentgenol. 83 (1960) 520.

MAY, A.: Mercury sentization and the optical and x-ray latent images. J. Opt. Soc. Am. 32 (1942) 219.

— Solarization with x-rays and visible light. J. Opt. Soc. Am. 33 (1943) 81.

McEWEN, J. C., and J. HERBERT: 2nd Int. Conf. Nucl. Emuls. Montreal 1959.

McLAUGHLIN, W. L., and M. EHRLICH: Film badge dosimetry: How much fading occurs? Nucleonics 12, No. 10 (1954) 34.

— Megaroentgen dosimetry employing photographic film without processing. Radiation Research 13 (1960) 594.

MEES, C. E. K.: The theory of the photographic process. Macmillan 1954.

MELCHING, H., and H. DRESEL: Zur Strahlenbelastung bei diagnostischen und therapeutischen Maßnahmen mit energiereichen ionisierenden Strahlen. Fortschr. Röntgenstr. 87 (1957) 553.

MENKE, E.: Ein neues Agfa-Röntgenfilmdosimeter. Dtsch. Ges.wesen 10 (1955) 640.

MERCER, T. T., and R. GOLDEN: The application of high-intensity pre-exposures to film-phosphor dosimetry. USNRDL-TR-476 (1960).

—, — Response of photographic emulsions to thermal and epithermal neutrons. USNRDL-TR-493 (1960).

MERGLER, H.: Filmdosimetrie. In: RAJEWSKY: Wiss. Grundlagen des Strahlenschutzes, Braun 1957.

MERINGDAL, J.: Dosimetrie von schnellen Neutronen nach der photographischen Methode. Diplomarbeit T. U. Berlin 1960.

MERRILL, D. P.: Development of filmdosimeters on the „dry development" type. Final report. NP-4401 (1953).

MEYER, H.: Determination of radium by a photographic method. Brit. J. Radiol. 15 (1942) 85.

MINDER, W., H. J. MAURER und C. E. BUCHHEIM: Probleme der Tiefendosismessung energiereicher Elektronen. Fortschr. Röntgenstr. 92 (1960) 206.

MITCHELL, J. W.: Die photographische Empfindlichkeit. Phot. Korr. 1. Sonderheft 1957.

MODINE, N., and D. T. O'CONNOR: Photoelectric emission for film dosimetry. NAVORD-2990 (1953).

— A wide band film dosimeter. NAVORD-3803 (1954).

MÖLLER, G.: Verwendung von in Kernspuremulsionen eingebettetem Lindemannglas für den Nachweis und die Dosimetrie langsamer Neutronen. Diplomarbeit T. U. Berlin 1960.

MOON, P. B.: A photoelectric counter for nuclear emulsion tracks. High Energy Ncl. Phys. 6, IX-49 (1956).

MORGAN, Z. K.: Dosimetry requirements for protection from ionizing radiation. Select. Topics in Radiat. Dosimetry, IAEA Wien (1961).

MORRISON, A.: Stray-radiation measurement with x-ray film. Nucleonics 3, No. 3 (1948) 46.

MOSER, J. S.: Preliminary report on the effects of nuclear radiation upon photographic film. Technic. Note WCLF 53-1 (1953).

MÜLBACH, E.: Untersuchungen über die Gültigkeit des Bunsen-Roscoeschen Gesetzes für die photographische Wirkung und den Verlauf der Schwärzungskurven langwelliger Röntgenstrahlen. Z. Wiss. Phot. 36 (1937) 269.

MUEHLER, L. E., and J. CRABTREE: Materials of construction for photographic processing equipment. Phot. Sci. Techn. 19 B (1953) 79.

MUELLER, F. W. H., und E. T. LARSON: Fotografische Emulsion mit erhöhter Empfindlichkeit für Röntgen- und Gammastrahlen und Verfahren zu ihrer Herstellung. DAS 1022468 (angem. 1955).

MÜLLER, G.: Entwicklung von Kernspuremulsionen mit geringem Schleier. Diplomarbeit T. U. Berlin 1958.

MUSCHEID, W., und W. BUTTLER: Einrichtung zur Kennzeichnungslochung von Filmen unter Verwendung von die Kennzeichnungslochung enthaltenden, mit den Filmen unlösbar verbundenen Schablonen. DBP. 1057802 (angem. 1957).

MUSISTOWICZ, T., J. PENSKO, J. WYSOPOLSKI and R. PODGORSKI: Personnel film monitoring service in Poland during the year 1959. CLOR-3 (1960).

MUTSCHELLER, A.: Method and material employed in the manufacture of x-ray and röntgen plates, films and papers. U.S.Pat. 1315324 (angem. 1915).

NEPELA, D. A., and H. F. NITKA: Effect of chemical ripening on the photographic response to light, x- and gamma-radiation. Phot. Sc. Eng. 4 (1960) 12.

NIKITIN, N. S., and W. W. FROLOW: Improved method for individual photocontrol of gamma damage (IFK II). In: Fortschritte auf dem Gebiet der Dosimetrie ionisierender Strahlen. Akad. Wiss. UdSSR 1957 (englisch: AEC-tr-3656).

— The employment of a photographic film for individual dosimetric control of the β-particle flux. Vestnik Rentgenol. i. Radiol. 34 (1959) 59.

NITKA, H. F., and D. P. JONES: Photographic method for megaroentgen dosimetry. Nucleonics 15, No. 10 (1957) 128.

NITKA, H. F.: Possibilities and limitations in the use of conventional medical x-ray film under conditions of nuclear warfare. U.S.Armed Forces Med. J. 9 (1958) 648.

— Photographic methods (megaroentgen dosimetry). Nucleonics 17, No. 10 (1959) 58.

NODWELL, E. M., and A. MORRISON: Exposure graphs for radium radiography of steal. Nat. Res. Council Publ. No. 1134, Ottawa (1943).

OBERHOFER, M., und P. KIENLE: Strahlenschutz an Reaktoren und in kerntechnischen Betrieben. Kerntechnik 2 (1960) 58.

O'BRIEN, K., and L. R. SOLON: Effect of age on the reproducibility of film badge density readings. NYO-4576 (1954).

—, — and H. BLATZ: A system of film-badge interpretation. Nucleonics 14, No. 14, No. 10 (1956) 58.

—, — and W. M. LOWDER: Dose-rate dependent dosimeter for low-intensity gamma-ray fields. Rev. Sc. Instr. 29 (1958) 1097.

O'CONNOR, D. T.: Film blackening method for the measurments of relative x-rays intensities. Ind. Radiography 6 (1947) 40.

OESER, H., P. KOEPPE und K. RACH: Erfahrungen mit der Strahlenschutz-Filmdosimetrie. Deutsche Med. Wochenschr. 87 (1962) 181.

OKRENT, D., and A. K. SOLOMON: On the sensitivity of photographic grains to electrons. Phys. Rev. 83 (1951) 826.

O'SULLIVAN: The light window on dental film badge packets. HW-13700.

PAIC, V.: Dosimetrie par film du rayonnement gamma, à l'aide d'un dispositif d'etallonge protégé. Compt. rend. 249 (1959) 1951.

— A simple film badge. Health Physics 4 (1960) 180.

— Dispositiv protégé pour l'elonnage des films servant à la dosimétrie du rayonnement gamma. Phys. in Med. Biol. 5 (1960) 119.

PARDUE, L. A., N. GOLDSTEIN and O. E. WOLLAN: Photographic film as a pocket radiation dosimeter. MDDC-1065 (CH-1153) (1944).

PARODI, J. A., and W. G. BURCH jr.: A study of photographic emulsion calibration techniques. HW-28803 (1953).

PAUL, J. S.: Simplified radioactive fallout detector. Proc. Iowa Acad. Sci. 66 (1959) 369.

PAVELESCU, D., and I. ILLIUC: Densitometer with semi-conductors for film dosimetry. Acad. rep. pop. Romine, Inst. mecan. apl. 11 (1960) 515.

PELC. S. R.: The photographic action of x-rays. Proc. Phys. Soc. 57 (1945) 523.

PETUKHOV, V. A.: A fast method of scanning of nuclear photoemulsions. Prib. i Tekh. Ekspt. 5 (1957) 16.

— A rapid method of examination of nuclear photoemulsions. Translation NP-tr-151.

PICKERING, J. E.: Evaluation of the Land self-developing film badge dosimeter. ATI-115466.

PODDAR, R. K.: On the quantitative relation between isotopic beta radiation and its photographic response. Indian J. Phys. 29 (1955) 189.

POLSTER, A.: Photographic materials for the detection of defects by the application of x-rays and radiation of isotopes. Kep. es Hangtech. 4 (1958) 65.

PORETTI, G.: Filter combinations for mixed radiation film dosimetry. Select. Topics in Radiat. Dosimetry, IAEA Wien (1961).

PRESTON, R. G.: Film badge dosimeters. In: General principles of ionizing radiation. NAVSHIPS-250-348-1 (1955).

QUIMBY, E. H.: A method for the study of scattered and secondary radiation in x-ray and radiation laboratories. Radiology 7 (1926) 211.

RAUSA, G. I.: Comparison of the photographic effects produced by cadmium and rhodium after neutron bombardment with reference to personnal monitoring. UR-253 (1953).

REEKIE, J.: The sensitivity of photographic films to x-radiation at very low temperatures. Proc. Phys. Soc. 51 (1939) 683.

REICH, K. H.: Measurement of the proton density of the circulating beam by means of foil target radioautographs. CERN PS/Int./MG/VA 60–37 (1960).

RICHARDS, H. T., V. R. JOHNSON, F. AJZENBERG and M. J. W. LAUBENSTEIN: Proton range-energy relation for Eastman NTA emulsions. Phys. Rev. 83 (1951) 994.

RINDI, A.: Etude sur l'emploi des cristaux scintillateurs dans la pnotcdosimetrie des neutrons rapides. CEN-FAR-P.A.S. (1961).

ROBB, T. M., and R. E. ELLIS: The use of small protection films for the estimation of the doses received on the fingers and hands during radium manipulations. Brit. J. Radiol. 25 (1952) 100.

ROBERTS, F., and J. C. YOUNG: A flying-spot microscope. Nature 167 (1951) 231.

–, – High speed counting with the flying spot microscope. Nature 169 (1952) 962.

–, – The flying-spot microscope. Proc. Inst. El. Eng., Part 3A, 99 (1952) 747.

ROBERTSON, J. K., and J. T. THWAITES: The blackening of a phctographic film by x-rays. Trans. Roy. Soc. Canada 18 (1924) 99.

ROGERS, J. S.: The photographic effects of gamma-rays. Proc. Phys. Soc. 43 (1931) 59.

RÖNTGEN, W. C.: Eine neue Art von Strahlen. Verhandl. d. Physik.-Medizin. Akad. Würzburg 1895.

ROSS, S. W., and E. TOCHILIN: A simplified fast neutron film dosimeter. Proc. Health Physics Soc. 1956, 98.

–, – Neutron film dosimeter. U.S.Pat. 2933605 (angem. 1957).

–, – A simplified film dosimeter for fission neutrons. USNRDLTR-224 (1958).

ROSSMANN, I. M., and K. G. ZIMMER: Use of scintillators in dosimetry. AEC-tr-3656.

ROZKOS, M., and V. PETRIZILKA: Correlation between blackening of photographic emulsions and energy of beta-radiation. Chekoslov. Fiz. Zhur. 6 (1956) 237.

RUDLOFF, A., und E. LUTZ: Ergebnisse der Erprobung des „Strahlendosimeters personell" (Idos-Filmdosimeter). Ziviler Luftschutz 105 (1960).

SANNA, R., and A. SHAMBON: An X-ray source for energy dependence studies in the 10-100 keV range. Healths Phys. Soc. Meet. 1961.

SCHÄFLER, E.: Das Verhalten desensibilisierter photographischer Platten bei Gamma-Bestrahlung. Sitz.ber. Akad. Wiss. Wien, Mth.-nat. Kl., 145 (1936) 507.

SCHLEUSSNER, C. A., und K. KAEMPFERT: Über die Wirkung intermittierender Röntgenstrahlung auf die photographische Platte. Fortschr. Röntgenstr. 32 (1924) 593.

SEEMANN, H. E.: Spectral sensitivity of two commercial x-ray films between 0.2 and 2.5 Å. Rev. Sci. Instr. 21 (1950) 314.

– Some physical and radiographic properties of metallic intensifying screens. J. Appl. Phys. 8 (1937) 836.

SHAPAR, H. K.: Significance of health physics evidence in the trial of a case of radiation personal injury. Health Physics 5 (1961) 155.

SHAPIRO, M. M., and J. R. BARNES: The application of Li^6 (n, α) and B^{10} (n,α) to slow-neutron monitoring. Phys. Rev. 73 (1948) 1243.

SHEA, T. E.: Neutron detection by means of film blackening and related shielding phenomenons. ORNL-639 (1950).

SHEPPARD, S. E., and A. P. H. TRIVELLI: The sensitivity of photographic emulsions in relation to quantum energy in exposure. Phot. J. 66 (1926) 505.

SHURCLIFF, W. A.: Development of film-type gamma-ray dosimeters. U-14973 (1950).

– Further development of film-type gamma-ray dosimeters (final report). NP-3082 (1951).

– Radiation detection devices. U.S.Pat. 2705757 (angem. 1951).

– The true body dosimeter principle. Nucleonics 11, No. 6 (1953) 76.

SILBERSTEIN, L., and A. P. H. TRIVELLI: The quantum theory of x-ray exposures on photographic emulsions. Phil. Mag. 9 (1930) 787.

SILVERMAN, L. B.: Film dosimetry program at the atomic energy project, Univ. of California. Paper Meet. on Industr. Health, US-AEC, Los Angeles 1953.

—, C. T. SCARBORO und R. W. BRISBANE: Beta skin dose measurements for Nevada 1957 series. Photographic films for radiation dosimetry, in UCLA-420 (1958).

SIMONS, H. A. B.: Use of nuclear emulsions for fast neutron dosimetry. Nature 168 (1951) 835.

SISEKSKY, J.: Debris from tests of nuclear weapons. Science 133 (1961) 735.

—, Autoradiographic and microscopic examination of nuclear-weapon debris particles. FOA 4 Rept. A 4130-456 (1960).

SKILLERN, C.: How to measure beta activity of fission particles using film. Nucleonics 13, No. 12 (1955) 54.

SMITH, C. C.: Alpha-particle detection with dental x-ray film. Nucleonics 5, No. 3 (1949) 72.

SMITH, E. E.: Dependence of photographic sensitivity on x-ray quality. Phot. J. 83 (1943) 303.

SOBOLEW, M.: Schwärzungsgesetze photographischer Platten für Röntgenstrahlen. Zh. Eksp. teoret. Fis. 15 (1945) 431.

SOLON, L. R.: Mixed beta-gamma exposures in film-badge dosimetry. NYO-4565 (1953).

— und H. BLATZ: Effect of body backscatter on pocket dosimeters and AEC-Health-and-Safety-Laboratory-film badges. NYO-4640 (1955).

—, — Effect of body backscatter in gamma-ray personnel dosimetry. Nucleonics 13, No. 4 (1955) 62.

SOMMERMEYER, K., und G. HEINER: Strahlenschutzüberwachung durch photographische Registrierung von Fluoreszenz. Naturwiss. 42 (1955) 508.

SOOLE, B. W.: Photographic badges for the estimation of the quality of x- and gamma-radiation. Brit. J. Radiol. 29 (1956) 450.

SOUDAIN, G.: Perfectionnements dans la dosimetrie individuelle par émulsion photographique. OEEC Risö Symposium 1959.

— Perfectionnements dans la dosimetrie individuelle par émulsions photographique. CEA-1506 (1960).

SPECKLIN, P.: Films radiographiques ultra-sensibles. Franz. Patent 615932 (angem. 1925).

SPEH, K. C.: Automatic analysis of tracks in nuclear emulsions. 2nd Int. Conf. Geneva 15/P/747 (1958).

— and S. BECKER: Final engeneering report on automatic scanning of nuclear emulsions. NYO-2926 (1959).

SPIEGLER, G.: Photographic methods applied to dosimetric problems. Brit. J. Radiol. 18 (1945) 36.

— New method of use of photographic film as quality indicator and dose meter for x- and gamma-rays. Phot. J. 90 B (1950) 166.

— Photographic protection measurements with x-rays, gamma and beta rays. Phot. J. 91 B (1951) 128.

— and R. DAVIS: An improved method and filmholder for personnel monitoring. Brit. J. Radiol. 132 (1959) 464.

SPURNY, Z., und J. KOCI: Fotometr pro ochrannou filmovou dosimetrii. Jaderna Energie 5 (1959) 129.

STANTON, L.: Problems of developing a film method for regularly checking radiation output of x-ray machines. Radiology 75 (1960) 416.

STADELMANN, H.: Kombinationsfilter zur Unterdrückung der Energieabhängigkeit von Dosisfilmen. Dissertation Erlangen 1960.

STEINBERG, D., and A. K. SOLOMON: The detection of Ca-45, I-131, P-32, Zn-65 by photographic film. Rev. Sci. Instr. 20 (1949) 655.

VAN STEKELENBURG, L. H. M.: New film badge enables cheaper x-ray monitoring. Nucleonics 16, No. 6 (1958) 83.

— De Filmbadgedienst van de Radiologische Werkgroep N. T. O. Tijdschr. Ned. Ver. Röntgenlab. 9 (1959) 8.

STEPHENSON, S. K.: Filters for health film holders. Brit. J. Radiol. 26 (1953) 380.

STEVENS, A. J.: Effect of temperature on β-ray measurements. HW-15204 (1949).

STODIEK, W.: Arrangement for preciste scattering measurement in nuclear-emulsions. Nuovo cimento Serie 10, Bd. 2 (1955) 467.

STORM, E., and E. BEMIS: A method for monitoring x-rays using Eastman type K film. LA-1107 (1950).

— The response of film to x-radiation of energy up to 10 MeV. LA-1220 (1951).

— The response of sensitive 552 DuPont film to beta radiation. LA-1284 (1951).

STRAIMER, G.: Erkennungsmarke. DBP 904118 (angem. 1953).

— und K. FRIEDRICH: Dosimeter für energiereiche Strahlung. DBP. 1076834 (angem. 1956).

SUN, K. H., and P. SZYDLIK: How to increase sensitivity of alpha particle photographic detection. Nucleonics 13, No. 7 (1955) 48.

SVEDBERG, T., and H. ANDERSSON: On the relation between sensitiveness and size of grain in photographic emulsions. Phot. J. 61 (1921) 325.

SWANBERG Jr., F.: A personnel film badge neutron dosimeter. HW-56827 REV (1959).

TAKAHASHI, K., K. KUROKI and M. TAKAHASHI: On the film badge analyzer of polaroid type. Oyo Butsuri 24 (1955) 266.

TAYLOR, L. S.: The measurment of x- and gamma-radiations over a wide range of energy. Brit. J. Radiol. 24 (1951) 67.

TELLEZ-PLASENCIA, H.: Contribution à l'étude de la theorie quantique de l'effect photographique des rayons x. I. Energie utilisable. Corbes caractéristiques. Sci. Ind. Phot. 19 (1948) 45.

— Réabsorption du rayonnement secondaire de fluorescence dans une émulsion photographique impressionée par les rayons x. Sci. Ind. Phot. 21 (1950) 361.

— Études sur le noircissement photographique produit par les rayons x. Sci. Ind. Phot. 24 (1953) 1.

— Études sur le noircissement photographique produit par les rayons x: (II) Parcours des électrons, rendement de l'énergie utilisable. Sci. Ind. Phot. 25 (1954) 41.

— Etudes sur le noircissement photographique produit par les rayons x. (III). Energie dépensée et énergie utilisée. Expériences. Sci. Ind. Phot. 25 (1954) 225.

— Etudes sur le noircissement photographique produit par les rayons x. IV. Influence de la lumination. Les seuils quantiques apparent et réel. La constante de sensibilité. Sci. Ind. Phot. 25 (1954) 425.

— Etudes sur le noircissement photographique produit par les rayons x. V. Tracs d'électrons dans les émulsions radiographiques ordinaires. Sci. Ind. Phot. 26 (1955) 312.

— Etudes sur le noircissement photographique produit par les rayons x. VI. Influence de la solarisation sur les courbes caractéristiques des images totale, interne et externe. Sci. Ind. Phot. 28 (1957) 144.

— Etudes sur le noircissement photographique produit par les rayons x. VII. Effets de l'hétérogénéité des grains de l'émulsion; la courbe de noircissement, fonction du volume des grains et de l'énergie des photons. Sci. Ind. Phot. 28 (1957) 235.

— Etudes sur noircissement photographique produit par les rayons x. VIII. Critique bibliographique et expérimentale. Sci. Ind. Phot. 29 (1958) 297.

— Etude sur le noircissement photographique produit par les rayons x. IX. Bases d'une norme sensitométrique pour les émulsions radiographiques. Nouvelle représentation des caracteristiques. Sci. Ind. Phot. 30 (1959) 41.

— Le singulier et le collectif dans la photographique des rayons x. I. Coll. Internat. Photograph. Corpusc. Strasbourg 1958.

— Emploi des radio-isotopes pour l'analyse de l'argent primaire ou développé dans les émulsions photographiques: (I) Nouvelles techniques. Sc. Ind. Phot. 27 (1956) 337.

— Emploi des radio-isotopes pour l'analyse de l'argent primaire ou développé dans les émulsions photographiques: (II) analyse des resultats. Sc. Ind. Phot. 29 (1958) 249.

— et P. THERON: Réabsorption du rayonnement secondaire de fluorescence dans une émulsion photographique impressionée par les rayons x. Sc. Ind. Phot. 21 (1950) 361.

TITTERTON, E. W.: Slow neutron health monitoring with nuclear emulsions. AERE-G/R-36 (1949) 2.

— Slow neutron monitoring with boron and lithium loaded nuclear emulsions. Nature 163 (1949) 990.

TITTERTON, E. W., and M. E. HALL: Neutron dose determination by the photographic plate method. Brit. J. Radiol. 23 (1950) 465.

TOCHILIN, E., R. H. DAVIS and J. CLIFFORD: A calibrated film badge dosimeter. Final report. ADP-78 (1949).

—, —, — A calibrated roentgen-ray film badge dosimeter. Am. J. Roentgenol. 64 (1950) 475.

— A photographic method for measuring the distribution of dosage from radium needles and plaques. USNRDL-377 (1952).

— and G. GOLDEN: Depth-dose measurments of beta-ray isotop s with photographic film. USNRDL-372 (1952).

— and R. H. DAVIS: X-ray film badge dosimeter. U.S.Pat. 2624846 (angem. 1950).

— and R. GOLDEN: Film measurment of beta ray depth dose. Nucleonics 11, No. 8 (1953) 26.

—, B. W. SHUMWAY und G. D. KOHLER: Response of photographic emulsions to charged particles and neutrons. Radiology 66 (1956) 270.

—, —, — Response of photographic emulsions to charged particles and neutrons. Radiation research 4 (1956) 467.

— and R. GOLDEN: Investigations on the relative β- to γ-ray response of photographic emulsions. Health Physics 4 (1961) 244.

TOLAN, J. H.: Commercial and x-ray film. In: Evaluation of civil defense radiological defense instruments. WT-1190 (1957).

TOMODA, Y., and T. OHTSU: Developability of photographic latent image produced by gamma-ray irradiation. Tokyo Kogyo Shikensho Hokoku 55 (1960) 235.

VORNONKOV, A. E., and A. I. GALAKTIONOV: Apparatus for the automatic scanning of nuclear emulsions by the television-frame method. 1. Tracing system. Prib. i Tekhn. Eksp. 2 (1961) 68.

WACHSMANN, F.: Protective measures against radiation by the method of film blackening. Minerva nucleare 2 (1958) 92.

— Errors arising in film dosimetry and their elimination. Quantities, units and measuring methods of ionizing radiation. Symp. Rome 1958.

— Erfahrungen bei der praktischen Anwendung der Massendosimetrie. 3. Arbeitstag. d. Strahlenschutzärzte, Schriftenreihe des BMAt, Strahlenschutz Bd. 9 (1959).

— und W. SCHUBERT: Probleme und Fortschritte der Strahlenschutzüberwachung nach der Filmschwärzungsmethode. Röntgenblätter 12, No. 4 (1959) 1.

— The customary method in Germany for personnel monitoring by film badges. IAEA Dosimetry Symposium Wien 1960.

— Stellungnahme zur Arbeit von EGELHAAF, HEINEMANN und SEIDLER: Zur Strahlenschutzüberwachung nach der Filmschwärzungsmethode in Radium- und Isotopenlaboratorien. Atompraxis 6 (1960) 411.

— und H. STADELMANN: Unterdrückung der Energieabhängigkeit von Dosisfilmen durch Kombinationsfehler. Phot. Korresp. 97 (1961) 83.

WALTER, B.: Versuche über die Solarisation photographischer Schichten. Ann. Phys. 27 (1908) 83.

WATSON, E. C.: Fast neutron monitoring of personnel. HW-21552 (1951).

— A film technique for measuring the exposure dose from plutonium. Health Physics 2 (1959) 207.

WATTS, H. V., and T. STINCHCOMB: Research study on neutron interactions in matter as related to image formation. ARF-1151-6 (1960).

— and C. H. STONE: Research study on neutron interaction in matter as related to image formation. ARF-1164-3 (1960).

WEIDENBAUM, B.: Effect of laboratory fumes on badge meter films. HW-9980 (1948).

WENGER, P., and B. RENARD: Continuous monitoring protection against ionizing radiation. Proc. II. Conf. Geneva 1958.

WHIPPLE, H. O., C. S. HORNBERGER, J. C. HOFFMAN and J. F. NOLAN: A new photographic material for gamma-ray dosimetry. MDDC-1683 (1948).

—, —, —, — A new photographic material for gamma-ray dosimetry. Am. J. Roentgenol. 60 (1948) 175.

WHITE, R. S.: Photographic plate detection of fast neutrons. In: MARION FOWLER: Fast neutron physics I, Interscience Publ. 1960.

WIGHTMAN, E. P., and R. F. QUIRK: Intensification of the photographic latent image. Proc. 7th Internat. Congr. Phot. London 1929.

WILCOX, G. E., and F. L. MINKLER: A film technique for dosimetry of Am. 241. UCRL-4762 (1956).

WILHELMSEN, M., D. PARKER, R. W. COULTER and P. R. BOREN: Automatic film-badge reader. Nucleonics 18, No. 4 (1960) 84.

—, —, —, — Automatic reading and recording of dosimeter-film data. AECL-802 (1960) 133.

—, —, —, — Automatic reading and recording of dosimeter-film data. AECL-802 (1961).

WILLIAMS, D. T.: An electronic scanner for photographic plates. BMI-T-33 (1950).

WILSEY, R. B., and H. A. PRITCHARD: A comparison of x-rays and white light exposures in photographic sensitometry. J. Opt. Soc. Am. 12 (1926) 661.

– The photographic photometry of roentgen rays. Am. J. Roentgenol. 32 (1934) 789.

– The use of photographic films for monitoring stray x-rays and gamma rays. Radiology 56 (1951) 229.

–, D. H. STRANGWAYS and G. M. CORNEY: Experiments in the photographic monitoring of stray x-rays. I. General considerations. The choice of film-calibrating radiations in roentgen therapy at 220 KVP and 1000 KVP. Radiology 66 (1956) 408.

–, H. R. SPLETTSTOSSER and D. H. STRANGWAYS: Experiments in the photographic monitoring of stray x-rays. II. The characteristics of the stray radiations, and the choice of film-calibrating radiations in diagnostic radiology. Radiology 66 (1956) 418.

WILSON, B. J.: Automatic scanning of nuclear emulsions. An annotated bibliography. AERE-Bib. 137 (1961).

WILSON, R. H.: Reproducibility of personnel monitoring film densities. HW-51934 (1957).

–, V. M. MILLIGAN, C. M. UNRUH and H. V. LARSON: Film dosimetry information exchange. Hanford Atomic Prod. Operat. (1960).

WOLLAN, E. O., L. A. PARDUE and N. GOLDSTEIN: Radiation exposure meter. U.S.Patent 2483991 (angem. 1945).

YAGODA, H.: Radioactive measurements with nuclear emulsions. Wiley 1949.

– and N. KAPLAN: Lithium borate loaded emulsions as neutron detectors. Phys. Rev. 75 (1949) 1328.

ZAJAC, B., and M. A. S. ROSS: Calibration of electron sensitive emulsions. Nature 164 (1949) 311.

ZIEGLER, C. A., and D. J. CHLECK: Latent image fading in film badge dosimeters. Health Physics 4 (1960) 32.

ZIELER, E.: Messung der Strahlenbelastung von Patienten in der Röntgendiagnostik. Fortschr. Röntgenstr. 92 (1960) 210.

ZIMMER, L. T.: Dosimetry of kilocurie Co 60 sources. AECU-3446 (1956).

ZIMMERN, A.: Influence de la température sur la sensibilite des émulsions. Compt. rend. 174 (1922) 453.

Namenverzeichnis

Die kursiv gesetzten Ziffern verweisen auf das Literaturverzeichnis